TRAITÉ

DE

PYROTECHNIE.

TYPOGRAPHIE DE FÉLIX OUDART

RUE SAINT-HUBERT, 3.

TRAITÉ

DE

PYROTECHNIE

PAR

Moritz Meyer Dr

CAPITAINE PRUSSIEN AU MINISTÈRE DE LA GUERRE,

ÉDITÉ ET AUGMENTÉ D'UN APPENDICE PAR C. HOFFMANN, CAPITAINE DE L'ARTILLERIE
PRUSSIENNE.

TRADUIT DE L'ALLEMAND ET AUGMENTÉ DE NOTES

PAR

J. B. C. F. NEUENS

CAPITAINE D'ARTILLERIE BELGE.

LIÉGE

FÉLIX OUDART, ÉDITEUR

—

MDCCCXLIV

INTRODUCTION.

EXÉCUTION DES TRAVAUX TECHNIQUES MILITAIRES EN GÉNÉRAL.

A. *Personnel.*

La technologie militaire forme à elle seule une science ; car quoiqu'elle ne soit qu'un rameau de la technologie générale, elle entre néanmoins profondément dans la plupart des subdivisions de cette dernière, et y forme chaque fois un domaine spécial, important, souvent détaché des rapports généraux ; la technologie militaire a même ses disciplines spéciales qui lui sont exclusivement propres et nécessaires. Aucun technologue n'a besoin de connaissances aussi étendues que le militaire, et pourtant ces connaissances ne sont, pour le militaire proprement dit, que des moyens subordonnés.

Ceci explique les obstacles que l'on rencontre à chaque pas dans le développement des parties les plus élevées de la technologie militaire. *La difficulté* devrait être vaincue comme *accessoire.*

Cet inconvénient particulier étant une fois reconnu, il en résulte immédiatement de quel point de vue il convient d'organiser le tout.

Pour que la technologie militaire remplisse au plus haut degré sa destination, il faut qu'elle subsiste indépendante, et devienne l'objet des recherches exclusives de ceux qui s'y adonnent par goût ou par tout autre intérêt. A cause de la grande difficulté que présente cette partie, il faut y employer tout ce qu'il y a de mieux en intelligence et en moyens techniques, et subdiviser le tout en branches, plutôt d'après les exigences du travail, que d'après les habitudes militaires existantes; mais en même temps il faut assurer l'harmonie de l'ensemble en confiant la direction générale à une seule main.

Dans cette organisation générale ainsi que dans l'exécution des détails, il faut commencer par se détacher de toutes les idées traditionnelles dans l'armée, lorsqu'on ne peut trouver aucun motif solide pour les justifier. — Les métiers ont longtemps opposé une barrière invincible aux progrès que la science aurait pu leur faire faire en les éclairant librement ; cette barrière consistait dans l'organisation en castes ou corporations rigoureusement isolées, dans lesquelles le maître transmettait son expérience à l'apprenti sous forme de secrets ou tour de main. Le mouvement du temps, et le besoin pressant ont brisé ces entraves. Alors l'homme encore exempt de préjugés eut accès, et put voir clairement ce qui était fondé sur des principes et ce qui ne l'était pas. Il rejeta sans ménagement, et sans égard pour l'espèce de consécration donnée par les siècles aux erreurs, tout ce qui n'était pas fondé sur quelque raison valable ; là où il découvrit le vrai, il le dépouilla du déguisement que le hasard lui avait donné, et qui en arrêtait le libre essor, et détruisait partiellement les bons résultats. Les progrès de la technologie réalisés par cette action de la science sur les arts mécaniques, depuis les quelques dixaines d'années qui viennent de s'écouler, ne peuvent être méconnus même par le partisan le plus prévenu des anciens us et de la conservation absolue de ce qu. existe.

Les arquebusiers, poudriers, fondeurs de canons, étaient parmi tous les gens de métiers les plus mystérieux, les plus imbus de préjugés. Leurs connaissances réelles étaient encore en partie paralysées par les erreurs de l'alchimie. Lorsque plus tard de maîtres ouvriers libres ils devinrent serviteurs des seigneurs guerroyants, le progrès indépendant leur fut interdit ; ils furent soumis à la volonté des supérieurs, et l'ignorance des gens de guerre qui leur étaient préposés, ne permettait que rarement la fructification complète d'une pensée féconde.

Même aujourd'hui l'examen raisonné de ce qui est établi, et l'exécution d'idées nouvelles dans la technologie militaire rencontrent beaucoup plus de difficultés que dans toute autre organisation. D'un côté le secret observé sur ce qui existe forme un voile à travers lequel on ne voit qu'imparfaitement, et qui embarrasse la pensée en mettant des entraves à son libre développement, de l'autre affluent des propositions nombreuses d'innovations à introduire dans ce département du service auquel chacun croit pouvoir prendre part, et qui paraît si accessible et si simple à tous ceux qui n'y sont pas initiés. Même les meilleures idées qui ne sont appuyées que sur des essais en petit, ne supportent pas toujours immédiatement et sans autres efforts l'épreuve en grand ; puis ce qui est établi a l'avantage d'être devenu familier, on s'y attache ; les modifications complexes qui sont la suite nécessaire de tout changement, prédisposent surtout les appréciateurs les plus âgés, et par conséquent les plus puissants, contre le peu d'innovations qui peuvent avoir triomphé de toutes les contrariétés d'un essai pratique. C'est ainsi que des opinions préconçues du côté de ceux appelés à juger se fortifient malgré les meilleures intentions, et malgré les exigences pressantes de l'époque ; certaines conditions posées finissent par paraître indispensables dans l'opinion publique; des dispositions mal raisonnées et même nuisibles s'enracinent et s'attachent à la plus noble partie de l'armée; de sorte que ce n'est qu'un renversement subit et violent de l'échafaudage existant, ou une longue lutte conduite avec patience et résignation, qui peut encore faire triompher la vérité.

Parmi ces préjugés enracinés dans les armées modernes il faut ranger cette idée, que le matériel de guerre devient le plus parfait et le moins coûteux lorsque l'armée elle-même le confectionne; on va même jusqu'à croire que l'armée doit réunir la matière première ou même la produire. Mais par une contradiction manifeste il n'y a aucune armée qui applique complètement ce principe tant choyé; chacune au contraire fait construire une partie de son matériel (partie qui est différente dans chaque armée) par des technologues exclusifs, en faisant passer les objets à recevoir par le contrôle d'une commission militaire. Cette contradiction, qui n'est même pas expliquée par des particularités locales, prouve déjà par elle-même, que le principe en question ne ressort pas nécessairement des données primitives, mais au contraire que des mesures temporaires qui ont pu avoir leur utilité à une époque déterminée, se sont converties en loi générale et immuable par suite de la vénération accordée aux choses traditionnelles.

Le présent ouvrage doit servir de guide pour celui qui veut juger les opérations qui se présentent dans la Pyrotechnie militaire, ainsi que les produits qui en résultent. Dans cet écrit on n'a tenu aucun compte de ce qui n'existe plus aujourd'hui, et on a essayé d'écarter autant que possible les critères purement empiriques, et qu'on ne parvenait à reconnaître que par une longue pratique; on les a remplacés par des méthodes d'essai précises, plus faciles à exécuter pour des hommes ayant reçu une éducation scientifique; on a cherché à coordonner les éléments épars, et à les rattacher à leur base scientifique. — Et cependant il en coûtera bien des efforts sérieux à un militaire instruit, même familier avec les sciences préliminaires, pour s'approprier ce qui est enseigné ici, de manière à pouvoir s'en servir avec certitude. Mais si outre l'*appréciation* de la *qualité* du matériel, on avait encore dû enseigner d'une manière aussi complète sa confection, pour que la technologue à former pût instruire à cet égard ses subordonnés, quelle dépense de temps et de travail lui incomberait alors, surtout s'il fallait non seulement exécuter ce qui est prescrit, mais aussi perfectionner? Où trouvera-t-on le soldat, qui l'étant devenu par goût ou par vocation, le restera encore après avoir été soudain aussi considérablement détourné de sa destination? Car lorsqu'il choisissait l'état militaire, il n'entendait certainement pas devenir fondeur de canons ou fabricant d'armes!

De tout ceci on peut déjà conclure en général que la confection du matériel de guerre pourra bien être contrôlée pour autant que les intérêts de l'armée l'exigent par des officiers, s'ils font quelques efforts et si de bonnes mesures ont été prises; mais que l'exécution du travail doit être abandonnée à de véritables technologues pour que cette branche du service puisse faire des progrès (1).

---

(1) C'est précisément en cela que péche le projet de l'auteur. Lorsqu'il n'y a pas des officiers qui se mêlent *directement* de la technologie en y portant tout l'intérêt qu'excite la responsabilité personnelle, et le plus souvent le goût individuel, il arrive au bout d'un certain nombre d'années *qu'on ne trouve plus d'officiers en état d'examiner convenablement un produit, une arme, etc* Ce n'est pas dans les livres qu'on peut apprendre la technologie, de quelque secours qu'ils puissent d'ailleurs être pour le praticien intelligent et réfléchi. La participation *active* dans les détails d'exécution en apprendra plus en une année, que l'étude des livres ne le peut, quelque prolongée qu'elle soit, et quels que soient le goût et l'aptitude de celui qui s'y adonne. Ce serait d'ailleurs une grande erreur que de croire qu'on arriverait au même résultat en détachant des officiers près d'établissements où tout serait dirigé et exécuté par des technologues civils; dans les cas les plus favorables, ils n'y acquerraient que des notions superficielles. D'un côté il n'est pas naturel à l'homme de diriger ses facultés intellectuelles avec beaucoup d'énergie vers des recherches qui lui sont présentées comme du ressort spécial des autres, et qui ne peuvent être pour lui d'une application immédiate, ni se matérialiser en résultats positifs. D'un autre côté il est évident que l'intérêt de ceux qui exécutent serait de faciliter le moins possible l'initiation des officiers aux détails de leurs fabrications, afin de ne pas se préparer des juges trop clairvoyants, et peut-être aussi pour maintenir toujours leur supériorité en connaissances techniques. L'auteur touche encore un autre point; il semble croire que son système favorisera les progrès. Un raisonnement bien simple prouvera le contraire. On ne pourra pas contester d'après ce qui précède que les connaissances technologiques répandues dans l'artillerie ne soient beaucoup plus solides lorsque les officiers détachés aux établissements se seront occupés directement du travail, que lorsqu'ils l'auront suivi en amateurs. Cela posé nous demanderons, qui réalisera le progrès? Ce ne sera certainement pas le technologue civil monopoliste, intéressé pécuniairement à maintenir le statu quo afin de fabriquer couramment; car les changements causent toujours des pertes de tout genre dans un atelier; les essais sont très-coûteux, causent des interruptions, des perturbations dans le matériel et dans le personnel, etc., etc. Seront-ce les officiers qui provoqueront des améliorations? Mais en supposant même que leurs connaissances technologiques trop superficielles ne leur fassent pas faire de faux pas, il sera toujours facile à celui qui exécute d'entraver de toute façon les opérations par des obstacles invisibles de toute espèce, et même de fausser les résultats de toutes les expériences qu'on voudrait faire. Il y a d'ailleurs dans l'emploi de technologues exclusifs un inconvénient majeur, qui à lui seul suffirait pour faire rejeter sans autre examen le système de l'auteur Cet inconvénient consiste en ce que ces hommes spéciaux n'ayant pas servi dans les troupes, et étudié pratiquement l'emploi des objets qu'ils sont chargés de construire, manqueraient nécessairement des connaissances fondamentales indispensables à l'exécution de leur mission, et ne pourraient que travailler machinalement, d'après les données qui leur seraient fournies Or, qui établira ces données convenablement, si ce ne sont les officiers qui connaissent à la fois les conditions à satisfaire et les moyens d'exécution? Et d'où tirera-t-on ces officiers lorsque le système proposé aura été en vigueur pendant 20 ou 30 ans? Il résulte de tout ceci, qu'au lieu de favoriser le progrès, l'organisation

Même les ouvriers ne doivent pas être militaires. On doit nécessairement avoir égard à l'extérieur du soldat, et c'est justement ce qui empêche l'emploi des plus exercés qui ont été courbés et blanchis par le travail. Pour qu'un établissement prospère, il ne faut pas qu'outre le travail et le paiement, il y ait d'autres conditions qui exercent une action perturbatrice sur la vie de l'ouvrier; il doit rester, comme l'industriel, homme libre, et entre les deux doit exister un contrat volontaire; ce n'est que la possibilité d'un renvoi immédiat qui met à l'abri de la maladresse et même de la négligence. — La formation d'ouvriers spéciaux n'est plus nécessaire aujourd'hui où les armées ne sont plus composées d'oisifs recrutés, mais des enfants du peuple, et par conséquent pour une partie notable d'ouvriers qui sont disponibles en tout temps (1). Ce n'est pas en *campagne* qu'on fait des affûts neufs, mais tout au plus dans des villes, où les ouvriers ne manquent pas; et comme les maîtres armuriers des régiments qui n'ont que leurs modèles et leurs outils personnels se procurent les ouvriers lorsqu'ils ont de grandes réparations à faire, de même dans les colonnes qui exigent le secours de métiers, un petit noyau d'ouvriers tirés des ateliers principaux, saura lorsqu'il y aura beaucoup à construire, s'adjoindre les menuisiers et forgerons nécessaires qui apprendront à travailler d'après les gabaris qu'on a amenés. Il n'est donc pas nécessaire de former des ouvriers aux dépens de la qualité et du prix du matériel de guerre, mais on pourra utiliser très-avantageusement pour les travaux techniques militaires les pièces préparées dans les petits ateliers.

La qualité du matériel de guerre, et la condition que par une perfection croissante, il doit se plier de plus en plus aux plans les plus hardis

---

vantée par l'auteur conduirait directement à l'immobilité, ou a des efforts infructueux vers le perfectionnement. On ne peut pas d'ailleurs tirer de ce qui se passe dans l'industrie libre un argument contre le raisonnement qui précède, car là une cause puissante, la libre concurrence, entre en jeu pour forcer l'industriel à perfectionner; dans l'industrie civile, où les acheteurs sont libres et nombreux, chacun choisit et paie le mieux ce qui lui convient le plus; le progrès y devient ainsi pour l'industriel une condition d'existence, d'être ou ne pas être. Le technologue qui travaille pour l'État est dans des conditions complètement différentes; il n'a qu'*un acheteur, pas de concurrent*, et son acheteur trouverait même probablement très-mauvais qu'il s'avisât dans le but de perfectionner, d'introduire des changements dans ses produits. Qu'on se figure la confusion inextricable qui sans cela se présenterait dans le matériel d'une armée, dans lequel la plus parfaite uniformité est une nécessité de premier ordre! Nous aurions encore bien des choses à dire, mais nous ne voulons pas faire un mémoire prétexte de note.

(T).

(1) On prend les hommes beaucoup trop jeunes pour qu'ils soient déjà ouvriers en entrant dans l'armée. Généralement à cet age ils ne savent encore que gâter des matériaux.

(T).

du général en chef, et entraver de moins en moins le développement le plus libre des moyens de guerre, exigent par conséquent qu'il soit construit par de véritables technologues et même par les meilleurs, et que l'armée ne soit garantie contre la malveillance éventuelle, ou contre des maladresses isolées, que par un contrôle sévère exercé par des militaires instruits.

Même le *prix du matériel* qui a tant d'importance, vu les grandes masses qu'en exigent les armées nationales, veut que l'acquisition de la matière première et sa préparation ne soient pas faites immédiatement pour compte de l'État. Dans tout établissement de l'État les frais d'administration sont beaucoup plus grands que dans les établissements privés ; les employés surveillants, auxquels s'ajoutent encore ceux purement militaires dans ce cas, rendent le travail essentiellement plus cher ; l'entretien du soldat sous le rapport de l'habillement, du logement, etc., est plus cher que celui de l'ouvrier civil. Si l'on veut occuper le soldat dans un établissement technique plus longtemps qu'il ne l'est dans le service proprement dit, on doit lui donner des indemnités de travail, qui, avec la solde et les autres petits émoluments, forment une dépense considérable en argent comptant. Beaucoup de journées payées sont perdues pour le travail et employées à des services purement militaires, sans que ces derniers puissent contribuer en compensation à l'instruction militaire de l'armée. Celui qui devient invalide devient une charge pour l'État. L'ouvrier civil au contraire amasse pendant la durée du travail pour cette éventualité, ou bien il entre dans la catégorie des autres nécessiteux de la communauté. — Ce qui est gâté dans les établissements de l'État doit être reporté sur les frais imprévus ; l'entrepreneur au contraire le décompte de son bénéfice. Les restes doivent être vendus à vil prix par l'État tandis que l'industriel les utilise, en en faisant confectionner des produits non militaires (1).

---

(1) L'auteur se donnant beaucoup de peine pour rassembler des objections contre l'exécution des travaux par l'État, s'est laissé entraîner à en glisser plusieurs qui ne soutiennent pas l'examen. D'abord la nécessité de rendre des comptes très-détaillés rend l'administration chère aussi bien pour le particulier que pour l'État, si le premier veut s'assurer aussi bien que le dernier que les sommes absorbées sont convenablement dépensées, et malheur au grand industriel qui essaierait de se dispenser d'exercer ce contrôle ! Quant au personnel militaire dont la présence aux établissements est ici comptée par l'auteur comme une charge inhérente au système du travail exécuté par l'État, il est nécessaire aussi dans l'organisation contraire, vu qu'un peu plus bas on reconnaît la nécessité de répandre dans le corps de l'artillerie les connaissances techniques en détachant des officiers aux établissements ; cette charge qui produit des résultats aussi désirables, est donc inhérente à l'organisation générale des armées, et ne peut être imputée au système critique. — L'entretien du soldat comprenant tout ce qu'il coûte est moins cher que celui des ouvriers de moyenne capacité, du moins en Belgique ; il serait d'ail-

Qu'on abandonne donc au négociant l'acquisition de la matière première, qu'on remette les ateliers à l'industriel qu'on connaît avantageusement, et qui fournit des cautions pour la responsabilité pécuniaire ;
qu'il en jouisse sans loyer et qu'ils soient entretenus aux frais de l'État,
ou que ce dernier paie une indemnité pour entretien ; qu'il soit dégrévé
de toutes impositions ainsi que les établissements militaires le sont, qu'on
lui donne les matières premières reconnues exemptes de défauts, ainsi
que les modèles à suivre rigoureusement dans l'exécution, et qu'on le
contrôle dans les diverses divisions du travail, alors le matériel sera
meilleur et coûtera moins que si l'État le construit lui-même (1).

Les militaires destinés à exercer ce contrôle devraient être adjoints
pendant une année à ceux qui les précèdent et les accompagner pendant
ce temps avant d'agir par eux-mêmes ; ensuite on leur laisserait remplir
ces fonctions pendant 2 à 3 ans, pour les réintégrer ensuite dans leur
position purement militaire. On les choisira principalement dans l'artillerie, parce que pour l'officier d'artillerie c'est un devoir de porter une
attention spéciale au matériel, et que toute son instruction est plus
dirigée vers ce point. Or celui qui a consacré sa vie au service de l'artillerie, et qui veut par son arme acquérir de la gloire et de l'honneur, peut

---

leurs absurde de vouloir employer partout des soldats ; les ouvriers civils ne sont donc
pas exclus des établissements de l'État ; au contraire on les emploie partout où cela est
avantageux ; les journées employées aux détails relatifs à la discipline par la classe des
ouvriers militaires, ne sont pas précisément *perdues*, car la discipline parmi les ouvriers
est aussi une des conditions qui produisent le travail à bon marché, et écrites si les industriels privés en avaient le pouvoir, ils introduiraient les mêmes formes dans l'intérêt
de la régularité. — Si l'invalide militaire tombe à la charge de l'État, l'ouvrier civil
tombe à celle du public, ce qui en dernière analyse revient au même, à moins que ce ne
soit un défaut barbare d'organisation sociale. — Si le bénéfice de l'entrepreneur peut
couvrir les frais résultant d'objets gâtés, il est évident que l'État peut aussi supporter ces
pertes en ne *pas payant de bénéfice*.—Il n'y aurait jamais avantage pour un industriel
à créer une fabrication spéciale uniquement dans le but d'utiliser ses restes. Dans un
pays industriel les restes qui peuvent être utilisés réellement se vendent bien à eur valeur, non à vil prix.   (T).

(1) Là où l'on a essayé ce système d'entreprise on en a reconnu les inconvénients ;
une foule de circonstances que l'auteur passe sous silence rendent illusoires la plupart des mesures qu'on peut prendre dans l'intérêt de la qualité à obtenir. Somme
toute, la dépense devient beaucoup plus considérable pour les États qui ne possèdent
pas en propre les moyens techniques ; lorsqu'un gouvernement non despotique a besoin
de matériel dans un cas d'urgence, et qu'il est obligé d'avoir recours aux industriels,
on le rançonne d'une manière incroyable ; il paie la marchandise *mauvaise* au décuple
de sa valeur. Alors il y a une perte *réelle* du trésor public, perte qui enrichit quelques particuliers. Celle-là n'a pas besoin d'une preuve laborieuse pour être immédiatement appréciée.   (T).

bien donner trois années de son temps de service, à veiller au perfectionnement de cette arme.

B. *Établissements*.

Pour faciliter la surveillance du travail, et épargner les frais qui
croissent avec le nombre des établissements, il convient de restreindre ce
nombre autant que possible, mais en prenant en considération les frais
de transport de la matière première vers les établissements et du produit
(qui pèse toujours beaucoup moins que la matière première employée)
vers les magasins. Lorsqu'il est question de la poudre le danger du transport est un nouvel élément à considérer.

On doit diviser les travaux rigoureusement d'après leur genre, et on
réunira ceux qui ont des rapports communs. On disposera d'ailleurs les
établissements d'espèces différentes de manière qu'ils puissent autant que
possible se soutenir les uns les autres, afin qu'on ne soit pas obligé de
tenir dans chaque établissement des ouvriers spéciaux pour les travaux
accessoires, ou même de s'adresser à des ouvriers civils qui ne peuvent
pas exécuter le travail avec autant de perfection que ces établissements.

Les travaux de laboratoire ont été considérés jusqu'à présent comme
le domaine général des artilleurs ; ils étaient mal exécutés, parce que l'on
croyait que *chacun* devait savoir les exécuter, quoique ceci ne fut plus
arrivé depuis le temps des maîtres arquebusiers, de même que la plus
grande partie des ouvrages qui s'y rapportent. Ce n'est pas l'artilleur
qui fait la bombe, non plus que la charge explosive, il ne fait pas la
fusée en bois dans la plupart des cas, pourquoi doit-il la charger ? Un
tailleur exercé coudra bien mieux un sachet en serge, qu'un forgeron dont
on a fait un artilleur ; la couture faite par ce dernier laissera bien plutôt
passer des grains de poudre ; comment veut-on que dans ce cas la surveillance remplace le défaut d'habileté ? D'un autre côté un cordonnier
doit couler de bonnes balles, ou faire manœuvrer convenablement une
presse à balles, là où un plombier ou étainier et un serrurier seraient à
leur place. Personne ne fera aussi bien qu'un relieur une cartouche bien
fermée, gardant plus longtemps la poudre intacte. On doit donc aussi
considérer les travaux de laboratoire comme techniques, et abandonner
du moins la confection des approvisionnements principaux en temps de
paix à des établissements spéciaux techniques, et en campagne à des
ateliers passagers. On obtiendra ainsi une certitude de résultats presque
inconnue jusqu'à présent. Lorsque la masse du travail à exécuter est
très-grande on donne des travailleurs auxiliaires à ces établissements de
campagne ; mais en choisissant ces travailleurs, il faut de nouveau avoir
égard au métier qu'ils ont appris.

La position des établissements de paix au bord des routes et des rivières

navigables, a beaucoup d'avantages, ainsi que dans l'intérieur des places
fortes. Si outre cela on peut avoir la main d'œuvre à bon marché, et
disposer d'une chute d'eau comme moteur, les avantages n'en sont que
plus grands. Quant aux considérations spéciales qui doivent influer sur le
choix de l'emplacement d'une poudrerie, on les a développées plus bas
(§. 275 et suiv.)

Lorsque la distribution des établissements techniques est complètement
facultative, on les groupe sur certains points. Les établissements dans
lesquels chacun de ces groupes doit être scindé sont les suivants :

A. La préparation des matières combustibles, dont une subdivision
spéciale (raffinage du salpêtre et du soufre et fabrication du charbon) peut
former une dépendance séparée. Dans tous les cas cette dernière doit à
cause de ses foyers être isolée de la partie où les matières sont mélangées. Cette division principale pourrait s'appeler *poudrerie*, quoiqu'elle
ne produise pas seulement de la poudre, mais toutes les mixtures de ce
genre dont de grandes quantités sont requises.

B. L'emploi des mixtures combustibles, comme la confection de charges,
des moyens d'inflammation, des tubes moteurs de toute espèce, pour
autant qu'ils contiennent des mixtures combustibles. *Laboratoire militaire.*

C. *La fonderie militaire*, en bronze, en fonte, et en laiton.

D. La confection des voitures, des attirails, des cordages, des outils.
Les ateliers militaires de construction.

E. Confection des armes portatives. *Manufacture d'armes* et *forges d'armes
blanches.*

Ces subdivisions réagissent et décomptent sans cesse réciproquement.
La poudrerie donne aux laboratoires les mixtures combustibles; les fonderies et les ateliers donnent au laboratoire les projectiles, les ouvrages
en tôle, et pour les ouvrages primitifs, les outils. Les fonderies fournissent toutes les parties coulées pour voitures, armes etc., ainsi que
pour les diverses machines qui opèrent dans les autres subdivisions;
ces pièces coulées sont achevées dans les ateliers de construction; la
fonderie fournit encore les gobilles en bronze pour la poudrerie, etc., etc.
Tous les établissements se donnent ainsi réciproquement la main, et plus
le nombre d'entrepreneurs est petit, plus les relations seront faci-
litées. — Ils ne prennent que la matière première au dehors, tout travail
ultérieur est achevé dans l'intérieur du groupe.

Même les grands pays n'ont besoin que d'un petit nombre de pareils
groupes; ainsi pour la Prusse il suffirait d'en avoir un sur le Rhin, un
dans les Marches et un en Silésie ou en Prusse; il serait pourvu ainsi
à tous les cas possibles. A proximité de l'un de ces groupes devrait être
placée l'école centrale d'artillerie.

Si l'on déchire ces groupes de manière qu'un établissement se trouve isolé, les désavantages se feront clairement sentir. Si l'atelier de construction doit lui-même couler au moyen de creusets ses pièces de bronze, ou même les faire fournir par des ouvriers externes, elles seront moins tenaces que si elles provenaient des grands fourneaux de la fonderie, qui produisent une température plus élevée. Si la fonderie doit elle-même construire et réparer ses armatures de moules, ses bancs de forage, etc., cela ne pourra avoir lieu que beaucoup moins avantageusement et moins économiquement que si l'atelier de construction en était chargé. Beaucoup de fer que les manufactures isolées ne peuvent plus utiliser devient immédiatement très-utile dans les ateliers. Un laboratoire sans poudrerie et sans atelier, a beaucoup plus d'ouvrage à cause de la purification des matières, et produira des cartouches, des baguettes à fusées, etc., moins bons et plus chers que lorsqu'il sera situé dans le groupe. Les outils de la manufacture d'armes; et les machines de la poudrerie seront mieux entretenus par l'atelier de construction que par des ateliers auxiliaires de serruriers, constructeurs de machines, etc.

Il s'agit donc encore ici comme dans les autres parties de l'organisation des armées, de former de bonnes subdivisions convenablement coordonnées entre elles pour les assembler en un tout indépendant.

C. *Mode de travail.*

Dans la technologie militaire on emploie souvent des forces motrices considérables; il faut donc employer des forces moins chères que celle de l'homme. — Parmi tous les moteurs c'est l'eau qui est ordinairement le moins cher, bien entendu quand elle ne cesse pas ses effets en été, et que la rapidité de la chute rend rares les interruptions par les glaces. Ce moteur permet la modération sans pertes de la force disponible; les parties des machines qui en reçoivent l'action directe, sont peu chères, et n'exigent que peu de réparations une fois qu'elles ont été bien établies. Pour les poudreries c'est là le moteur à préférer, précisément parce que les travaux cessent généralement l'hiver dans ces établissements. Si les gelées empêchent le mouvement pendant l'hiver, il faut adapter une disposition qui permette de donner le mouvement au moyen d'animaux. — La force animale, vu son haut prix, ne doit être employée que là où la force nécessaire est si petite qu'elle ne vaudrait pas l'établissement d'une machine à vapeur, et où d'ailleurs le moteur hydraulique n'est pas disponible. Dans les grands États on n'aura jamais besoin d'employer la force animale si les établissements sont bien distribués, parce qu'il est avantageux de grouper autour d'une seule machine à vapeur plusieurs établissements exigeant une force motrice faible.

Les machines à vapeur produisent l'effet le plus avantageux, lorsqu'on les fait travailler sans interruption à toute la force dont elles sont susceptibles. Plus on les arrête souvent, plus la force motrice devient chère. De même il est désavantageux de travailler alternativement à des charges très-variables. Pour ce cas les machines à haute pression méritent la préférence ; pour développer une force uniforme c'est au contraire la machine à basse pression qui doit être préférée.

L'homme peut moyennement, en travaillant d'une manière continue pendant 10 heures, transporter par seconde 9 kil. à 1^m ; la vitesse de translation la plus avantageuse est de $0^m,60$ par seconde ; il peut alors mouvoir 15 kil. Le cheval et le bœuf peuvent pendant 8 heures de travail transporter par seconde 63 kil. à 1^m, et par conséquent autant que 7 hommes. La vitesse la plus avantageuse du cheval est de $1^m,05$ par seconde ; le cheval exerce alors un effort de 60 kil.

Le cheval travaille le plus avantageusement en exerçant une traction horizontale sur un cercle ; mais le diamètre de celui-ci doit être aussi grand que possible, parce que sans cela le cheval doit se courber horizontalement ce qui lui coûte de grands efforts. Le bœuf ne donne au manége que les $\frac{5}{7}$ du travail du cheval. Si l'on compare sous le rapport du prix la force du cheval à celle de l'homme, on ne doit pas oublier que l'homme travaille à la journée, tandis que le cheval doit être nourri également les dimanches, etc., et qu'on doit généralement compter sur 5 années les frais d'un renouvellement pour chaque cheval.

Dans la machine à vapeur simple on mesure le diamètre du piston, on calcule d'après ce diamètre la surface en centimètres carrés, puis on multiplie le résultat par le produit du nombre de coups de piston par minute et de la longueur en mètres de la course, puis on multiplie encore par $0^k,48$ (parce qu'on admet que la vapeur presse avec une force de $0^k,48$ sur chaque centimètre carré); ayant ainsi obtenu le poids que la vapeur soulève à 1^m par minute, on n'a qu'à le diviser par 4000 (60 secondes par $66^k,666$) pour avoir le nombre de forces de cheval (1) que la machine développe. Lorsque la machine travaille sans interruption on doit encore multiplier ce résultat par trois, parce que le cheval vivant ne travaille que 8 heures sur 24. Une pareille force de cheval exige pour travailler 24 heures 94 kil. de charbon.

Jusqu'à quel point les ouvrages eux-mêmes doivent être exécutés à l'aide de mécanismes, c'est ce qui dépend de la nature des objets à produire, et ensuite aussi de la quantité d'objets de même nature qu'on suppose pouvoir être demandée au même établissement. Plus l'ouvrier a

---

(1) Dans l'estimation de la force des machines à vapeur, on est presque généralement convenu de prendre pour unité un travail plus grand que celui du cheval animé. Cette unité de convention est le *cheval-vapeur* de 75 kilogrammètres, ce qui équivaut à 75 kil. élevés à un mètre.   (T.)

acquis d'habileté, laquelle croît d'autant plus qu'il a continué plus long-temps à exécuter la même opération, moins les dispositions mécaniques font sentir leurs avantages, savoir la plus grande précision et la plus grande uniformité du produit réunies, à la moindre dépense en argent et en temps. Néanmoins l'ouvrier n'atteint presque jamais par son habileté les avantages des machines, et il reste toujours à désirer par conséquent de pouvoir employer ces dernières.

Mais comme les prix de première mise des machines sont considérables, leur introduction ne peut être utile sous le rapport économique que lors-qu'un grand nombre de produits identiques doivent être obtenus, ce qui divise les premiers frais. Plus le nombre de pièces de forme spéciale à fournir par la technologie militaire est petit, moins il faudra d'appareils pour les produire, et plus ces appareils compenseront leurs prix d'acqui-sition ; en outre, moins les pièces de même espèce diffèrent par leurs dimensions, moins elles exigent de transpositions dans les appareils, plus ceux-ci sont simples et moins ils sont coûteux.

Mais dans la détermination des formes des pièces nouvelles à fabriquer dans les établissements militaires, on doit avoir égard à ce que les dispo-sitions mécaniques nécessaires à leur production puissent être aussi sim-ples que possible ; quant aux pièces de petite dimension qu'on peut être dans le cas de devoir remplacer en campagne, il faut avoir soin de les déterminer de manière à ce qu'au besoin on puisse les exécuter ou les réparer à l'aide d'outils simples, quoique au moyen d'une dépense plus considérable en argent et en temps. Dans tous les cas il faut chercher à se tenir aux parties qui existent déjà, et n'en introduire de nouvelles, que d'après les motifs les plus prépondérants.

PRÉCISION DE L'OUVRAGE.

Dans l'emploi réel des armes à feu à la guerre, des différences dans la construction et dans la précision des pièces des armes et des assortiments, exercent beaucoup moins d'influence que dans des essais, dans lesquels toutes les circonstances sont soigneusement annotées. Néanmoins l'histoire des armes à feu fournit beaucoup d'exemples, où des défauts, même faibles en apparence, dans la construction et le fini des armes, ont dans des cas particuliers exercé une influence sensible sur la marche des événe-ments de guerre, et sur le sort de certaines subdivisions de troupes.

Par conséquent, quoique des défauts de ce genre ne soient pas de na-ture à décider le résultat d'une guerre, il est néanmoins important de donner en temps de paix tous ses soins à la meilleure construction et à la bonne exécution du matériel de guerre. Il s'agit principalement ici du choix de la matière à employer pour les diverses parties, et de la manière dont cette matière est travaillée.

Pour ce qui regarde les matériaux il faut choisir ceux qui répondent au plus haut degré aux exigences que doit satisfaire la partie du matériel qui en doit être formée. Une comparaison des avantages que peut offrir sous ce rapport une matière donnée, et des moyens pécuniaires, qu'on peut allouer pour la confection de la pièce, d'après son importance relative, doit déterminer le choix. Tous les moyens fournis par la science, et tous les soins de l'examen technique doivent être employés pour constater que la matière première à acheter soit exempte de tous les défauts qui d'après sa nature peuvent s'y présenter. Toutefois, parmi ces défauts, on ne doit considérer que ceux qui pourraient nuire au but que cette matière est appelée à remplir.

Dans l'emploi des matières premières pour la confection des produits intermédiaires, et dans la réunion de ceux-ci pour former l'arme ou les munitions finies, on doit employer tous les moyens techniques existants pour que les opérations dont dépend la *qualité intrinsèque* du produit soient exécutées avec la plus grande précision et la plus grande régularité, afin que le produit acquière, aussi bien par le choix de la meilleure matière première, que par la méthode de travail la mieux choisie, un degré aussi élevé et uniforme que possible de qualité. Lorsque la construction est choisie de manière que le nombre d'espèces d'objets à fabriquer soit le plus restreint possible, on peut, si l'on dispose de capitaux suffisants, substituer les machines au travail manuel ; et alors il sera beaucoup plus facile d'obtenir des produits uniformes et de bonne qualité, à dépense égale de temps et d'argent.

Pour ce qui concerne la forme extérieure des produits, on doit viser à résoudre le problème : de pouvoir échanger aussi facilement que possible les parties de mêmes noms ; on évitera ainsi des réparations, des ajustages et même des renouvellements à la guerre. Tout ce qui n'a pas rapport à cette facilité d'échange mérite moins d'attention. La précision du travail, nécessaire pour que cet échange soit possible, amène d'elle-même un degré suffisant d'élégance et de netteté pour le but proposé.

Si tout le matériel de guerre préparé dans les dépôts, en temps de paix ou pendant la guerre, possède la meilleure qualité que les circonstances ont permis d'atteindre, les remplacements à opérer par les établissements sont diminués et facilités. Cependant jamais la considération de ce travail secondaire ne doit avoir une influence fâcheuse sur les ouvrages principaux exécutés en temps de paix. Si dans des cas exceptionnels on peut se tirer d'affaire avec un mauvais matériel, et s'aider de moyens imparfaits, on ne doit pas dire pour cela qu'il y a pédanterie à insister (en temps de paix

2

lorsqu'on prépare le matériel de guerre loin du théâtre de la guerre) sur le plus haut degré de qualité qu'il soit possible d'atteindre, et pour lequel il est nécessaire d'employer des moyens compliqués.

C'est l'affaire de l'organisateur, et non celle du technologue qui exécute, de faire en sorte qu'en cas de besoin on puisse se servir également d'un matériel imparfait, ou de celui pris à l'ennemi, pour remplacer celui de bonne qualité, tout en sacrifiant une grande partie des effets.

TRAITÉ

DE

PYROTECHNIE.

DE LA FORCE QUI AGIT DANS LES ARMES A FEU.

§ 1.

La force qui agit dans une arme à feu, résulte de l'agrandissement subit du volume d'un corps, qui par cette dilatation chasse des obstacles placés devant lui, ou déchire une enveloppe solide et jette au loin les débris, pour se faire jour.

§ 2.

On obtient cette extension du volume en transformant subitement la plus grande partie d'un corps solide froid en une masse de gaz fortement échauffé.

§ 3.

Cette transformation de l'état solide à l'état gazeux n'a pas lieu par simple *échauffement*, parce qu'une trop grande partie de la chaleur serait ainsi absorbée; mais elle résulte d'une *combinaison chimique de substances fortement opposées dans l'échelle électrochimique*, qui, solides d'abord, prennent par *la combinaison*, sans changer de poids, *la forme gazeuse*, occupent par conséquent un espace beaucoup plus grand, *et développent une grande quantité de calorique dans leur combinaison*, à cause de la forte tension chimique, *calorique qui dilate encore davantage les produits gazeux.*

§ 4.

La classe de combinaisons chimiques, qu'on a désignées par le nom de combustions, c'est-à-dire, les combinaisons de corps fortement électropositifs avec d'autres fortement électronégatifs, accompagnées de chaleur et de lumière, et de la transformation des corps solides positifs en gaz, convient le mieux pour le but proposé, lorsque la combustion est portée au plus haut degré d'intensité. On obtient cette intensité en amenant dans le corps électronégatif presque pur la combinaison qui a lieu ordinairement dans l'atmosphère, laquelle ne contient qu'une faible quantité de ce corps (l'oxigène).

§ 5.

Comme corps électronégatif c'est l'oxigène, et dans quelques cas l'oxigène avec le chlore qui agissent le plus énergiquement. Tous deux n'existent isolément que sous forme de gaz; ils doivent donc être employés à l'état de combinaison solide facile à décomposer.

§. 6.

Parmi toutes les combinaisons de l'oxigène qui existent, ce sont les nitrates et les chlorates qui contiennent la plus grande quantité d'oxigène, et desquels ce dernier est le plus facile à dégager. Lorsqu'on les chauffe ils abandonnent leur acide, qui se décompose immédiatement dans ses composants gazeux, l'oxigène et l'azote, ou l'oxigène et le chlore. Dans les chlorates cet abandon et cette décomposition de l'acide en ses deux composants gazeux ont lieu encore plus facilement que dans les nitrates; de plus, les combinaisons chloratées fournissent encore du chlore pour le but indiqué au § 4. — Il est possible aussi de dégager l'oxigène de la base de ces deux genres de sels.

§ 7.

Parmi les *corps électropositifs*, qui deviennent gazeux en se comburant par l'oxigène, le soufre, le carbone et l'hydrogène sont ceux qui ont le plus d'affinité pour l'oxigène; les autres ne sont pas communs, sont difficiles à obtenir à l'état solide, et ne servent pas mieux que les trois précédents, parce que leur combinaison fournit moins de gaz, de lumière et de chaleur. Le carbone et l'hydrogène ne peuvent être employés à cet effet qu'à l'état de combinaison, comme substance végétale non décomposée, ou bien partiellement décomposée, parce qu'autrement l'hydrogène est gazeux, et que ce n'est qu'ainsi combiné que le carbone lui-même est suffisamment combustible dans l'oxigène. — Pour la combinaison avec l'oxigène et le chlore, ce sont les mêmes corps électropositifs, et après eux le sulfure d'antimoine, qui conviennent le mieux.

§ 8.

Le corps solide qui passe de l'état solide à l'état gazeux par suite d'une combustion, et fournit ainsi de la force motrice, sera donc toujours un mélange mécanique des oxisels énumérés § 6, (ingrédients oxigénés (¹) et des substances nommées au § 7. (les ingrédients combustibles). Ce mélange mécanique doit être aussi intime que possible, c'est-à-dire les substances en question doivent se trouver juxtaposées en particules aussi ténues que possible, afin que la moindre parcelle du combustible se trouve environnée des parcelles correspondantes de l'ingrédient oxigéné. Cette force motrice

---

(¹) Le mot *ingrédient* est employé constamment ici dans le sens restreint de : *corps entrant dans une mixture pyrotechnique rationnelle.* (T)

des gaz échauffés produira des effets, lorsqu'on opposera des obstacles à leur développement. Mais comme la combustion de ces mélanges ne doit pas *uniquement fournir des gaz*, mais aussi de la *lumière* diversement colorée, et une haute *température*, on peut utiliser également ces deux derniers produits, savoir à éclairer et à enflammer.

I. COMBUSTION PAR L'OXIGÈNE.

A. *Les ingrédients oxigénés.*

§ 9.

Les ingrédients oxigénés (§ 5 et 6.) qui sont employés dans la pyrotechnie militaire sont des oxisels (nitrates et chlorates) ayant un type commun de composition. Si

X est le poids atomique d'un métal et

2Y ou $\bar{Y}$, le double du poids atomique de l'azote ou du chlore, et si l'on désigne par des points placés au-dessus de ces lettres les nombres de poids atomiques de l'oxigène combinés à X et $\bar{Y}$, nous aurons :

$$\dot{X} \quad \overset{\cdots}{\bar{Y}}$$

pour la formule générale des poids atomiques de tous les ingrédients oxigénés. Ils contiennent donc toujours un at. de métal combiné à un at. d'oxigène pour former la base, qui est combinée avec un at. d'acide composé de 2 at. d'azote ou de chlore, et de 5 at. d'oxigène.

§ 10.

Tous ces sels ont la propriété de se décomposer en parties solides et en parties gazeuses à une température un peu au-dessus de celle qui correspond à leur point de fusion (qui varie pour chacun d'entre eux). Avant que cette température soit atteinte ils ne cèdent pas leur oxigène. Lors donc que des combustibles (§ 8.) se trouvent mélangés avec eux, ceux-là doivent être en un point échauffés au moyen d'une chaleur extérieure, jusqu'à ce qu'ils se comburent par l'oxigène de l'atmosphère, et au moyen de la chaleur produite par cette combustion, amènent la fusion de l'ingrédient oxigéné et la mise en liberté de l'oxigène ; ensuite le restant du combustible se combure par l'oxigène devenu libre, plus rapidement et plus énergiquement que la partie qui a été d'abord enflammée. Dans une capacité exempte d'air, ou dans des gaz qui ne fournissent pas d'oxigène toutes ces mixtures ne peuvent être enflammées, que par l'élévation de la température en un point ou dans la totalité de leur masse à l'aide d'une chaleur externe, non seulement jusqu'à ce que l'ingrédient oxigéné se fonde, mais jusqu'à ce que l'acide, par suite de sa mise en liberté, abandonne son oxigène. Mais lorsque ces mixtures sont une fois enflammées dans l'atmosphère de la manière décrite ci-dessus, elles continuent de brûler, soit dans le vide, soit dans une capacité remplie d'un gaz quelconque, séparée de l'air au moyen de l'eau ou de toute autre manière, et cette combustion continue jusqu'à ce que tout l'oxigène du sel soit épuisé.

§ 11.

Sous le rapport de l'effet essentiel à produire, on ne considère parmi les parties qui constituent les sels ci-dessus, que celles qui peuvent prendre la forme gazeuse, par conséquent les deux corps qui constituent l'acide, et l'oxigène de la base. Le métal de la base n'acquiert d'influence que lorsque la couleur de la flamme que produit la mixture n'est pas indifférente ; car cette couleur est la même que celle qui se produit dans la combustion du métal par l'oxigène, savoir : le violet pour le potassium, le jaune pour le sodium, le rouge pour le strontium, le vert pour le baryum, le bleu pour le cuivre, etc.

§ 12.

Les ingrédients oxigénés ne doivent pas attirer l'humidité de l'air, parce que d'un côté l'eau ainsi absorbée doit être vaporisée aux dépens du calorique développé, nécessaire à produire la tension des gaz, l'inflammation, ou la lumière, la présence de cette eau diminuant la tension, la chaleur, et l'intensité de la lumière ; et d'un autre côté parce que l'humidité rend les mixtures des oxisels et des combustibles, molles, légères et friables, et enfin parce qu'elle altère en partie l'exactitude du mélange qu'on a cherché à rendre le plus intime possible (§ 8). Cette altération résulte de ce que les parties solubles dans l'eau se déplacent en se cristallisant.

----

a. NITRATES (ou azotates.)

§ 13.

Le signe spécial de l'azote (nitrogène) est N. Si l'on désigne donc comme au § 9, un métal quelconque par X (poids atomique du métal), l'expression générale des nitrates sera :

$$\overset{..}{X} \overset{...}{N}$$

Tous les nitrates se composent d'une base formée d'un at. de métal et d'un at. d'oxigène, et d'un acide formé de deux at. d'azote et cinq atomes d'oxigène. Si l'on remplace le signe indéterminé X par celui du poids atomique d'un métal déterminé, on obtient les formules spéciales de tous les nitrates. Mais d'après le § 12, les seuls nitrates qui puissent être employés dans la pyrotechnie militaire sont ceux qui sont peu ou point déliquescents, c'est-à-dire qui n'attirent que peu ou pas l'eau suspendue dans l'atmosphère, et qui de plus ne sont pas trop chers ; il résulte de là que la plupart des nitrates deviennent étrangers à notre but, et il ne reste à considérer que les suivans :

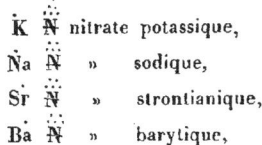

$\dot{K} \; \overset{...}{N}$ nitrate potassique,

$\dot{Na} \; \overset{...}{N}$ » sodique,

$\dot{Sr} \; \overset{...}{N}$ » strontianique,

$\dot{Ba} \; \overset{...}{N}$ » barytique,

§ 14.

L'acide de tous ces sels se forme spontanément dans la nature, en se combinant à diverses bases, ce qui fait que les nitrates sont communs et peu chers, pour autant que la base elle-même n'ait pas un haut prix. Au moyen des nitrates qui se forment naturellement on peut produire les autres de deux manières. La première consiste à leur ajouter un sel ayant pour base celle du nitrate qu'on veut obtenir, et à produire ainsi l'échange des bases. La seconde consiste à séparer l'acide nitrique du sel naturel à l'aide de l'acide sulfurique, à isoler cet acide par la distillation, et à y dissoudre ensuite le carbonate ayant pour base celle du nitrate désiré ; dans cette opération l'acide nitrique se substitue à l'acide carbonique qui est expulsé.

§ 15.

Parmi les quatre nitrates dont les formules sont données au § 13, le premier, le nitrate de potasse, est le seul qui n'attire pas du tout l'humidité de l'air, mais seulement lorsqu'il est isolé ; quand il est mélangé avec du charbon, le mélange est plus hygroscopique que chacun des ingrédients pris séparément. Les trois autres sels deviennent plus hygroscopiques lorsqu'ils sont mêlés au charbon ; le nitrate barytique le moins, et le nitrate sodique le plus.

§ 16.

Les nitrates se décomposent, à une température un peu plus élevée que celle qui répond à leur point de fusion (§ 9), en acide $\overset{...}{N}$ qui se dégage sous forme de gaz, l'azote et l'oxigène se séparant, et en base $\dot{X}$ qui reste sous forme de corps solide. Ce n'est que quand il y a un corps (J) en présence, qui s'unit avidement au métal, et un autre qui absorbe de même l'oxigène, que $\dot{X}$ décompose, et il se forme alors X J comme résidu, tandis que l'at. d'oxigène libéré s'unit au corps pour lequel il a le plus d'affinité. Le nitrate potassique fournit donc dans cette circonstance ses 6 at. d'oxigène disponible.

§ 17.

Parmi les nitrates précités, celui de soude est le plus fusible, après lui vient celui de potasse, ensuite celui de baryte et enfin le nitrate strontianique.

§. 18.

On a fait voir au § 13, que la composition de tous les nitrates pouvait être représentée par une formule générale, dans laquelle X seul, c'est-à-dire le poids atomique du métal change; il résultera donc de la nature de ce dernier combien un nitrate donné contiendra d'oxigène sur cent parties, et cette quantité sera d'autant plus grande, que X sera moindre. De même la proportion d'oxigène contenue dans un nitrate, fournira une mesure inverse du résidu résultant de la combustion, lequel ne contribue pas au véritable but, mais nuit au contraire en augmentant inutilement le volume et le poids, et, produisant diverses perturbations. En effet ce résidu se composant essentiellement avec X doit augmenter proportionnellement à celui-ci.

Dans les formules spéciales

$$l'atome\ de\ potassium\,,\ K = 489,91$$
$$»\qquad sodium\,,\qquad Na = 290,89$$
$$»\qquad baryum\,,\qquad Ba = 856,88$$
$$»\qquad strontium\,,\qquad Sr = 547,28$$

Donc, puisque $N = 88,51$, et par conséquent $N = 177,02$,[1],

100 p. de nitrate potassique contiennent 47,37 p. d'oxigène
100 — — — sodique — 56,18 — —
100 — — — barytique — 36,72 — —
100 — — — strontianique — 45,30 — —

§ 19.

La décomposition des nitrates, indépendamment de leur fusibilité, a lieu d'autant plus rapidement que le métal de la base est plus électropositif; par conséquent elle est la plus vive dans le nitrate de potasse; après celui-ci vient le nitrate de soude, puis celui de baryte et enfin le nitrate de strontiane qui se décompose le plus lentement.

§ 20.

Parmi les quatre nitrates cités le choix ne reste indécis qu'entre celui de potasse et celui de soude, tant sous le rapport de la fusibilité (§ 17), de la proportion d'oxigène et de l'exiguité du résidu (§ 19), que du rang électro-positif du métal (§ 19) et de la facilité et de l'économie avec lesquelles on peut se les procurer. Les deux autres nitrates sont bien inférieurs sous ces rapports. Si l'on considère seulement les deux premiers points de comparaison on trouvera le nitrate sodique supérieur au nitrate potassique. De

---

(1) Comme les calculs du texte fourmillaient d'erreurs typographiques et autres, le traducteur a cru devoir les refaire complètement, en prenant pour base les nombres atomiques adoptés par l'auteur. (T)

plus, dans les fortes charges l'effet utile développé par le nitrate sodique est réellement plus considérable que celui du nitrate potassique. Mais la déliquescence extrême de ce sel d'un côté, et de l'autre la prépondérance électro-positive du potassium sur le sodium, laquelle se manifeste surtout dans les petites charges, doivent faire donner dans la pratique la préférence au sel de potasse sur celui de soude, celui-ci n'étant plus réservé, ainsi que les nitrates de baryte et de strontiane, que pour satisfaire à des conditions très-secondaires que le sel de potasse ne peut pas remplir (§ 18).

LE NITRATE (OU AZOTATE) POTASSIQUE.

Propriétés.

§ 21.

Le nitrate potassique (salpêtre) a une composition (§ 13) exprimée par la formule : $\overset{\cdots}{\text{K}}\overset{\cdots}{\text{N}}$

Il se compose par conséquent de :

			Poids at.	Sur 100 p.
1 at. d'oxide de potassium ($\overset{\cdots}{\text{K}}$) (potasse)	1 at. de potassium (K)	=	489,91	38,66
	1 — d'oxigène ($\cdot$)	=	100,00	7,89
1 at. d'acide nitrique ($\overset{\cdots}{\text{N}}$) (ou acide azotique)	2 at. d'azote (N)	=	177,02	13,97
	5 at. d'oxigène ($\therefore$)	=	500,00	39,48
1 at. de nitrate potassique		=	1266,93	100,00

§ 22.

Le salpêtre est complètement incolore, d'une saveur fraiche, piquante, légèrement amère, transparent en cristaux, opaque lorsqu'il est pulvérisé, et translucide quand il est coulé en pains. Cristallisé il a un poids spécifique de 2,10. Lorsque les cristaux se forment très-lentement, c'est-à-dire hors de grandes quantités de solution aqueuse (4600 litres), ils affectent la forme de prismes hexaèdres à quatre faces étroites et deux larges, ces dernières terminées en angle dièdre. Les faces des cristaux paraissent rayées, et laissent voir des fissures quand on les examine à la loupe ; ces fissures retiennent mécaniquement une partie du dissolvant. Lorsque la dissolution contient seulement du salpêtre, le liquide ainsi retenu est de l'eau pure, et on l'enlève en séchant le salpêtre après l'avoir pulvérisé. Durant la pulvérisation on voit apparaître l'humidité qui était dissimulée dans les cristaux entiers. Mais lorsque la dissolution contient outre le salpêtre d'autres sels ou substances solubles, le liquide retenu dans les cristaux retient aussi de petites parties de ces corps, et les abandonne au salpêtre en s'évaporant par suite de la dessiccation. — Si la quantité de la dissolution dans laquelle le salpêtre cristallise est moindre (environ 5 à 600 litres), le salpêtre formé des aiguilles prismatiques irrégulières, qui sont également rayées, même souvent creuses, mais qui ne retiennent aucune partie du liquide dissolvant ou des corps étrangers qui se trouvaient dans la dissolution. Lorsqu'on chauffe ces cristaux dans la main, ils éclatent partiellement par la dilatation de l'air qu'ils renferment. La même forme cristalline se produit, mais seulement en grains très-petits, lorsqu'on trouble la cristallisation en brassant continuellement la dissolution.

§ 23.

Le salpêtre se fond à 350° c., et coule tranquillement sans se boursoufler et sans modifier sa composition. Lorsqu'il contient de l'eau, il semble déjà se fondre au-dessous de 100° c., mais cette fusion apparente n'est qu'une dissolution partielle dans l'eau qui approche de son point d'ébullition; lorsque cette eau est vaporisée, il redevient solide, et la fusion réelle n'a lieu ensuite qu'à 350° c. Dans cette première solidification il s'attache aux parois du vase. Dans sa congélation après la fusion il produit une masse solide incolore (§ 22), qui est très-dure, et montre une structure rayonneuse. Si l'on élève après la fusion la température jusqu'à 380° c., l'acide nitrique est chassé sous forme gazeuse, et comme d'un côté il ne peut subsister isolément sans être combiné à l'eau ou à une base, et que de l'autre l'azote n'a qu'une faible affinité pour l'oxigène, cet acide se décompose en se dégageant, et les bulles qui s'élèvent développent de l'oxigène, de l'azote, et aussi de l'oxide d'azote. Dès que le boursouflement cesse, tout l'acide nitrique a été expulsé et décomposé, et l'oxide potassique (la potasse) est resté. Si l'on projette du soufre sur le bain de salpêtre, il brûle avec une lumière très-blanche, lorsque toutefois la quantité de soufre est très-petite, ou que la température est très-élevée et le salpêtre en pleine décomposition. Mais lorsqu'il n'y a pas assez d'oxigène pour la combustion de tout le soufre (ce qui arrive quand la température n'est pas assez élevée ou quand tout le soufre ne touche pas immédiatement au salpêtre), la flamme est rouge-jaunâtre, mais longue. Si l'on tient dans le salpêtre fondu du charbon, celui-ci ne s'enflamme que quand le salpêtre est en pleine décomposition (à 380°), et donne alors une flamme violet-clair, en crachant. Si l'on projette des morceaux de charbon sur le bain, ils sautillent à la surface, parce qu'il se développe du gaz à la partie inférieure. Du charbon en poudre en petite quantité produit de l'acide carbonique avec effervescence et en se comburant sans flamme.

§ 24.

Le salpêtre, en pièces coulées (pains) et en grands cristaux, n'attire pas l'humidité de l'air. Mais quand il est réduit en poudre très-ténue ou en petits cristaux fins, il agit par absorption comme tous les corps présentant une grande surface, surtout quand l'air approche d'être saturé d'humidité relativement à sa température, ou que par un refroidissement subit il ne peut plus en tenir une aussi grande quantité en suspension. Toutefois le sel n'absorbe ainsi que 1 p °/₀ d'humidité au plus. Quoique le sel marin (chlorure sodique) isolé n'attire pas non plus l'humidité. un mélange de salpêtre et de ce sel l'aspire, parce que les deux composés réagissent mutuellement par leurs éléments, et produisent un peu de nitrate sodique et de chlorure potassique, le premier desquels, surtout quand il est en poudre ténue, absorbe avidement l'eau.

§ 25.

Le salpêtre n'est pas soluble dans les huiles ni dans l'alcool pur, mais bien dans l'eau, et cela à des degrés très-différents suivant la température de celle-ci. Dans les mélanges d'eau et d'alcool, (esprit de vin), la solubilité croît avec la quantité d'eau du mélange. — Les données qui existent sur les quantités de salpêtre qui se dissolvent dans l'eau aux différentes températures, sont très-diverses. C'est d'après les mieux accréditées qu'on a construit la courbe de solubilité $a b$ de la fig. 1, où l'on trouve facilement les quantités de salpêtre solubles à chaque température dans 100 parties en poids d'eau pure. Lorsque la dissolution se refroidit, elle dépose e cristaux le salpêtre dont elle est sursaturée, cristaux qui deviennent grenus et très-fins si l'on a soin de remuer le liquide pendant qu'ils se forment (v. § 22). Il paraît cependant qu'une dissolution contient à une température donnée plus de salpêtre, lorsqu'elle est arrivée à cette température en descendant d'une autre plus élevée, que lorsqu'elle a remonté d'une température inférieure, et quand de plus la dissolution se trouvait déjà saturée à la température plus haute, dans le premier cas, et que dans le second il s'y trouvait assez de salpêtre pour qu'elle pût se saturer aux températures ascendantes. On n'a pas encore constaté la valeur de cette différence. — La dissolution du salpêtre dans l'eau est accompagnée d'un abaissement de température.

§ 26.

Si outre le salpêtre d'autres sels sont dissous dans l'eau, la solubilité peut se modifier en apparence, quand ces sels décomposent le salpêtre, dont la quantité se trouve par conséquent diminuée. Le mélange de cette espèce qui a le plus d'importance est celui du chlorure sodique. — Ce sel forme avec le salpêtre (v. § 24) le nitrate sodique, plus soluble, et le chlorure potassique, dont la solubilité est à peu près la même que celle du chlorure sodique. De cette manière la solubilité du salpêtre se trouve augmentée à toutes les températures, et cela de $\frac{1}{7}$ à $\frac{1}{8}$ du contenu en sel marin. Une dissolution de salpêtre contenant du sel marin déposera par conséquent aussi moins de salpêtre en se refroidissant, qu'une dissolution pure contenant la même proportion de salpêtre. Les autres sels (§ 41) qui se trouvent ordinairement dissous avec le salpêtre, paraissent exercer moins d'influence sur sa solubilité.

§ 27.

Le salpêtre donne à l'eau dans laquelle il est dissous, un poids spécifique supérieur à 1, et en élève le point d'ébullition au dessus de 100° c.

100 p. d'eau avec 0 p. de salpètre ont 1,000 de poids spécifique.

100	—	1	—	1,007	—
100	—	2	·	1,015	—
100	—	3	—	1,023	—
100	—	4	—	1,030	—
100	—	5	—	1,038	—
100	—	6	—	1,046	—
100	—	7	—	1,053	—
100	—	8	—	1,061	—
100	—	9	—	1,069	—
100	—	10	—	1,077	—
100	—	11	—	1,084	—
100	—	12	—	1,092	—
100	—	13	—	1,100	—
100	—	14	—	1,107	—
100	—	15	—	1,115	—

On peut aisément calculer les poids intermédiaires de salpètre dissous, en observant que chaque augmentation de 0,0077 dans le poids spécifique correspond à 1 p °/₀ d'augmentation dans le salpètre dissous.

Le point d'ébullition étant 101° c., 100 p. d'eau contiennent 12 p. de salpètre

——	102	— —	—	——	26,4 — —
——	103	— —	—	——	42 2 — —
——	104	— —	—	——	59,6 — —
——	105	— —	—	——	78,3 — —
——	106	— —	—	——	98,2 — —
——	107	— —	—	——	119,2 — —
——	108	— —	—	——	140,6 — —
——	109	— —	—	——	163,0 — —
——	110	— —	—	——	185,9 — —
——	111	— —	—	——	209,2 — —
——	112	— —	—	——	233,0 — —
——	113	— —	—	——	257,0 — —
——	114	— —	—	——	283,0 — —
——	115	— —	—	——	310,0 — —

§ 28.

Si l'on échauffe de l'eau pure jusqu'à l'ébullition sur une quantité de salpètre suffisante, pour qu'il en reste une partie non dissoute, le point d'ébullition peut être observé.

D'après Legrand à 116° c. 100 p. d'eau ont dissous 236 p. de salpètre.
— Griffiths à 104°,3 — —— 284 — ——
— Ure à 115°,5 — —— 300 — ——
— Gay Lussac à 121,2 — —— 236 — ——

— l'observation

de l'auteur 116,08 — — — 350 —₎ — —

Déjà à 75° c., on aperçoit dans les circonstances ci dessus mentionnées la pellicule de cristallisation à la surface du liquide, et à proximité du point d'ébullition la masse devient pâteuse. Plus l'eau contient de salpêtre dissous pendant son ébullition, et plus la cuisson est tumultueuse, plus il y a de salpêtre entraîné par les vapeurs d'eau; ce salpêtre se dépose sur les corps froids environnants ([1]). — Lorsqu'une dissolution chaude de salpêtre est presque saturée, et qu'on en fait brusquement refroidir une goutte, le salpêtre qui ne peut plus rester dissous se dépose en grains solides et la goutte devient consistante.

ACQUISITION DU SALPÊTRE.

§ 29.

Le salpêtre existe tout formé dans beaucoup de plantes, qu'on reconnaît contenir du salpêtre à ce qu'étant desséchées et enflammées elles brûlent en décrépitant, comme de l'amadou imbibé de salpêtre; de plus, il s'y dépose des cristaux de salpêtre aux queues des feuilles. On peut en retirer le salpêtre au moyen de l'eau chaude. Les plus connues de ces plantes sont la bourrache, l anet, l'ortie, le tabac, les racines de pommes de terre, la betterave, la mille-feuille, la fume-terre, le laiteron des champs, la salicorne, le tournesol, la sauge, la belladone, l'armoise, la ciguë, le chou potager, la chélidoine, la guède. Les plantes, même les plus riches en salpêtre (p. ex. la betterave), n'en fournissent pas cependant une quantité suffisante pour pouvoir être régulièrement exploitées.

§ 30.

Vu la faible valeur du nitrate sodique, et le parti avantageux qu'on peut tirer du carbonate de la même base, la fabrication du salpêtre au moyen du nitrate sodique, par la décomposition de ce dernier à l'aide de l'acide carbonique, est très à recommander. Si dans le salpêtre ainsi obtenu il se trouve encore des parties non décomposées de nitrate de soude, on peut l'en purifier facilement par la cristallisation, le sel de soude restant alors dans le liquide. Jusqu'à présent on n'employait que le salpêtre qui se produit à la surface de la terre, par suite de la formation spontanée incessante d'acide nitrique. Cet acide se combine soit directement avec la potasse, soit avec d'autres bases, et

---

([1]) D'après le traité de chimie de Berzélius, il n'y a jamais de salpêtre entraîné par les vapeurs d'eau. (T)

dans ce dernier cas on le reporte sur la potasse au moyen d'un échange de bases par double décomposition.

L'acide nitrique se forme spontanément de ses deux éléments constituants, l'oxigène et l'azote. Le premier est fourni par l'air atmosphérique, le second par les substances animales putrescentes, dans lesquelles il se trouve combiné avec de l'hydrogène, de l'oxigène et du carbone. Par suite de la putréfaction il abandonne ces corps, et entre dans une nouvelle combinaison avec l'oxigène de l'air. Il paraît qu'il se forme aussi en même temps, par la combinaison de l'hydrogène et de l'azote de la matière animale, de l'ammoniaque qui se répand sous forme de gaz à travers les matières, et provoque puissamment, comme étant une base très-énergique, la formation de l'acide nitrique, avec lequel il se combine pour le céder ensuite à des bases plus fortes, telles que la potasse, la chaux, etc.

§ 31.

La formation spontanée de l'acide nitrique exige donc :

1° Une matière animale (pour fournir de l'azote).

2° L'air atmosphérique, (pour fournir de l'oxigène) parce que celui contenu dans la matière animale n'est pas en quantité suffisante.

3° De l'humidité, parce que le gaz acide nitrique ne peut se former que comme hydrate, et parce que d'ailleurs l'humidité est nécessaire à la putréfaction, par suite de laquelle de l'azote est mis en liberté.

4° Un oxide métallique très-électropositif, (une base), afin que la formation de l'acide soit favorisée par influence.

La substance animale ne doit être que strictement humide mais non mouillée ; comme à une température très-basse toutes les réactions chimiques progressent très-lentement, tandis que par une chaleur élevée l'acide nitrique hydraté se volatiliserait, il faut que la température soit moyenne (10 à 15° c.). L'air doit être en contact stagnant avec la substance animale humide, ne pas être souvent renouvelé, parce qu'un certain temps est nécessaire à la naissance de l'acide nitrique, et qu'un courant d'air entraînerait d'ailleurs l'hydrate formé, sans qu'il se combinât au couple électropositif ; c'est pour cette raison aussi que la lumière ne paraît pas agir avantageusement sur la formation salpétrée, parce qu'elle échauffe partiellement l'air, et par conséquent, produit du tirage. Un phénomène singulier non encore expliqué, c'est la contagion qui préside à la formation du salpètre ; ainsi il est beaucoup plus facile d'obtenir le développement de l'acide nitrique dans une masse, lorsqu'elle contient déjà des matériaux en nitrification. C'est ainsi qu'il faut beaucoup de temps avant que le nitrate de chaux commence à se former dans les pierres calcaires ; mais dès que cette formation a commencé sur un point, la nitrification se propage bientôt à travers des murs ou des rochers entiers.

D'après quelques observations il faut 225 parties de matière animale sèche, avec 75 parties d'eau, pour former l'acide nitrique contenu dans 100 parties (v. § 21). Les bases sont dans la plupart des cas l'oxide calcique (la chaux), l'oxide magnésique (la magnésie) et plus rarement l'oxide potassique (la potasse). Ces bases sont toujours combinés à l'acide carbonique, qui est expulsé par l'acide nitrique formé, celui-ci étant plus énergique.

§ 32.

Partout où la formation spontanée des nitrates a lieu sur les roches calcaires, elle paraît s'élever seulement jusqu'à 4 ou 5 mètres du sol, et cela en diminuant par gradation de bas en haut; la profondeur à laquelle cette nitrification pénètre, même dans la pierre calcaire poreuse qui lui est le plus favorable, n'est que de 0^m, 40 environ. Là où les nitrates se forment dans le sol, les réactions ont toujours lieu sous la croûte supérieure, et c'est l'eau vaporisée qui entraine le sel à la surface, où il se dépose en cristaux fins sous forme d'une efflorescence blanche. Dès que la couche extérieure salpétrée, soit du rocher soit du sol, a été enlevée ou lessivée, la nitrification recommence.

§ 33.

C'est ainsi que dans les circonstances favorables, des nitrates se forment constamment et spontanément dans la nature. Là où cette production ne suffit pas aux besoins, comme par exemple dans les contrées septentrionales, on vient en aide à la nitrification spontanée en réunissant artificiellement les circonstances qui la favorisent.

§ 34.

La nitrification spontanée fournit dans les 22 grottes de Ceylan consistant en roches calcaires, en feldspath et en talc, un salpêtre presque pur. Le tereau qu'on y trouve est composé pour 100 parties de

> 73,0 de salpètre,
> 21,0 nitrates de magnésie et de chaux,
> 6,0 sulfate de magnésie.

Dans la grotte de Memoora, où 16 ouvriers extraient annuellement 6 ....lle kilogrammes de salpètre, la roche (calcaire, fedspath, talc et mica) contient sur 100 parties:

> 2,4 salpètre,
> 0,7 nitrate de magnésie,
> 0,2 sulfate,
> 26,5 carbonate de chaux,
> 60,8 terres,
> 9,4 eau.

Dans la grotte Pulo, près de Molfette dans la Pouille, 100 parties de la croûte blanche semblable au sucre, ayant 2 à 3 lignes d'épaisseur, qui se forme sur le calcaire jaunâtre, contiennent:

> 42,6 salpêtre,
> 25.5 sulfate de chaux (gypse)
> 30,4 carbonate de chaux (pierre à chaux),
> 0,2 chlorure potassique,
> 1,3 eau.

Dans l'Indoustan, près de Patna, sur la rive orientale du Gange, il se forme après la saison des pluies aux endroits où le bétail a été parqué, du salpêtre qui, par suite de la vaporisation de l'eau, se porte à la surface et y cristallise. Cette efflorescence que des collecteurs spéciaux recherchent et lessivent vers le lever du soleil, contient sur 100 parties :

> 8,3 salpêtre,
> 3,7 nitrate de chaux,
> 0,8 sulfate.   »
> 35.0 carbonate,   »
> 40,0 terres,
> 0,2 chlorure sodique
> 12.0 eau et plantes.

Plus l'année est pluvieuse, plus la quantité de salpêtre produite est considérable. Le salpêtre se dépose en aiguilles de quatre à sept millimètres de longueur. Le salpêtre se présente aussi dans les Indes en forme de cristaux grenus, enveloppés d'argile. Dans le district de Tirhoot les pierres de construction (calcaires), sont mangées par la nitrification ; dans les endroits humides on en peut tous les 2 à 3 jours enlever le salpêtre par panerées. Il en est de même de la formation du salpêtre dans les grottes servant d'étables, de caves, etc., de la Perse, de l'Égypte et dans celles de la France dont la masse rocheuse est de la craie, et dans lesquelles la nitrification a lieu surtout sur les côtés ouverts et situés au midi. Dans la Chine on lessive, pour obtenir le salpêtre, la vase rouge déposée par un lac situé dans le voisinage de Pékin, et qui déborde pendant l'été. — Dans la Crimée on conduit les bestiaux dans les tourbières ; ensuite on exploite celles-ci. on utilise la tourbe comme combustible, et on en lessive les cendres qui fournissent 5 p°|₀ de salpêtre. En Hongrie on dispose près des villages des plans inclinés en terre sablonneuse, non argileuse, le long desquels s'écoulent et s'infiltrent les urines et autres liquides chargés de matières organiques. Après le desséchement du terrain trempé par les pluies ou l'humidité du printemps, ou après que des vents secs ont soufflé, le salpêtre pousse à la surface sous forme de cristaux blancs ; on le balaie en tas, ou bien on enlève à la charrue la couche supérieure de terre, et on la lessive sans ajouter de la potasse (v. plus bas). 140 mètres carrés de ces nitrières donnent annuellement, lorsqu'on récolte 6 fois par balayage, jusqu'à 50 kilogrammes d'un salpêtre passablement pur. Dans la Suisse et en France on construit des étables à moutons sur les revers des montagnes; on en recouvre le sol incliné d'une terre molle mélangée de paille; ce sol absorbe la partie liquide du fumier, et favorise la formation du salpètre; on lessive la terre d'abord toutes les deux années, et ensuite tous les ans. Dans l'est et dans le sud de l'Espagne, ainsi que dans le midi de la France et en Piémont, on procède d'une manière analogue. Les places qui fournissent le salpètre sont également situées dans le voisinage des villages, et sont humectées par les liquides qui s'en écoulent; de plus on les retourne à la charrue 3 à 4 fois pendant l'hiver et au printemps. Durant les chaleurs de l'été le salpètre formé à quelques pouces sous la surface se porte au jour, on enlève la couche supérieure et on la lessive, ce qui fournit du nitrate de potasse presque pur, ne contenant qu'environ $\frac{1}{10}$ d'autres nitrates. On reporte sur le terrain les terres lavées, qui l'année suivante méritent une nouvelle lixivation. Dans le nord de l'Italie, il se forme également une quantité très-considérable de salpètre sous les hangars qui servent à abriter le bétail durant le mauvais temps.

§ 35.

Dans l'Europe centrale, p. ex. en France, la nitrification spontanée ne se présente déjà plus que dans les locaux, réunissant des circonstances particulièrement favorables à son action. Ce sont des caves humides, des étables, des trous à fumier etc; la nitrification y est encore assez productive, pour qu'on n'ait pas besoin de l'activer par des procédés artificiels, à moins que des besoins extraordinaires ne forcent à employer ces moyens.

§ 36.

En France on utilise les matériaux provenant de la démolition des maisons, surtout des parties inférieures (jusqu'à la hauteur de 4^m); ceux qui se trouvaient immédiatement au-dessus du sol contiennent environ 5 p°/₀ de salpètre. De plus, on emploie aussi les platras (qui contiennent du salpètre jusqu'à une profondeur d'environ 8 centimètres), la partie inférieure des murs, la couche supérieure du sol des caves, des granges, des étables, des pigeonniers, des rues étroites, sous les planchers du rez-de-chaussée. Quelquefois certaines pierres tirées des murs paraissent particulièrement riches en salpètre; ces pierres sont recouvertes d'une efflorescence blanche, souvent fendillées, exemptes de mousse, etc. Quoique le droit de fouille soit très-restreint par des lois, il n'en reste pas moins très-onéreux pour les habitants. Le salpètre ainsi obtenu s'appelle salpètre de plàtras, ou lorsqu'il provient des étages inférieurs, où on l'a gratté des pierres sur lesquelles il se fixe comme un duvet très-fin, salpètre de houssage. Le terreau du sol (*grunderde*) qu'on extrait en Autriche des étables, des caves, sous les portes voûtées, etc. environ jusqu'à la profondeur de 26 centimètres, produit par mètre cube 1^k, 9 à 9^k,5 de salpètre; outre ce dernier ces terres contiennent encore beaucoup des autres nitrates.

§ 37.

Le nord de l'Allemagne, l'Angleterre, la Suisse, la Suède, etc. tirent leur salpètre, soit de l'étranger, surtout des Indes Orientales, soit de nitrières artificielles. Ce dernier moyen a déjà été employé aussi dans les pays où les besoins ordinaires sont déjà couverts par la nitrification spontanée, mais qui se sont trouvés en présence de besoins extraordinaires par suite de guerres etc. Le salpètre ainsi obtenu (salpètre artificiel), revient très-cher quand la main d'œuvre et le combustible ne sont pas à des prix très-bas, mais il assure l'indépendance sous le rapport de l'acquisition de ce produit si important.

§ 38.

Les nitrières artificielles sont diversement organisées dans les différents pays. Cependant elles se ressemblent en général toutes, en ce qu'elles tendent à réunir les conditions de nitrification indiquées au § 31. Par conséquent il doit toujours y être pourvu à la présence de la substance animale, qui de plus doit être celle produisant les meilleurs effets. D'après l'expérience ce sont les restes d'herbivores et surtout les parties liquides de ces restes, tels que le sang, les parties molles du corps; le fumier, surtout celui des moutons, agit le plus favorablement; on doit éviter au contraire les os, la laine et les poils. Comme la putréfaction des matières animales fraîches, jusqu'au point où le dégagement de l'azote a lieu, demande 3 à 6 mois, on emploie volontiers, pour accélérer la nitrification, une terre noire grasse ayant déjà acquis par le fumage, etc. des matières organiques en pleine décomposition; si l'on dispose en outre de substances animales, on les y mélange. Il est toujours très avantageux que la terre employée contienne déjà du salpètre; cette circonstance favorise et hâte considérablement la nitrification subséquente. La présence du salpètre dans les terres se reconnaît aisément au goût, à l'efflorescence blanche, ou par le lessivage. On ne doit donc pas prendre les terres destinées aux nitrières artificielles à une profondeur plus grande que 3 décimètres au dessous de la surface, parce qu'en Europe la nitrification ne s'étend pas plus bas. Avant d'introduire la terre, surtout celle des marais, dans les nitrières, on la laisse encore étendue en couches minces au contact de l'air, pendant quelque temps, jusqu'à environ une année; par là, la nitrification commence, et il en résulte ensuite une augmentation du produit. On mélange avec cette terre les subtances destinées à fournir la base; ce sont des plantes qui après la putréfaction transforment en carbonate l'acétate de potasse qui existait dans leur sève; on peut aussi employer à cet usage les végétaux salpétrés mentionnés au § 28, ainsi que ceux riches en azote, p. ex. les blés. Outre les plantes, on ajoute encore des cendres (qui contiennent également le carbonate de potasse des végétaux), des feuilles, (mais pas les feuilles aciculaires du pin), de jeunes branchages, de la terre de forêt, des feuilles de tabac, de la terre de jardin, des lessives savonneuses (contenant

tous de la potasse), et surtout de la chaux et de la magnésie , parce que ces
deux bases paraissent favoriser la formation de l'acide nitrique plus que la
potasse, quoique celle-ci soit une base plus forte. Ce n'est qu'aussi longtemps que la masse contient du carbonate de chaux , que la nitrification continue ; il faut donc prendre des soins particuliers pour que celui-ci ne se
trouve pas peu à peu épuisé, et pour cela il faut de temps en temps en ajouter à l'état très-divisé. L'introduction de cette portion de chaux s'obtient par
l'addition de marne, de chaux de tanneur, de mortier, de pierre à chaux fer-
rugineuse , de débris de maçonnerie , de chaux vive etc., qu'on pulvérise
bien et qu'on mélange avec des cendres. On doit éviter d'employer le *gypse*
(sulfate de chaux) parce que l'acide nitrique formé ne peut pas le décomposer,
attendu que l'acide sulfurique est le plus électronégatif des deux. Mais on
peut employer du sulfate de potasse parce que celui-ci est décomposé par le
carbonate calcique, en formant du sulfate calcique et du carbonate potassique.
On évite d'employer de l'argile ou du sable, ainsi que les pierres ne contenant que de l'argile et de la silice , parce que ces matières sont sans effet sur
la nitrification.Toutes ces substances doivent être intimement mélangées avec
les matières animales. En outre le mélange doit contenir des ramilles, des
épines , de la paille et autres corps analogues, qui produisent des interstices
nécessaires à l'introduction de l'air atmosphérique. Le charbon pulvérisé et
le chlorure calcique sont avantageux , en ce qu'ils maintiennent la masse
à l'état humide. On dispose le mélange plutôt en couches ou murs qu'en tas,
et on y pratique autant de trous que possible, afin qu'il présente une grande
surface au contact de l'air atmosphérique. Enfin on retourne souvent la matière au moyen de la bêche, afin que toutes les parties arrivent au contact de
l'air. Lorsqu'on établit des murs, il faut avoir égard en déterminant leur
épaisseur à l'expérience citée plus haut, savoir que la nitrification ne s'étend
tout au plus qu'à 3 décimètres de profondeur, et que dans l'Europe centrale
elle est la plus active du côté nord. D'après cela on donne aux murs, un
mètre d'épaisseur et on les dirige de l'est à l'ouest. — On les enclôt de cloi-
sons et on les recouvre de toits en paille ou en planches, afin d'empêcher
l'accès d'une lumière trop vive, ainsi que les courants d'air et l'infiltration de
l'eau. On obtient ainsi une couche d'air obscure , enfermée , humide,
en contact avec les substances mises en présence , ainsi qu'une température moyenne , indépendante des corps environnants. Comme toutes ces
circonstances sont difficiles à réunir lorsqu'on emploie les murs, qu'on ne peut
pas maintenir la masse assez poreuse, que souvent les vents violents renver-
sent les murs, on ne se sert pas partout de nitrières de cette forme (comme
c'était naguère l'usage dans le Nord de l'Allemagne), mais on leur donne
aussi la forme de pyramides , de $2^m,50$ à 3^m de côté (en Autriche). Ces pyramides sont abritées dans les champs par des bâtiments. On forme aussi
des tas dans des cabanes en bois (Suède). L'humectation qui a lieu surtout

après les retournements, ou en général assez souvent pour que la masse ne se dessèche pas, se fait le plus avantageusement avec de l'eau chargée de substances organiques en putréfaction (surtout de végétaux salpétrés, de feuilles vertes, etc.); on humecte modérément mais souvent.

Les urines sont moins à recommander, parce qu'elles contiennent beaucoup de sels étrangers; cependant elles paraissent considérablement activer la formation du salpètre. Le sang, les feuilles de tabac, et les parties liquides des fumiers sont toujours préférables. Néanmoins pendant la dernière demi-année on n'humecte plus qu'avec de l'eau, parce que les parties animales apportées si tard ne peuvent plus se putréfier complètement, et souilleraient le salpètre d'une grande quantité de matière extractive brune. On n'a pas encore vérifié par l'expérience s'il est avantageux comme le propose Dumas de mêler aux matières du charbon, surtout du charbon animal, et du chlorure calcique, lesquels attirent l'humidité de l'air.

§ 39.

On enlève les couches externes des nitrières artificielles lorsqu'il s'y est formé du salpètre, et on les expose encore à l'air sous des hangards, ce qui produit un nouvel accroissement des nitrates. — La surface ainsi mise à nu manifeste bientôt la formation du salpètre. Plus souvent on emploie la même terre à la nitrification, plus celle-ci reparait promptement, lorsque le contenu en carbonate calcique n'est pas épuisé. Lorsqu'on utilise convenablement le fumier, etc., chaque bœuf ou vache, dont on emploie le fumier aux nitrières, fournit annuellement 2^k à 5^k,4 de salpètre, suivant le climat.

§ 40.

De quelque manière que l'acide nitrique se soit formé, il faut le retirer des autres matières avec les bases auxquelles il est combiné, et pour autant que ceci ne soit pas complété, il faut l'unir à la potasse. L'extraction ne peut se faire qu'au moyen de l'eau, qui dissout les nitrates. Cette eau doit ensuite être éloignée par évaporation. Cette opération entraîne des frais à cause des appareils et du combustible qu'elle nécessite. La quotité de cette dépense, qui varie suivant les circonstances, est dans un certain rapport avec le prix du salpètre, rapport qui permet de déterminer combien de nitrates une terre doit contenir pour qu'elle vaille la peine d'être lessivée. — Lorsque le combustible est à bon compte, et que d'ailleurs les autres circonstances sont favorables, on peut déjà soumettre avantageusement au lavage une terre ne contenant en nitrates que les $\frac{5}{8}$ p. $\frac{0}{0}$ de son poids total. Même aux Indes orientales les terres à laver ne contiennent que 16 p. $\frac{0}{0}$. L'eau ne dissout pas seulement les nitrates qui se trouvent dans le mélange, mais aussi les autres substances solubles, desquelles on doit ensuite séparer le salpètre; ce sont le chlorure sodique, provenant des matières animales, et qui en décomposant les nitrates de potasse, de chaux, de magnésie, forme encore des chlorures de potassium, de calcium, de magnésium, et du nitrate sodique ; puis du sulfate de potasse, un peu de sulfate de chaux, un peu de carbonate de chaux dissous dans l'acide carbonique libre ; et enfin de l'albumine animale et plus ou moins de matière extractive brune. Il serait déjà possible, lors de l'extraction du liquide dissolvant, d'empêcher l'introduction dans la solution d'une partie de ces substances qui se dissolvent en même temps; il suffirait pour cela de les rendre insolubles au moyen de corps réagissant chimiquement sur elles; on obtiendrait ainsi dans un état plus pur les divers nitrates, qu'on pourrait en même temps transformer en nitrate potassique ; mais il est plus économique de ne faire ces opérations qu'après le lessivage.

§ 41.

Pour apprécier la quantité de nitrates contenus dans une matière à lessiver, et quelle est la partie de l'acide nitrique qui n'est pas combinée à la potasse, on prend des matières à essayer un échantillon d'environ 2 kilog., on le met dans un chaudron et on verse dessus 1 kilog. d'eau douce. On chauffe l'eau jusqu'à l'ébullition, on verse le tout sur un filtre en toile, puis l'on filtre une seconde fois au moyen d'un filtre en papier. Ensuite on verse de l'eau bouillante à travers la toile sur le filtre en papier, jusqu'à ce que le liquide qui s'écoule de celui-ci ne laisse plus de pellicule blanche lorsqu'on en fait évaporer une goutte. Si la solution est colorée en brun foncé, les matières à lessiver contiennent encore trop de substance extractive, pour qu'il soit possible d'en purifier le salpêtre d'une manière simple, et alors il faut encore étendre les terres à l'air pendant quelque temps, afin de convertir ces substances en salpêtre. Si la solution n'a que la nuance brun clair, on la porte de nouveau à l'ébullition, à laquelle on la maintient longtemps, puis on ajoute par petites portions du charbon animal purifié (¹) par l'acide chlorhydrique, lavé, desséché, et chauffé fortement, jusqu'à ce que le liquide soit complètement décoloré. On le verse ensuite de nouveau sur un filtre et on repète cette opération jusqu'à ce que la solution soit entièrement clarifiée, puis on lave le résidu jusqu'à ce qu'il soit tout à fait adouci. On examine ensuite combien de sel de potasse il faut ajouter, pour décomposer complètement les nitrates de chaux et de magnésie. On prend pour cela une quantité pesée du réactif à employer en grand (§ 44), on la traite par l'eau distillée, et si la dissolution n'est pas claire (comme lorsqu'on emploie des cendres, du carbonate de potasse, etc.), on la filtre et on lave le filtre à fond. Le liquide obtenu est pesé ou mesuré au moyen d'une éprouvette graduée. Maintenant on verse cette dissolution par très-petites quantités à la fois dans la solution salpétrée; si elle ne se trouble pas, elle ne contient pas de nitrates de chaux ni de magnésie; si au contraire elle se

---

(¹) On purifie le charbon animal par une digestion dans le chloride hydrique qui dissout tout le carbonate et le phosphate de chaux que retenait le noir animal.　　　(T.)

trouble, on lui laisse le temps de se clarifier, ce qui a lieu plus promptement
si on la maintient un peu chaude, et si on remue fortement aussitôt après
avoir ajouté une portion du réactif. Quand elle s'est de nouveau clarifiée on
ajoute encore une petite quantité de réactif, et l'on continue de cette façon
jusqu'à ce que la liqueur ne se trouble plus; puis on annote la quantité du
réactif employée. De cette donnée, on déduira facilement, combien on devra
employer de la matière contenant la potasse, sur 100 kil. de la masse à
lessiver. Cependant il faut augmenter la quantité trouvée de 20 p. %, cet
excès étant destiné à décomposer le nitrate sodique. — Pour trouver maintenant la quantité d'acide nitrique, et conclure de là celle du nitrate potassique qu'on pourra obtenir, on reprend la solution filtrée mentionnée ci-dessus
et qui a déjà été décomposée par le réactif; on y ajoute du chloride hydrique
étendu, aussi longtemps qu'il y a effervescence, puis on partage la quantité
en deux parties égales qu'on mesure. L'une de ces parties (la portion A) doit
évaporée sur un bain de sable jusqu'à siccité complète; on la lave, ou la
mélange avec 80 parties de soufre en poudre fine, et 400 parties de verre
pilé, et on calcine le tout dans un creuset de porcelaine, jusqu'à ce que la
masse qui est d'abord devenue brune, redevienne entièrement blanche. On
redissout ensuite le produit dans une quantité d'eau telle que le volume devienne à peu près égal à celui de la portion B qui n'a pas été évaporée. On prend
maintenant une quantité exactement pesée d'une dissolution titrée, contenant sur 10 parties en poids d'eau, une partie de chlorure de baryum; on
la verse par très-petites quantités dans la portion A, jusqu'à ce que celle-ci
ne se trouble plus, et on constate à la balance combien on a employé du
réactif. On fait la même épreuve sur la portion B. On soustrait cette quantité
de celle employée pour A; 100 parties de la différence (A — B) répondent à
97,4 parties de nitrate de potasse, qu'on peut retirer de la partie essayée (¹)
des terres à lessiver (²). D'après ce résultat on peut calculer le contenu en
salpêtre de ces terres, et par conséquent conclure s'il y a avantage dans les
circonstances où l'on se trouve, a en opérer l'extraction.

_____

(¹) Seulement la partie A ou la moitié de la quantité essayée, c'est-à-dire t kilog. de
terre.   (T.)

(²) Cette opération paraît mériter quelques explications. Après la conversion des divers
nitrates en salpêtre, la dissolution contient encore (§ 40) outre le salpêtre, des chlorures
de sodium, de potassium, de magnésium et du nitrate sodique; puis des sulfates de potasse et de chaux, du carbonate de chaux, de l'albumine et de la matière extractive.

La première opération, l'addition de chloride hydrique a pour objet l'expulsion de l'acide
carbonique libre ou combiné, et le remplacement du carbonate de chaux par du chlorure
de calcium.

En calcinant ensuite du soufre avec la masse saline, on décompose les nitrates; l'acide
nitrique se dégage en se décomposant et il se forme au moyen de l'oxigène qu'il abandonne
une quantité suffisante d'acide sulfurique pour saturer les bases; en faisant donc abstraction

RAFFINAGE.

§ 42.

Ordinairement l'extraction par lavage du salpêtre et la conversion de tous les nitrates en nitrate potassique, opérations qui fournissent le salpêtre dit

---

des autres matières contenues dans le résidu salin, et sur lesquelles le soufre n'exerce pas d'action, et en représentant la quantité de nitrate potassique par x ($\overset{.}{K}$, $\overset{...}{N}$) et celle du nitrate sodique par y ($\overset{.}{Na}$, $\overset{...}{N}$), on peut représenter la réaction par la formule :

$$x\,(\overset{.}{K}, \overset{...}{N}) + y\,(\overset{.}{Na}, \overset{...}{N}) + (x+y)\,(S) = x\,(\overset{.}{K}, \overset{..}{S}) + y\,(\overset{.}{Na}, \overset{..}{S}) + (x+y)(\overset{...}{N}, \overset{.}{\Theta}); \quad (A)$$

la partie soulignée se dégage. Le verre n'est introduit dans le mélange que pour diviser la matière et par là modérer la réaction.

Mais le produit de la calcination contient, outre les deux sulfates du deuxième membre de la formule (A), les sulfates qui existaient déjà avant l'opération et dont nous représenterons les quantités par m ($\overset{.}{K}$, $\overset{..}{S}$) et n ($\overset{.}{Ca}$, $\overset{..}{S}$). Par conséquent en versant dans la masse saline redissoute du chlorure de baryum jusqu'à saturation, on obtient avec les sulfates la réaction exprimée par la formule suivante :

$$(x+m)\,(\overset{.}{K}, \overset{..}{S}) + y\,(\overset{.}{Na}, \overset{..}{S}) + n\,(\overset{.}{Ca}, \overset{..}{S}) + (x+m+y+n)\,(Ba, \overset{.}{Cl}) =$$

$$(x+y+m+n)\,(\overset{.}{Ba}, \overset{..}{S}) + (x+m)\,(K, \overset{.}{Cl}) + y\,(\overset{.}{Na}, \overset{.}{Cl}) + n\,(Ca, \overset{.}{Cl}).$$

D'après la quantité $(x+y+m+n)\,(Ba, \overset{.}{Cl})$ de chlorure de baryum employée, on peut donc connaître immédiatement la quantité d'acide sulfurique $(x+y+m+n)\,(\overset{..}{S})$ contenue dans la masse saline, mais cette quantité se compose de celle $(x+y)\,(\overset{..}{S})$ qui a remplacé $(x+y)\,(\overset{...}{N})$ et de celle $(m+n)\,(\overset{..}{S})$ qui préexistait dans les sulfates contenus dans les eaux provenant du lavage des terres (§ 40). Si l'on connaissait donc cette dernière on obtiendrait $(x+y)\,(\overset{..}{S})$ par la différence $(x+y+m+n)\,(\overset{..}{S}) - (m+n)\,(\overset{..}{S})$, et l'on en conclurait immédiatement $(x+y)\,(\overset{...}{N}) = (x+y)\,(\overset{..}{S}) \dfrac{\overset{...}{N}}{\overset{..}{S}}$.

Or pour obtenir $(m+n)\,(\overset{..}{S})$, on n'a qu'à verser dans la dissolution saline que l'auteur désigne par B, et qui contient les sulfates m ($\overset{.}{K}$, $\overset{..}{S}$) et n ($\overset{.}{Ca}$, $\overset{..}{S}$), du chlorure de baryum jusqu'à ce que le précipité cesse ; la quantité employée sera comme on sait $(m+n)\,(Ba, \overset{.}{Cl})$, car l'on aura :

$$m\,(\overset{.}{K}, \overset{..}{S}) + n\,(\overset{.}{Ca}, \overset{..}{S}) + (m+n)\,(Ba, \overset{.}{Cl}) = (m+n)\,(\overset{.}{Ba}, \overset{..}{S}) + m\,(K, \overset{.}{Cl}) + n\,(Ca, \overset{.}{Cl}),$$

$(m+n)\,(Ba, \overset{.}{Cl})$ étant ainsi déterminé par expérience, on a :

$$(x+y)\,(Ba, \overset{.}{Cl}) = (x+y+m+n)\,(Ba, \overset{.}{Cl}) - (m+n)\,(Ba, \overset{.}{Cl});$$

et par conséquent :

$$(x+y)\,(\overset{.}{K}, \overset{...}{N}) = (x+y)\,(Ba, \overset{.}{Cl})\,\frac{\overset{.}{K}, \overset{...}{N}}{Ba, \overset{.}{Cl}}.$$

Si par exemple on a $(x+y)\,(Ba, Cl) = 100$ gr. de chlorure de baryum, on aura :

$$(x+y)\,(\overset{.}{K}, \overset{...}{N}) = 100\,\frac{1266,93}{1299,52} = 97^{gr}.,49,$$

ce qui est le résultat indiqué par l'auteur. (T.)

brut, sont séparées du raffinage, c'est-à-dire des opérations qui ont pour but de débarasser le nitrate de potasse des sels étrangers. Lors même que les deux premières opérations, auxquelles on donne quelquefois les noms de 1ᵉʳ et de 2ᵉ raffinage (ou 1ʳᵉ et 2ᵉ cuite), se font dans le même endroit, on réserve toujours la dernière, le 3ᵉ raffinage (le raffinage proprement dit), pour le lieu où le sel doit être employé. Il conviendrait cependant mieux de réunir toutes ces opérations sur le lieu de la production du salpêtre, ce qui rendrait ce dernier beaucoup moins cher, et simplifierait considérablement le travail dans les établissements techniques militaires. Il faudrait pour cela qu'on se donnât la peine, chaque fois qu'on doit opérer sur une nouvelle espèce de matériaux salpétrés, de s'assurer d'après la méthode décrite au § 41, de la composition de la lessive obtenue de ces matériaux, de diviser les opérations d'après le résultat, surtout sous le rapport de la quantité d'eau à employer, et de combiner les premières avec les subséquentes. Lorsque ces précautions ne sont pas prises, on peut perdre par le raffinage, outre les impuretés, jusqu'à 10 p. % de salpêtre pur.

§ 43.

Les diverses opérations qu'on exécute sur la dissolution salpétrée afin d'en retirer l'acide nitrique combiné à la potasse, et de séparer en éprouvant le moins de perte possible le salpêtre des autres substances également dissoutes, diffèrent un peu entre elles suivant que les matériaux sont calcaires ou terreux. Dans le premier cas il y a beaucoup de nitrate calcique qui doit être converti en nitrate potassique. Dans les matériaux terreux, cette conversion est moins nécessaire, parce que l'acide nitrique s'y trouve presque toujours entièrement combiné à la potasse; mais, par contre, ils contiennent beaucoup de matière organique (albumine et matière extractive) dissoute. Cependant les principes de la purification sont en général les mêmes; leur application varie seulement dans certaines parties suivant la nature des matériaux.

§ 44.

Les nitrates de chaux, de magnésie et de soude peuvent être décomposés par le carbonate de potasse, et le premier aussi par le sulfate de potasse. Le sulfate potassique qui coûte si peu, comme formant le déchet dans beaucoup d'opérations, décompose bien aussi le nitrate de magnésie; mais comme le sulfate de magnésie qui se forme dans cet échange est soluble dans l'eau, il resterait dans la dissolution et devrait plus tard être éloigné par des cristallisations. Le carbonate de magnésie, au contraire, de même que le carbonate et le sulfate de chaux, étant insoluble, se précipite au fond d'où on peut le retirer. Par conséquent lorsqu'on veut employer du sulfate de potasse, il faut commencer par transformer les sels de magnésie en sels de chaux, en ajoutant du lait de chaux, d'où résulte que la magnésie, abandonnée, se précipite.—Si l'on emploie des cendres, contenant il est vrai un peu de sulfate potassique, mais où le carbonate domine, cette décomposition préalable des sels de magnésie devient inutile. — L'albumine a la propriété de se coaguler complètement dans la dissolution bouillante de salpêtre, et de surnager sous forme d'une écume spécifiquement plus légère; en se coagulant ainsi elle agit en guise de filtre et entraîne à la surface les matières insolubles suspendues dans le liquide. Il est désavantageux d'augmenter la quantité d'albumine pour obtenir cet effet, en ajoutant du sang ou de la colle (qui agit d'une manière analogue). Pour porter sûrement à la surface toute l'albumine de la solution, il faut échauffer la chaudière jusqu'à une forte ébullition, ou bien y verser un peu d'eau froide qui descend vers le fond et occasionne par là un courant du fond vers la surface. Il est difficile d'éloigner entièrement l'albumine avec l'écumoire seule, et elle se fixe de nouveau sur le salpêtre purifié. Pour éloigner complètement cette matière il est donc plus avantageux de filtrer la dissolution par de doubles filtres en toile contenant un peu de sable bien net, jusqu'à ce que la clarification soit complète; de cette manière toute trace d'albumine disparaît. Mais pour regagner le salpêtre suspendu dans les écumes, plus sûrement qu'on ne le peut par le lavage des filtres, il est plus avantageux d'enlever au moyen d'écumoires, la quantité considérable d'écume qui se forme dans la première cuite, et de l'ajouter aux matières brutes; on ne filtrerait ainsi que les dissolutions déjà plus purifiées. — La matière extractive colorante peut être éloignée de deux manières; la première consiste à l'enlever peu à peu en employant beaucoup d'eau; la seconde consiste à la faire absorber par du noir animal qu'on introduit chauffé dans la dissolution. Les deux méthodes permettent difficilement d'éviter des pertes notables en salpêtre. — Parmi les sels étrangers qui se trouvent avec le salpêtre dans la dissolution, les chlorures de calcium et de potassium forment la plus grande partie; et moyennement le chlorure calcique s'y trouve en quantité deux fois aussi forte que le chlorure potassique. Les autres sels sont presque toujours en si faibles quantités qu'on n'a pas besoin d'y avoir particulièrement égard, parce qu'ils sont éloignés de la solution salpêtrée simultanément avec les chlorures en question.—La séparation de ces chlorures d'avec le nitrate potassique repose entièrement sur les différences de solubilité dans l'eau qui existent entre ces sels et le salpêtre. Dans la fig. I, la courbe AB montre la solubilité du salpêtre, la ligne CD celle du chlorure sodique, et EF celle du chlorure potassique; la méthode à suivre pour séparer les deux derniers sels du salpêtre est rendue palpable lorsqu'on examine cette figure. En effet, il existe un point situé vers 20° Réaumur (25° c.), et qui correspond par conséquent à peu près à la température moyenne en été et dans les locaux chauffés, auquel les trois sels sont également solubles. Par conséquent, à cette température ils ne peuvent être séparés par le lavage sans qu'il en résulte

une perte notable en salpètre, parce qu'à chaque partie de chlorure éloignée correspondrait une perte égale en salpètre. Ce ne sera donc que lorsqu'il s'agira de séparer des quantités très-minimes de chlorures qu'on pourra
employer sans grande perte le lavage par l'eau à la température de 20 à
25° c. Le lavage par une dissolution saturée de salpètre ne serait pas plus
économique.

On doit donc, ou opérer à une température beaucoup plus basse que
20° c., afin de faire dissoudre par l'eau beaucoup de chlorures et peu de
salpètre dont la masse purifiée reste indissoute, ou bien dissoudre le salpètre
dans l'eau très-chaude en portant la température jusqu'au point d'ébullition.
Dans ce dernier cas il arrivera, lorsqu'il n'y aura que la quantité d'eau strictement nécessaire pour tenir le salpètre dissous, qu'une partie des chlorures restera indissoute, et qu'on pourra par conséquent enlever celle-ci.
Mais si la quantité de chlorures était assez petite pour que l'eau nécessaire à
la dissolution du salpètre ait pu les dissoudre aussi, on laissera refroidir la
dissolution. Alors le salpètre pur, qui ne peut pas rester dissous dans l'eau
froide, se précipite, et les chlorures restent dans la dissolution, (parce que
la température du liquide est indifférente pour eux) avec la quantité de salpètre que l'eau peut dissoudre à 15°.

§ 45.

Si l'on emploie de l'eau froide pour le raffinage, le lavage à 8° ne dissoud
déjà que $\frac{1}{3}$ de salpètre sur 1 de chlorures; par exemple, un salpètre contenant 9 parties de chlorures sur 91 de nitrate potassique, perdrait par le lavage à l'eau froide 12 parties dont 9 de chlorures et trois de nitrate potassique, et il resterait 87 parties de salpètre pur indissous. Si l'on choisit une
saison très-froide, et qu'on verse à la fois toute l'eau sur le salpètre, ce qui
abaisse considérablement la température, vu que le salpètre en se dissolvant
dans l'eau absorbe du calorique qui devient latent, on pourrait encore diminuer l'effet dissolvant de l'eau sur le salpètre, obtenir des eaux de lavage
encore plus pauvres de ce sel, et, par conséquent, un rendement plus considérable en salpètre pur non dissous.

§ 46.

Si l'on devait employer l'eau seule comme moyen de purification, il faudrait que les cristaux de salpètre fussent préalablement pulvérisés, afin que
l'eau, qui sans cela ne pourrait pas les pénétrer, pût dissoudre tous les sels
étrangers qu'ils peuvent contenir. Mais les chlorures se trouvent principalement à la surface des cristaux, où ils sont restés par suite du séjour des
eaux-mères. On parvient donc à éloigner au moins une grande partie des
chlorures, en lavant extérieurement à l'eau froide les cristaux, sans les pulvériser; que cette eau contienne déjà du salpètre ou qu'elle le dissolve seulement
dans son contact avec les cristaux à laver, qu'elle soit complétement exempte

de sels étrangers, ou qu'elle ait déjà été employée plusieurs fois et en contienne de petites quantités, c'est ce qui ne change rien au résultat. Le salpêtre qui a déjà été traité à chaud, et dont les impuretés très-réduites, ne
restent presque plus qu'à la surface extérieure, peut être complètement purifié d'après cette méthode, qui est du reste moins lente et moins coûteuse
que le raffinage par l'action de la chaleur. Comme l'eau froide n'opère la dissolution que graduellement, elle doit rester plusieurs heures en contact
avec les cristaux, pour produire complètement l'effet désiré. On peut beaucoup abréger ce temps par le brassage. Le prolongement de l'opération ne
peut, du reste, pas devenir nuisible. On fait donc bien de verser le liquide
(environ $\frac{1}{5}$ du poids) sur le salpêtre mis dans des baquets, en le maintenant
aussi froid que possible, et en le faisant brasser pendant une à deux heures.
S'il s'agit d'achever complètement par l'eau froide la purification d'un salpêtre qui vient d'être retiré des eaux-mères, il faut d'abord faire égoutter le
liquide suspendu aux cristaux. On renferme ce salpêtre dans des sacs suspendus, et lorsqu'il ne tombe plus de gouttes, on presse les sacs, et on fait
arriver l'eau de lavage goutte à goutte à leur partie supérieure, de sorte que
les eaux-mères restantes sont entraînées vers le bas.

§ 47.

D'après le § 44, le raffinage principal doit se faire à l'eau chaude. Les détails de l'opération ne peuvent être dirigés avec certitude que lorsqu'on connaît à l'avance, quelle est la quantité de salpêtre pur contenue dans le mélange (V. essai, § 41). On doit porter la dissolution à l'ébullition en employant
aussi peu d'eau que possible. Pour cela, lorsque le salpêtre ne contient
qu'environ 10 p. % de sels étrangers, on chauffe l'eau, et on ajoute de nouvelles quantités de salpêtre chaque fois qu'elle arrive à l'ébullition, en brassant constamment ; on continue ainsi jusqu'à ce que le point d'ébullition soit
élevé à 112°,5 c. On peut aussi, mais cela est moins avantageux, charger
d'abord la chaudière de salpêtre, et ajouter peu à peu de l'eau jusqu'à ce que
tout le salpêtre soit dissous, et que le liquide soit également arrivé à la température ci-dessus. La méthode suivant laquelle on dissout le salpêtre dans
plus d'eau qu'il n'est nécessaire, n'est avantageuse que lorsque le sel est
encore souillé d'une grande quantité d'albumine (V. l'essai, § 41), ou quand
il contient beaucoup de sels étrangers (au-dessus de 10 p. %) ; car ces sels
se précipitent alors peu à peu à mesure que le liquide se vaporise, tandis que
le salpêtre reste dissous ; mais lorsqu'on connaît à l'avance exactement la
quantité de salpêtre pur contenu dans le mélange, et que celui-ci contient
peu d'albumine, il est plus économique de n'employer que la quantité d'eau
strictement nécessaire pour dissoudre tout le salpêtre avec la partie des sels
étrangers soluble dans la même quantité d'eau, l'excédant de ces derniers
restant indissous.

§ 48.

Quelle que soit la méthode qui ait été suivie pour obtenir une solution nitrée bouillant à 112°,5 c. , elle contiendra toujours sur 100 parties de nitrate potassique un maximum déterminé de sels étrangers. Lorsqu'on laisse ensuite refroidir la liqueur en remuant constamment , de sorte qu'il ne puisse se former que des cristaux fins , on obtient la quantité de salpêtre que le liquide dissolvait en plus à raison de la différence des températures. Mais pendant ce refroidissement il se vaporise encore de l'eau , et par conséquent il se précipite aussi une portion de salpêtre que ce liquide, s'il n'avait pas été éloigné , aurait dissous à froid. Si donc la dissolution bouillante se trouvait au moment de l'ébullition exactement saturée non seulement de nitrate potassique , mais aussi par les sels étrangers , une partie de ces derniers se précipiteront également ; cette partie se compose d'un côté de ce que le liquide pouvait dissoudre de plus à chaud qu'à froid (ce qui n'est pas beaucoup) , et de l'autre de ce qui se trouvait dissous dans la portion d'eau qui s'est vaporisée. Dans ces circonstances une cuite unique ne pourrait donc fournir que très-peu de salpêtre plus pur, parce que les eaux mères ont dû être si promptement soutirées ; la précipitation du nitrate potassique devrait d'ailleurs être interrompue d'autant plus tôt que la dissolution se trouverait plus saturée du sel étranger. On peut obvier à cet inconvénient , en ajoutant de petites portions d'eau chaude à la dissolution pendant qu'elle se refroidit , de sorte qu'il en reste constamment la même quantité , ce qui est facile à exécuter au moyen d'un tube en verre , en communication avec la chaudière , ouvert par en haut , et sur lequel le niveau primitif est indiqué. Il est vrai que par suite de ces additions le salpêtre cristallisé se trouve diminué de la quantité que l'eau ajoutée dissoud à froid ; mais par contre on obtient l'avantage de pouvoir laisser refroidir la dissolution jusqu'à la température de l'air ambiant, sans crainte d'obtenir des cristaux souillés intérieurement par des sels étrangers. Si la proportion des sels étrangers était telle que la quantité d'eau nécessaire pour dissoudre le nitrate potassique à la température de l'ébullition ne s'en trouvât qu'aux trois quarts saturée , les additions d'eau pour compenser l'évaporation seraient inutiles.

§ 49.

Pour séparer autant que possible des cristaux de salpêtre , les eaux mères chargées de corps étrangers , il faut chercher à obtenir ces cristaux très-petits ; on arrive à ce résultat en hâtant le refroidissement autant que possible , et en répétant souvent le brassage, qui trouble la cristallisation. Quant à la méthode à employer pour dépouiller ces cristaux intérieurement purs , des sels étrangers suspendus à leur surface , elle est indiquée au § 56.

§ 50.

Pendant la cuite des eaux provenant du lessivage des matériaux bruts , ainsi que dans les raffinages postérieurs, on obtient du sel marin contenant peu de salpêtre. Pour en extraire ce dernier , on détermine la quantité de salpêtre pur qui y est contenue (§ 41) , on prend la quantité d'eau froide nécessaire pour le dissoudre ; on laisse reposer cette eau sur le sel , on décante, on cuit le produit de cette décantation , jusqu'à ce que la quantité d'eau soit réduite aux $\frac{2}{4}$ de celle nécessaire pour maintenir le nitrate dissous à l'état bouillant ; on fait écouler le liquide de dessus le sel précipité , on laisse cristalliser le salpêtre, et on l'ajoute au produit brut. Les résidus solides, tels que les écumes , etc., sont ajoutés aux matériaux salpétrés, ceux liquides sont employés comme premières eaux de lavage , ou bien on les évapore s'il y a économie à le faire ; de cette manière tout est employé. On pourrait donc , d'après les principes qui viennent d'être exposés , extraire tout le salpêtre contenu dans les matières premières ; mais dans la pratique ce résultat est restreint , parce qu'on ne pousse l'extraction que jusqu'au point où la valeur des petites portions à obtenir ne compenserait plus le prix de la main d'œuvre.

PROCÉDÉS DE L'EXTRACTION ET DU RAFFINAGE DU SALPÊTRE.

§ 51.

Lorsqu'on procède à la lixiviation des matériaux , il s'agit de dissoudre la masse saline , dans la plus petite quantité d'eau possible , afin de pouvoir plus tard éloigner le dissolvant , au moyen d'un minimum de dépense en combustible. Pour atteindre ce but, il faut diviser les matières autant que possible , et les passer au crible , ces opérations coûtant toujours moins que la vaporisation de la grande quantité d'eau qui sans cela devient nécessaire. La lixiviation a lieu dans de grands cuviers en bois garnis de fortes ferrures, et pouvant contenir 250 à 500 kil. de matériaux salpétrés. Le fond du cuvier est incliné , et il est muni de robinets à la partie la plus basse. Devant le débouché des robinets on met de la grosse toile plusieurs fois repliée sur elle-même, on charge ensuite le cuvier, jusqu'à mi-hauteur, de matériaux à lessiver qui ne doivent pas être trop tassés ; on les recouvre d'une couche de la matière destinée à produire la conversion des nitrates étrangers , calculée d'après la proportion convenable (§ 41) ; on humecte ensuite la couche supérieure, on la bat , en lui donnant une surface un peu concave, afin que les eaux de lavage ne s'écoulent pas le long des parois intérieures du cuvier ; on met par dessus un bouchon de paille sur lequel on dirige le jet du liquide, afin qu'il ne creuse pas la couche supérieure des matières du cuvier. On verse ensuite autant d'eau bouillante que la masse en absorbe, et on annote le volume d'eau employé pour cela. On recouvre le cuvier pour éviter le refroidissement autant que possible. Lorsque l'eau a séjourné une demi-heure dans les matériaux, on ajoute une quantité égale d'eau bouillante, on ouvre le robinet, et on laisse couler le liquide jusqu'à ce que ce qui reste soit de nouveau absorbé, après quoi on referme le robinet. On réunit la dissolution encore chaude obtenue ainsi de plusieurs cuviers, et on la porte incontinent à la chaudière pour en opérer la cuite. Une demi-heure après, on répète l'opération avec une égale quantité d'eau bouillante, et l'on continue ainsi jusqu'à ce que la dissolution soutirée n'ait plus une densité supérieure à 1,007 ; alors les matériaux sont épuisés. Toutes les eaux ayant une densité moindre de 1,060, sont employées chaudes pour être versées sur des matériaux neufs. Si ces opérations et celles de la 1re cuite continuent nuit et jour sans interruption, le prix du salpètre en est beaucoup réduit. Les eaux ayant 1,06 de densité ou plus, sont ensuite rapidement évaporées dans une chaudière. Il se précipite du carbonate de chaux, qui était dissous dans l'acide carbonique libre, chassé maintenant ; il se précipite aussi des chlorures. Ces derniers forment aussi une croûte à la surface. Pendant l'ébullition l'albumine coagulée s'arrête à la surface ; on l'enlève à l'aide d'écumoires, ainsi que la croûte de chlorures et les sels qui se précipitent. On ajoute ensuite du charbon animal fraîchement calciné, par petites portions, et en remuant constamment, jusqu'à ce que des échantillons de la liqueur se montrent complètement décolorés ; puis on filtre le liquide jusqu'à clarification complète. Toutes les substances enlevées au moyen des écumoires, ou restées sur les filtres, sont reprises par l'eau très-chaude, afin qu'elles cèdent leur salpètre, qu'on fait cristalliser. On pousse maintenant l'évaporation, en retirant toujours les sels qui se précipitent ou qui forment une croûte, jusqu'à ce que la quantité de liquide soit réduite à celle nécessaire pour tenir en dissolution la quantité connue de salpètre qui se trouve dans le mélange. Alors on laisse écouler rapidement le liquide dans des cristallisoirs légèrement chauffés (vases plats en cuivre de $3^m,75$ de longueur sur $0^m,24$ de largeur), et on laisse refroidir jusqu'à environ 25° c., en remuant constamment avec des rables troués. On tire immédiatement vers le bord les cristaux formés, et on les y laisse égoutter ; ensuite on fait écouler promptement l'eau mère des cristaux formés qui sont assez purs. Cette eau mère est rapportée immédiatement à la chaudière de cuite. Si elle est très-visqueuse parce qu'elle contient beaucoup de chlorure calcique, on ajoute d'abord un peu de sulfate potassique, et on laisse déposer le gypse (sulfate calcique). On lave le salpètre trois fois avec de l'eau froide sous laquelle il a séjourné 2 à 3 heures. On emploie de nouveau l'eau de lavage en la versant sur des matériaux neufs.

§ 52.

Si la quantité des sels étrangers et des autres substances a été grande, on ne réussit pas à extraire directement du salpètre entièrement pur des eaux obtenues par le lavage des matériaux. Quand l'opération n'a pas été très-bien conduite, une répétition de la dissolution et de la cristallisation ne produit même encore que du salpêtre contenant 5 à 13 p. °/₀ de substances étrangères, et c'est dans cet état qu'il passe dans le commerce sous le nom de salpêtre brut. On doit faire subir à ce produit une nouvelle opération pour le rendre chimiquement pur.

§ 53.

On doit commencer de nouveau par constater la composition quantitative du salpêtre brut. On exécute cela de la manière suivante :

On chauffe 100 grammes de salpêtre brut dans un creuset en porcelaine taré, et on fait évaporer l'eau. Aussitôt que la vaporisation cesse, et avant que le selse colore, on pèse le creuset ; la perte qu'il a éprouvée représente l'eau que le sel avait absorbée. Si cette perte dépasse 3 p. °/₀, on doit soupçonner un mélange de nitrate sodique. On continue alors à chauffer jusqu'à la fusion. S'il se forme une forte croûte brune, il y a encore beaucoup de matière organique dans la masse. Si le salpêtre fondu est blanc avec cela, il ne contient que de l'albumine, tandis que s'il est brunâtre, le mélange organique contient en outre de la matière extractive. On chauffe le salpêtre fondu jusqu'à ce que la surface soit devenue entièrement pure, puis on le laisse refroidir immédiatement ; en pesant de nouveau, on trouve, par la perte éprouvée, la quantité de matières organiques que le sel contenait (avec un peu d'avantage pour l'acquéreur). Pour trouver la quantité de chlorures, on dissout 200 grammes du salpêtre brut dans 3000 grammes d'eau distillée ; puis, à l'aide d'un petit verre à mesurer dont le bord a été usé, et qu'on peut fermer avec une plaque de verre, on verse dans quatre verres propres et secs, rangés sur une ligne, quatre mesures égales correspondantes de la dissolution salpêtrée; puis on ajoute d'une dissolution titrée de nitrate argentique contenant sur 1000 parties d'eau 1,62 parties de nitrate argentique cristallisé : savoir dans le premier verre (A) 5 mesurettes égales, dans le second (B) 10, dans le 3ᵉ (c') 15, et dans le 4ᵉ (D) 20 de ces mesurettes. Si la dissolution contenue dans le verre A ne se trouble pas, le salpêtre ne contient pas de chlorures ; mais si A se trouble, on verra la même chose dans les autres verres. On filtre ensuite chacune des dissolutions A, B, C, D à part, au moyen de filtres en papier à filtrer, préalablement bien lavés, et on reçoit chacune séparément. On leur ajoute alors à chacune quelques gouttes de la solution titrée de nitrate argentique, et on remarque les deux verres contigus dont l'un laisse voir encore un précipité et l'autre pas. Supposons que B se trouble et que C ne se trouble pas, on en conclura que la quantité de chlorures est comprise entre 10 et 15 p. ₀/°. On prend donc de nouveau quatre verres contenant chacun une mesure de la solution salpétrée, et on verse dans l'un (F) 11, dans (G) 12, dans (H) 13, et dans (I) 14 mesurettes de la solution titrée; on filtre de nouveau et on essaie le liquide filtré. Si la portion G se trouble tandis que H ne le fait pas, on en conclut que le contenu en chlorures est compris entre 12 et 13 p. o/o. — Si l'on suppose, d'après la quantité d'eau que contenait le sel, qu'il est mélangé de chlorure sodique, il faut en raffiner 5 kilog., tout à fait comme on le fait en grand, et on remarque la quantité de salpètre pur qu'on obtient. L'opération en grand donnera quelques p. o/o de plus en produit.

§ 54.

On peut admettre comme règle générale, que d'après les prix de revient ordinaires, il est le plus économique d'acheter le salpètre à l'état le plus pur possible pour l'employer aux usages militaires. La purification complète est d'ailleurs d'autant moins coûteuse que les masses sur lesquelles on opère sont plus considérables, et que le travail éprouve moins d'interruptions. D'après cela il est en général avantageux de procéder, une fois pour toutes, dans un seul lieu, et sans interruption, au raffinage définitif de tout le salpètre, destiné à être employé dans un espace plus ou moins long et sous des formes diverses. On choisira pour cette grande opération les saisons froides. On emploiera des chaudières de raffinage très-grandes, contenant jusqu'à 5000 kil. de salpètre outre l'eau nécessaire, et on réservera les résidus de toute l'opération jusqu'au prochain raffinage.

§ 55.

On ne peut pas poser des règles générales pour les dispositions spéciales du dernier raffinage du salpètre brut, attendu que ces dispositions doivent dépendre entièrement de la quantité et de l'espèce de mélange dont ce salpètre est souillé. Si l'on voulait poser à cet égard des règles immuables, il en résulterait dans la plupart des cas des pertes en travail, en salpètre et en combustible. Après qu'on s'est assuré de la composition, on déterminera facilement d'après § 50 et § 51, combien de raffinages seront encore nécessaires pour éloigner les sels étrangers, combien d'eau on devra employer pour chaque opération, et l'on saura disposer les opérations de manière que la séparation des sels étrangers soit obtenue par le plus court chemin. Les opérations varieront alors encore suivant que le salpètre brut contiendra encore beaucoup ou peu d'albumine ou de matière extractive. Si par exemple il contient encore beaucoup d'albumine, il faut une nouvelle cuite pour porter cette matière à la surface. Il ne faut pas dans ce cas-ci l'enlever à l'aide d'écumoires, mais il faut filtrer (V. § 44). S'il y a aussi de la matière extractive dans le salpètre brut, il faut employer en outre du charbon animal (V. § 51).

§ 56.

Les appareils pour dissoudre et pour cuire le salpètre, les cristallisoirs et les vases servant au lavage sont les mêmes que ceux employés lors du premier raffinage. Les cristaux qui se forment, et qu'on cherche à obtenir les plus petits possibles , en remuant plusieurs fois (2 à 3 fois par jour) sont retirés du liquide vers les bords du vase au moyen de rables en bois troués, ou bien ils sont portés dans des paniers pour qu'ils égouttent , et on les lave avec la moitié de leur poids d'eau froide. On tient pendant ce temps la dissolution couverte afin qu'elle ne se refroidisse pas trop rapidement. Maintenant on laisse refroidir la dissolution jusqu'à environ 5° au-dessus de la température de l'air ambiant, afin que les derniers cristaux ne deviennent pas moins purs. Le liquide qu'on retire est employé comme dissolvant ; ou bien on réunit celui provenant de plusieurs cuites, on l'évapore , et on emploie le résidu comme salpêtre brut.

§ 57.

Les cristaux de salpêtre pur obtenus doivent être fortement desséchés. S'ils conservent de l'eau , celle-ci rend inexacts les résultats des pesées nécessaires pour ajouter la quantité voulue du sel à une composition combustible , d'après le dosage reconnu convenable ; de plus , si la mixture n'est pas desséchée dans le courant du travail, l'eau qui y reste apporte des perturbations considérables dans la combustion. Une quantité de 1 p. 0/0 d'eau rend déjà sa présence très-sensible durant la combustion , en diminuant la quantité de calorique libre, ainsi que les effets du mélange , et en altérant la flamme. C'est surtou dans les compositions lentes que ces effets se manifestent. Une quantité de 2 à 3 p. 0/0 d'eau diminue la vitesse de combustion de $\frac{1}{5}$.

§ 58.

On opère la dessication après que les dernières eaux de lavage ont été complètement égouttées. La meilleure méthode consiste à se servir de plateaux en cuivre chauffés par la vapeur, sur lesquels on étend le salpêtre sur 5 centimètres d'épaisseur par quantités de 100 k. à la fois. Au commencement la température ne doit croître que lentement, parce que le salpêtre contenant de l'eau se fond facilement (§ 23). Ensuite on chauffe plus fort et on remue constamment au moyen de rabots en bois; après un intervalle de 3 à 6 heures il est sec, ce qu'on reconnaît à ce qu'un échantillon, étant fondu, ne perd plus rien de son poids.

§ 59.

Il est très-avantageux pour la conservation des mixtures, pour la diminution du résidu, etc., de se procurer un salpêtre chimiquement pur. Il est vrai qu'un mélange de quelques p. 0/0 des sels étrangers non hygroscopiques ne se fait pas encore remarquer dans l'effet; mais il n'en est pas de même lorsque ces sels sont hygroscopiques, et que les mixtures ne sont pas fraîchement préparées au moment où l'on veut les employer. C'est surtout le nitrate sodique qui est nuisible ; $\frac{1}{4}$ p. 0/0 de ce sel mélangé au salpêtre dans une mixture contenant du charbon , manifeste déjà son effet. Or, comme ce

6

sel se forme toujours quand du sel marin se trouve mélangé au salpètre, et que par conséquent le sel marin peut être aussi très-nuisible, on doit essayer un échantillon du salpètre purifié en le dissolvant dans l'eau distillée, et en introduisant goutte à goutte une dissolution de nitrate d'argent, qui ne doit pas troubler le liquide si le salpètre ne contient pas de chlorure sodique. Dans une autre portion de solution salpétrée on laisse tomber goutte à goutte, de la dissolution de chlorure barytique; le liquide ne doit pas se troubler; sans cela on conclurait à la présence de sulfates ou de carbonates. Mais comme un salpètre exempt de chlorure sodique, et d'autres sels, pourrait avoir été frelaté à dessein avec du nitrate sodique, on introduit une quantité pesée du salpètre à essayer dans une capsule plate en porcelaine; dans une capsule pareille on introduit une quantité égale d'un salpètre qu'on sait être pur, puis on place les deux capsules avec une autre pleine d'eau sous la cloche d'une machine pneumatique, et on extrait l'air. Si au bout de 4 heures le salpètre à essayer a absorbé 2 p. 0/0 de son poids de plus que l'autre, il doit être suspecté de mélange avec du nitrate sodique, et on devra répéter l'épreuve. Si l'excès augmente, il y a réellement du nitrate sodique. — Si les solutions salpétrées préparées pour les essais ci-dessus ont produit de l'écume à leur surface, le sel n'est pas exempt d'albumine; si la solution n'est pas complètement blanche, il contient encore un peu de matière extractive.

§ 60.

Le salpètre coulé occupe $\frac{1}{2}$ de volume de moins que celui en cristaux fins, bien tassé. Lorsqu'il doit être conservé ou transporté, il est donc avantageux de couler en pains le salpètre pur. D'ailleurs le salpètre coulé est plus facile à triturer, et ne contient plus d'eau. La fusion s'opère le mieux dans des chaudières plates en fonte, scellées dans la maçonnerie; la température ne doit pas être plus élevée qu'il n'est strictement nécessaire, et l'on doit brasser constamment avec des spatules en fer. Dès que les derniers cristaux sont fondus, qu'il n'apparaît plus de bulles, provenant de l'eau vaporisée, et que le salpètre est devenu assez transparent pour qu'on puisse distinguer le fond du vase, on le laisse refroidir jusqu'à ce qu'il se forme une croûte mince; alors on le puise au moyen de cuillers et on le verse dans des moules *plats* (contenant 12 à 20 kilog.) de manière qu'il se fige promptement et ne puisse fortement cristalliser intérieurement, ou former des bulles.

NITRATE (OU AZOTATE) DE SOUDE.

§ 61.

Le nitrate sodique (salpètre cubique) $\overset{...}{Na N}$ est composé de :

			Poids at.	Sur 100 p.
1 at. d'oxide sodique	⎰ 1 at. sodium =		290,89	27,24
(soude)	⎱ 1 at. oxigène =		100,00	9,36
1 at. d'acide nitrique	⎰ 2 at. azote =		177,02	16,58
(ou azotique)	⎱ 5 at. oxigène =		500,00	46,82
1 at. de nitrate sodique		=	1067,91	100,00

§ 62.

Le nitrate sodique a une saveur très-fraîche, est incolore, cristallise en cubes, fond plus facilement que le nitrate de potasse et se congèle en masse solide. Sous forme de cristaux il n'attire que peu l'humidité de l'air, mais beaucoup au contraire (jusqu'à 28 p. 0/0) quand il est pulvérisé, et son pouvoir absorbant se manifeste encore très-clairement quand il ne s'en trouve dans une composition que $\frac{1}{4}$ p. 0/0.

§ 63.

Le nitrate sodique existe dans la contrée Atacama, au Pérou, en grands gisements recouverts de couches d'argile. Ce sel entre dans le commerce sous le nom de salpètre du Pérou ou du Chili. On se le procure encore comme le chlorhydrate de potasse, en décomposant du nitrate de potasse par le carbonate ou par le sulfate de soude.

§ 64.

Le nitrate sodique ne doit être troublé par aucun réactif, et quand il est cristallisé il ne doit pas s'y trouver de cristaux pointus; ils doivent tous être cubiques.

NITRATE (OU AZOTATE) DE BARYTE.

§ 65.

Le nitrate barytique $\overset{...}{Ba N}$ est composé de :

			Poids at.	Sur 100 p.
1 at. d'oxide barytique	⎰ 1 at. baryum =		856,88	52,44
(baryte)	⎱ 1 at. oxigène =		100,00	6,12
1 at. d'acide nitrique	⎰ 2 at. azote =		177,02	10,84
(ou azotique)	⎱ 5 at. oxigène =		500,00	30,60
1 at. de nitrate barytique		=	1633,90	100,00

§ 66.

Le nitrate barytique est incolore, cristallise, attire peu l'humidité sous forme de cristaux, un peu davantage quand il est pulvérisé.

§ 67.

Le nitrate barytique s'obtient par la décomposition du sulfure de baryum au moyen de l'acide nitrique. Pour favoriser la cristallisation, on ajoute de l'acide nitrique libre qui s'attache au nitrate barytique cristallisé et lui donne la propriété d'attirer fortement l'eau. On humectera donc le nitrate de baryte et on en mettra un peu sur du papier de tournesol ; si le papier rougit, il faut réduire le sel en poudre fine, on le lavera à l'eau pure froide et on le desséchera. Le nitrate argentique ne doit pas troubler la dissolution du nitrate de baryte, sans cela ce dernier est souillé de chlorure ; dans ce cas il faudrait faire recristalliser le sel.

NITRATE (OU AZOTATE) DE STRONTIANE.

§ 68.

Le nitrate strontianique, $\overset{.}{Sr}\overset{...}{N}$, est composé de :

		Poids at.	Sur 100 p.
1 at. d'oxide strontianique (	1 at. strontium =	547,28	41,33
(strontiane)	1 at. oxigène =	100,00	7,55
1 at. d'acide nitrique (ou	2 at. azote =	177,02	13,37
(azotique)	5 at. oxigène =	500,00	37,75
1 at. de nitrate strontianique		= 1324,30	100,00

§ 69.

Le nitrate de strontiane ressemble beaucoup à celui de baryte, et se comporte, sous le rapport de la préparation, de l'essai, et de la purification, comme ce dernier. En poudre le premier est plus hygroscopique que le second.

B. LES CHLORATES.

§ 70

Le signe spécial du chlore est Cl. Si l'on représente, comme au § 13, un métal par X, on aura pour la formule générale des chlorates :

$$\overset{.}{X}\overset{...}{Cl},$$

et l'on obtient les formules spéciales des diverses chlorates particuliers en substituant les signes des divers métaux au symbole général X. La composition est parfaitement analogue à celle des nitrates ; l'azote y est seulement remplacé par le chlore.

§ 71.

Le point de fusion et celui de décomposition des chlorates sont situés plus bas que, dans les nitrates ; c'est pour cela que la décomposition des chlorates a déjà lieu à des températures qui ne décomposent pas encore les nitrates de même nom, Une friction vive peut déjà produire la décomposition des chlorates ; de là le pétillement ou décrépitement qui se fait entendre lorsqu'on broie ces sels,

§ 72.

Les chlorates se décomposent à une température un peu plus élevée que celle nécessaire pour en produire la fusion ; les 6 atomes d'oxigène se dégagent alors sous forme de gaz, et le chlore uni au métal de la base forme le résidu solide. S'il y a un corps en présence qui jouit d'une grande affinité pour le métal, le chlore se dégage également sous forme de gaz, et le métal uni au corps en question forme le résidu solide.

§ 73.

L'acide chlorique ne s'obtient que par des moyens artificiels et coûteux ; par conséquent, tous les chlorates sont chers.

§ 74.

Tous les motifs qui ont fait accorder la préférence au sel de potasse parmi les nitrates, subsistent aussi pour les chlorates ; et comme les résultats qu'on se propose d'obtenir en employant les nitrates de soude, de baryte, et de strontiane, ne s'obtiennent pas mieux au moyen des chlorates des mêmes bases, on n'emploiera parmi les chlorates que celui de potasse.

LE CHLORATE DE POTASSE.

§ 75.

Le chlorate potassique ($\ddot{K}\dot{Cl}$) est composé de :

		Poids at.	Sur 100 p.
1 at. d'oxide potassique (potasse)	1 at. potassium =	489,91	31,97
	1 at. oxigène =	100,00	6,52
1 at. d'acide chlorique	2 at. chlore =	442,64	28,88
	5 at. oxigène =	500,00	32,63
1 at. de chlorate potassique		= 1532,55	100,00

§ 76.

Le chlorate potassique est incolore, inaltérable à l'air, forme des écailles fines, blanches, luisantes, a un poids spécifique de 1,98, fond à 200° c.; alors il dégage de l'acide chlorique, et la potasse reste.

100 parties d'eau à 0° dissolvent 3,3 parties de ce sel.
—   —   —   39°   —   18,9   —   —   —
—   —   —   82°   —   60,5   —   —   —

Lorsqu'on le broie, le chlorate de potasse produit un décrépitement sensible; si l'on verse dessus de l'acide sulfurique concentré, de l'acide et de l'oxide chlorique se dégagent sous forme de gaz rutilant, sans qu'il y ait un développement très-remarquable de température; si la quantité est grande, on voit quelquefois des étincelles durant cette décomposition.

§ 77.

Pour obtenir le chlorate potassique, on emploie plusieurs méthodes dont quelques-unes sont tenues secrètes. Le moyen ordinaire consiste à faire passer du chlore sur une dissolution de carbonate potassique. Le chlore chasse alors l'acide carbonique, et se transforme aux dépens de l'eau en acide chloreux qui se combine avec la potasse. Le chlorite potassique qui en résulte se décompose ensuite en deux parties; un tiers abandonne son oxigène aux deux autres tiers; ces derniers deviennent chlorate potassique, et le premier chlorure de potassium. On sépare ces deux produits par des cristallisations répétées.

§ 78.

Quelle que soit la méthode par laquelle le chlorate de potasse ait été obtenu, il coûte toujours 5 à 6 fois autant que le nitrate de la même base.

§ 79.

Pour constater la pureté de celui du commerce, il faut surtout examiner s'il ne contient pas du chlorure de potassium. On en dissout donc un échantillon dans l'eau, et on y verse quelques gouttes d'une solution de nitrate argentique. Le liquide ne doit pas se troubler du tout, ou du moins il ne doit le faire que très-faiblement; sinon il faut faire subir au sel une nouvelle cristallisation.

B. LES COMBUSTIBLES.

§ 80.

Les corps combustibles fournissent chacun par sa combustion dans l'oxigène soit une, soit plusieurs combinaisons gazeuses de degrés différents. Parmi les combinaisons il y en a d'indifférentes ou neutres, c'est-à-dire qui ne se combinent pas davantage chimiquement, d'autres sont acides et peuvent former des sels avec la base de l'oxisel.

§ 81.

Plus il se combine d'atomes d'oxigène à un ou deux atomes du combustible, c'est-à-dire plus le degré de la combinaison est élevé, plus cette combinaison sera vive, et plus il y aura de chaleur et de lumière développées ; mais le volume primitif du gaz formé ne croit pas dans le même rapport ; toutefois le dégagement de calorique qui a lieu au degré de combinaison supérieur exerce toujours un effet si prépondérant, que la tension du gaz formé est plus grande que lorsqu'une combinaison de moindre de degré a lieu, quoique dans ce dernier cas, le volume du gaz formé soit plus considérable à la température ordinaire.

§ 82.

La combustion marche plus lentement lorsque les combustibles se trouvent déjà combinés chimiquement entre eux, parce qu'un certain temps est nécessaire à leur séparation ; il en résulte qu'il y a moins de calorique libéré lorsque les combustibles doivent être dégagés d'une combinaison chimique.

a. SOUFRE.

§ 83.

Le soufre dont le signe est S, a un poids atomique de 201,16. Il entre avec l'oxigène dans des combinaisons de divers degrés, mais dont deux seulement peuvent se former durant la combustion de ce corps au moyen d'oxisels. L'une $\overset{..}{S}$, l'acide sulfurique, ne se forme que lorsqu'une base devient libre, et alors il se combine avec elle ; il ne se forme d'ailleurs pas en plus grande quantité qu'il n'en faut rigoureusement pour saturer la base ; cette quantité est d'un atome (poids atomique ou équivalent chimique) d'acide sur un atome de base. S'il y a plus de soufre et d'oxigène qu'il n'en faut pour former $(\overset{..}{S})$ de l'acide sulfurique, il se forme $(\overset{.}{S})$ de l'acide sulfureux. Les deux acides sont gazeux ; mais comme le premier ne se forme qu'en présence de la base nécessaire pour le saturer, et que celle-ci se combine immédiatement avec lui, il n'apparaît jamais à l'état libre sous forme gazeuse dans ces phénomènes de combustion, mais il reste combiné avec la base de l'ingrédient oxigéné de la mixture en formant (comme sulfate) partie du résidu solide ou de la fumée. Comme produit utile, l'acide sulfurique ne fournit donc que la quantité considérable de chaleur et de lumière qui accompagne sa formation. L'acide sulfureux devient utile comme gaz, et par la quantité de calorique développée à sa formation, quoique cette quantité soit assez peu considérable ($\frac{1}{3}$ de celle que développe la combustion d'une égale quantité de charbon de poudrerie). Dans certaines circonstances ce gaz peut encore servir par sa propriété asphyxiante. La combustion du soufre dans l'oxigène, est lente soit qu'il se forme (S̈) de l'acide sulfurique, soit qu'il se forme (S̈) de l'acide sulfureux. Si la quantité de soufre est plus grande que ce que l'oxigène du composant oxigéné peut transformer en S̈ ou en S̈, l'excès de soufre brûle et devient S̈ à l'air atmosphérique, très-lentement et en produisant peu de chaleur et de lumière ; il en résulte qu'il retarde aussi la combustion du soufre, qui se combine avec l'oxigène de l'ingrédient oxigéné, et qu'il en affaiblit l'effet sous le rapport de la chaleur et de la lumière développées.

§ 84.

Le soufre s'unit très-avidement aux métaux ; lors donc qu'un oxide comme l'est la base de l'oxisel, est à une haute température sous l'influence simultanée du soufre et d'un autre corps ayant beaucoup d'affinité pour l'oxigène, la combinaison du métal et de l'oxigène se résoud, et le métal s'allie au soufre, qui alors ne s'unit plus à l'oxigène, parce que l'autre substance a pour celui-ci une affinité supérieure. Combiné au potassium le soufre forme le sulfure potassique déliquescent, et alors il attaque fortement le cuivre en abandonnant une partie du potassium pour former du sulfure de cuivre. En contact avec le fer chaud, le soufre forme avidement un sulfure de fer qui est très-fusible.

§ 85

Le soufre ne s'enflamme pas lorsqu'il est chauffé progressivement, il se transforme seulement en gaz ; chauffé rapidement, au contraire, il s'enflamme à 187° c. ; si l'on projette sur le soufre une étincelle, qui a une température beaucoup plus élevée, il ne s'enflamme pas, parce qu'il est trop dense, offre trop peu de surface à l'air atmosphérique et se fond facilement, ce qui le rend encore moins accessible au corps comburant. C'est pour cela aussi que le soufre ne s'enflamme pas lorsqu'on le frotte fortement et seul, mais bien quand il est divisé par d'autres substances auxquelles il est mêlé. Le soufre en poudre fine qui brûle n'enflamme pas le charbon pulvérisé, mais celui-ci enflamme bien le soufre. Le soufre en combustion fond facilement le chlorate potassique dans toutes les mixtures ; il ne produit le même effet sur le nitrate potassique que lorsqu'il forme avec celui-ci un mélange d'environ parties égales des deux corps.

§ 86.

La couleur du soufre varie, suivant la température à laquelle il a été fondu en dernier lieu, du jaune citron ou brun ; son poids spécifique à l'état compact est de 2,325, en cristaux, 2,10 ; il est assez soluble dans son propre poids d'huile grasse et dans 8 fois son poids d'huile essentielle ; avec ces huiles il forme un corps solide, si on les emploie en petites quantités. Il est insoluble dans l'esprit de vin et dans l'eau. Il montre même une force d'adhésion très-faible pour cette dernière; car lorsqu'il est en poudre fine il est très-difficile à mouiller. Ceci paraît être la raison pour laquelle, mélangé au charbon et au salpêtre, il diminue le pouvoir hygroscopique de ceux-ci. Le soufre natif pur est en cristaux translucides à cassure conchoïde, ressemblant à l'ambre jaune; celui qu'on extrait de ses combinaisons avec les métaux, comme tout celui qui a été fondu, est opaque; lorsqu'il vient de se congéler ou de cristalliser il est fortement translucide, cependant il redevient peu à peu, mais spontanément opaque. Par le frottement il acquiert une odeur particulière. Comme le frottement l'électrise, les diverses parcelles s'attachent fortement les unes aux autres; il est très-difficile de le triturer seul à cause de cette circonstance; c'est pour cela qu'on le triture volontiers mélangé à quelqu'autre substance.

§ 87.

Le soufre se volatilise déjà à 46° c., surtout quand il est bien pulvérisé et qu'il est mélangé à d'autres substances; il produit alors une odeur très-marquée, et dans l'obscurité il répand une lueur faible bleuâtre. Il se dépose sous forme de pellicule blanche sur un corps froid qu'on tient au dessus des vapeurs. Il fond à 108°, devient très-liquide et jaune; refroidi ensuite, il cristallise intérieurement en aiguilles laissant des vides entre elles, ce qui le rend très-friable et lui donne le moindre des deux poids spécifiques (§ 83). Le soufre qui n'a pas été porté à une température plus élevée, et qui a été refroidi tranquillement, craque lorsqu'on le chauffe de nouveau, et par conséquent aussi quand on le tient longtemps dans la main; cela vient de ce que les cristaux se déplacent les uns à l'égard des autres. Lorsqu'il est porté jusqu'à 140° c., il prend une couleur brune, et devient moins liquide; brusquement refroidi, il est alors moins friable. Lorsqu'on pousse la chaleur jusqu'à 170°, il devient rouge orangé, épais; brusquement refroidi il est alors encore moins friable; ces effets augmentent à 190°; refroidi subitement il commence alors par être transparent, et mou, puis il devient cassant et opaque; à 225° le soufre fondu puisse, est rouge, prend par le refroidissement subit la nuance de l'ambre jaune, reste mou et transparent; échauffé jusqu'à 250° le soufre fondu est très-visqueux et brun; par le refroidissement subit il devient très-mou, transparent et rougeâtre; à 300° il bout, développe des vapeurs jaunes qui se transforment partiellement en acide sulfureux, et s'attachent sous forme de farine (fleurs de soufre) aux corps froids. Les fleurs de soufre ne peuvent pas être employées pour les mixtures, à cause de l'acide sulfureux dont elles sont souillées, et qui leur fait attirer l'humidité. Le soufre bouillant est moins visqueux et moins brun que celui qui a été moins échauffé; lorsqu'on le fait figer brusquement, il est très-mou, transparent, rouge brun. Tout soufre échauffé jusqu'à la viscosité reprend très-lentement la couleur jaune, est dense, non cristallisé, a un grand poids spécifique, est difficile à triturer et à enflammer. Il paraît que lorsqu'il est fondu,

7

il absorbe aussi de l'oxigène en formant de l'acide sulfureux qui reste adhérent au soufre et le rend hygroscopique, ce qui produit une prompte détérioration de la poudre à la fabrication de laquelle il a été employé. — Le soufre jaune citron peut, lorsqu'on le triture à l'aide de gobilles en bronze, et lorsqu'il s'échauffe durant l'opération, gagner la couleur orange, à cause du sulfure de cuivre qui se forme sur les balles, et qui ensuite s'en détache par le frottement.

§ 88.

Le soufre se rencontre tantôt isolé (natif), surtout près des volcans (Bohême, Saltzbourg, Cracovie), tantôt combiné aux métaux (le plus souvent avec le fer et le cuivre sous les noms de pyrite de fer et pyrite de cuivre). L'Irlande, l'Italie, la Sicile, la Pologne fournissent beaucoup de soufre natif. En pyrites on le trouve partout.

§ 89.

Le soufre natif contient parfois du fer ou de l'argile, ce qui lui donne une couleur brune; ou bien il contient de l'arsenic et du sélénium, qui lui communiquent une couleur tirant sur l'orange. Dans les bonnes qualités de soufre natif le mélange est d'environ 5 p. 0/0, dans les mauvaises il monte jusqu'à 36 p. 0|0. Plus il est pesant, plus il est impur. Quelquefois il est aussi souillé de bitume. L'impureté, en tant qu'elle provient de sulfures métalliques et de terres, mérite une attention particulière, à cause de l'augmentation du danger qui en résulte lorsqu'on exécute le mélange du soufre avec le salpêtre et le charbon; le soufre se triture d'ailleurs d'autant plus difficilement qu'il est plus impur.

§ 90.

Les sulfures métalliques (pyrites) sont des composés de 2 at. de soufre sur 1 ou 2 at. de métal; on en extrait le soufre en les chauffant; ils abandonnent alors un at. de soufre, et deviennent des sulfures d'un degré inférieur. On recueille dans des récipients le soufre devenu libre.

§ 91.

Dans le commerce on trouve du soufre de diverses espèces. Le *soufre brut* a une couleur grise; quelques espèces moins impures s'appellent soufre en morceaux. Par *soufre en bâtons* on entend le soufre purifié coulé en petits morceaux; par *soufre en pains*, celui coulé en disques. Le *soufre caballin* est un soufre en bâtons, contenant à l'intérieur beaucoup d'impuretés, entourées d'une enveloppe de bon soufre.

§ 92.

On purifie le soufre par fusion, tant pour en éloigner les matières étrangères, que pour rendre léger et cristallin un soufre fondu à une trop haute température, et par conséquent trop dense, difficile à enflammer et à pulvériser, enclin à s'acidifier. Cette purification du soufre peut avoir lieu en petit ou dans de grands établissements. Comme les quantités de soufre dont les établissements militaires d'un état ont besoin ne sont pas assez grandes pour justifier l'établissement de raffineries spéciales pour le soufre, l'artillerie devra se procurer le soufre déjà raffiné, ou bien, afin de dépendre moins du commerce, raffiner elle-même le soufre brut du commerce. Néanmoins il convient de réserver aux grands établissements cette opération, qui n'est ni très-facile ni exempte de danger.

§ 93.

La purification en petit se fait par fusion ; les parties terreuses et métalliques se déposent au fond, ce qui permet de les éloigner par décantation ou par filtrage ; de sorte qu'un soufre qui ne contient que ces impuretés se trouve par cette opération complètement raffiné. Mais il n'en est pas ainsi du soufre souillé d'arsenic et de bitume, ces corps ne pouvant en être éloignés que par des moyens plus délicats, qui même ne suffisent pas pour une purification sûre et complète. Il ne faut donc pas acheter du soufre contenant les corps en question.

§ 94.

Dans la refonte on peut, en dirigeant convenablement la température et le mélange des diverses espèces à fondre, rendre la texture convenable, etc., au soufre qui n'aurait pas la couleur jaune clair, qui ne serait pas cristallisé, etc. Dans ce but on classe par nuances le soufre à refondre ; si l'on doit fondre du soufre jaune clair seul, on amène la fusion rapidement et on éloigne ensuite le feu ; le soufre brun clair doit être chauffé plus faiblement, et seulement jusqu'à ce qu'il soit aux 3/4 fondu ; le soufre brun-foncé sera chauffé aussi peu que possible, et on arrête l'opération quand il est à moitié liquéfié. Si l'on doit fondre les trois sortes simultanément, on met le soufre jaune au fond, on le fait fondre rapidement en brassant, on ajoute ensuite la moitié de cette quantité de soufre brun clair, puis quand celui-ci est fondu on ajoute autant du soufre brun foncé, et on retire immédiatement le feu, afin que le soufre encore solide enlève autant de chaleur que possible à celui déjà liquéfié. Dans tous les cas, quand même on n'a qu'une espèce à fondre, on ne l'introduit dans la chaudière que par portions, ajoutant la 2e portion quand la première est fondue.

§ 95.

Dès que tout le soufre est fondu, on recouvre le vase, afin qu'il reste liquide aussi longtemps que possible, et que toutes les matières non fondues puissent se déposer ou remontent à la surface. On ne puise le soufre que quand des aiguilles qui se forment à la surface font voir qu'il est au point de se figer. On commence par enlever l'écume surnageante. On puise le soufre et on le verse dans les moules à travers un filtre en toile fine double. Tout ce qui reste sur le filtre ou au fond de la chaudière est recueilli ; on refond se résidus de plusieurs opérations et on en extrait le soufre liquide.

§ 96.

La fusion s'opère le mieux dans une chaudière en fonte fixée sur un fourneau de manière que ce ne soient pas les fonds mais les parois latérales qui reçoivent l'action du feu. L'effet de cette disposition est que les parties lourdes non fondues qui sont mélangées au soufre se déposent plus tranquillement au fond. Le fourneau doit avoir peu de tirage, mais une haute cheminée, afin que le feu agisse toujours faiblement mais uniformément. Les chaudières ne doivent pas être trop grandes, parce que sans cela il est difficile de régler la température. Les dimensions les plus favorables sont, pour le diamètre $0^m,78$, et pour la profondeur $0^m,52$. La fusion s'opère alors en 4 heures.

§ 97.

Durant cette refonte il arrive quelquefois que le soufre prend feu. On obture alors l'ouverture de la chaudière au moyen d'un couvercle recouvert d'un prélat en poils. La couche d'air ainsi isolée est bientôt épuisée d'oxigène, et alors la combustion du soufre cesse nécessairement.

§ 98.

Le soufre puisé est versé dans des moules. Les plus avantageux sont grands et coniques, la grande base du cone formant l'ouverture. Les impuretés non fondues que le soufre filtré peut encore contenir descendent au fond du moule pour former la pointe du cone, qu'on tronque ensuite. Le soufre cristallise mieux en masses aussi fortes, et se prête mieux aux opérations ultérieures qu'il doit subir, que quand on le coule en bâtons. Lorsqu'il est moulé en grands pains. la trituration est de $\frac{1}{3}$ plus facile que de celui en bâtons. Il paraît que l'on peut rendre le soufre, même coulé en petites masses, aussi pulvérisable que celui en pains, en le versant dans de l'eau très-froide après la fusion à la plus basse température.

§ 99.

Pour vérifier si le soufre est complètement pur, on s'y prend comme suit. On s'assure d'abord que toute la quantité de soufre soit de la même qualité ; s'il est nécessaire, on le classe pour essayer chaque sorte séparément de la manière indiquée ci-après. Il faut avoir soin surtout de briser les bâtons ou les pains pour voir s'ils sont homogènes. On brûle dans une capsule de porcelaine un échantillon pesé, et on pèse le résidu éventuel, qui indique le déchet que fera éprouver le raffinage. Si le soufre ne laisse pas de résidu, mais qu'il est très-dense, jaune foncé, d'une cassure amorphe, on doit le considérer également comme soufre brut. Pendant la combustion on chassera vers soi une partie des gaz qui s'élèvent ; si outre l'odeur piquante et acide il y a encore une odeur empyreumatique semblable à celle que répand le salpêtre brulé , le soufre contient du bitume ; il a alors aussi un poids spécifique faible, répand une odeur résineuse lorsqu'on le frotte, ce qui est encore un nouvel indice du mélange bitumineux. Cette espèce de soufre ne peut être employée. Si le soufre est coloré en orange , il peut contenir de l'arsenic (§ 87). On fait bouillir alors pendant une demi-heure un échantillon pulvérisé dans l'acide nitrique concentré ; on filtre , on neutralise avec du carbonate de potasse , et on fait tomber dans le liquide quelques gouttes d'une solution de nitrate d'argent; un précipité jaune décèle la présence de l'arsenic. Le soufre contenant de l'arsenic ne peut être employé que quand la dose de ce mélange est très-faible. Si le soufre est exempt de tous les corps étrangers mentionnés plus haut , ou si on l'a raffiné soi-même , on l'humecte d'eau, qu'on laisse chauffer, et on en laisse tomber quelques gouttes sur du papier de tournesol ; si ce dernier rougit, le soufre contient de l'acide, et doit alors avant d'être employé , subir un bon lavage par l'eau , après quoi on le dessèche.

DU CARBONE ET DE L'HYDROGÈNE,
COMBINÉS DANS LA SUBSTANCE VÉGÉTALE.

§ 100.

Le carbone (C) brûlé dans l'oxigène produit deux combinaisons gazeuses , l'oxide de carbone ($\dot{C}$) et l'acide carbonique ($\ddot{C}$); le premier est composé de :

1 at. de carbone (76,43) et 1 at. d'oxigène (100,00),

le second de :

1 at. de carbone (76,43) et 2 at. d'oxigène (200,00).

C'est de la quantité d'oxigène disponible que dépend la formation de l'un ou de l'autre. La seconde de ces combinaisons est absorbée avidement par les bases , et forme avec elles des corps solides ; la première n'a pas cette propriété. Si une base libre est en présence, quelle que soit d'ailleurs la quantité d'oxigène disponible , elle détermine la formation de l'acide carbonique jusqu'à concurrence de la quantité nécessaire à sa saturation, savoir sur 1 at. de base , 1 at. d'acide. Lorsque l'oxide de carbone se forme, 1 vol. d'oxigène fournit à températures égales 2 volumes de la combinaison; l'acide carbonique au contraire ne forme qu'un volume égal à celui de l'oxigène qui y entre. Mais cette dernière combinaison produit pendant sa formation un développement de calorique beaucoup plus grand , de sorte qu'en définitive un volume d'acide carbonique devient beaucoup plus grand en se dilatant par cette chaleur libre , que les deux volumes d'oxide de carbone.

§ 101.

L'hydrogène (H) ne forme qu'une combinaison avec l'oxigène, la vapeur d'eau ($\dot{\text{H}}$), composée de :

2 at. d'hydrogène ($\text{H} = 2 \times 6,23 = 12,46$) et un at. d'oxigène ($. = 100,00$).
Cette combinaison développe la plus haute température, qu'aucune combinaison chimique produise.

§ 102.

Le carbone et l'hydrogène forment, lorsqu'on les chasse d'une substance végétale (V. § 103) deux carbures d'hydrogène, l'un composé de 1 at. de carbone sur 4 d'hydrogène (carbure tétrahydrique), l'autre de 1 at. de carbone et 2 at. d'hydrogène (carbure bihydrique). Ordinairement les deux gaz sont mélangés lorsqu'ils proviennent de la décomposition ci-dessus. Le premier produit en brûlant de l'oxide de carbone et de la vapeur d'eau ; la flamme est petite, bleuâtre et faible. Le deuxième se décompose en brûlant ; l'hydrogène se combine avec la moitié du carbone, formant ainsi le gaz de la première composition (carbure tétrahydrique) et le restant du carbone, devenu libre, voltige à l'état incandescent dans la flamme qu'il rend ainsi éclairante par la lumière qu'il répand. D'après cela, plus le mélange des carbures d'hydrogène provenant d'une matière végétale contient du carbure de la deuxième espèce (carbure bihydrique), plus il est éclairant, et plus il fournit de calorique. Ces gaz brûlent à peu près de la même manière dans l'air que dans l'oxigène.

§ 103.

Le carbone pur est très-difficile à enflammer ; lorsqu'au contraire il contient des carbures d'hydrogène, il est très-inflammable. Pour réunir dans le charbon la propriété de fournir par sa combinaison avec l'oxigène une grande quantité de gaz à une très-haute température, avec la condition que cette combinaison, et par conséquent le développement de gaz et de calorique aient lieu très-vivement, il faut tâcher de se le procurer, de manière que d'un côté il se trouve mélangé de carbures d'hydrogène, et que de l'autre il soit sous la forme la plus favorable à la réaction qu'il doit subir par l'oxigène. Pour satisfaire à cette dernière condition il doit être sous forme de poudre très-ténue, et offrir beaucoup de surface relativement à sa masse. — Le charbon répondant à ces diverses conditions s'obtient par la décomposition des végétaux dont il constitue la partie principale.

§ 104.

Les végétaux sont composés essentiellement de carbone, d'hydrogène et d'oxigène. Tantôt les quantités de ces trois corps qui entrent dans le composé sont différentes, tantôt la force vitale forme au moyen de quantités presqu'égales de ces éléments des substances complètement différentes.

§ 105.

Pour l'objet qui nous occupe, il ne s'agit que de la manière dont ils se comportent quand on les chauffe fortement. Ils ont tous la propriété commune de se décomposer dans ce cas, de manière à développer des gaz formés des trois éléments constituants combinés deux à deux ou trois à trois, dans des proportions et d'après un mode différents de ceux de la combinaison qui existait dans le végétal; de plus, après l'expulsion de ces gaz il reste un excédant de matière formant tantôt un résidu, et paraissant tantôt entièrement sous forme de fumée noire (suie).

§ 106.

Si durant cette décomposition l'oxigène de l'air atmosphérique ne peut pas affluer, les gaz peuvent être recueillis sans avoir été altérés, et ils consistent en un mélange très-variable des deux espèces de carbure d'hydrogène (§ 102) et d'oxide et d'acide carboniques. Le résidu en carbone, qui suivant la nature de la plante en a conservé la contexture, ou l'a perdue et forme une masse spongieuse, reste dans l'appareil de calcination sous le nom de charbon, ou bien il se dépose dans un récipient. Suivant que la chaleur a été maintenue plus ou moins longtemps, le charbon est plus ou moins pur et exempt de carbures d'hydrogène.

§ 107.

Lorsque l'atmosphère est en contact avec la substance qui se décompose, les gaz expulsés s'enflamment, et tout leur contenu en carbone se transforme en oxide et en acide carboniques, et leur hydrogène en vapeur d'eau, l'oxigène déjà contenu dans les gaz contribuant à cette réaction. Ces gaz brûlants forment la flamme. L'excès en charbon se transforme aussi sous l'action de la chaleur en oxide et en acide carboniques, et il ne reste comme résidu, qu'un mélange blanchâtre, incombustible de sulfate et de carbonate de potasse, de carbonate de chaux, etc. (cendre).

§ 108.

Si l'on examine le charbon attentivement, on trouve qu'on réussit difficilement, et seulement par une calcination très-prolongée, à en expulser complètement l'hydrogène, pour le convertir en carbone entièrement pur. Dans cet état il serait encore à peine inflammable, puisque le carbone pur est difficile à enflammer isolément (§ 103). Le charbon est au contraire d'autant plus inflammable que l'échauffement a été arrêté plus tôt, qu'il contient plus d'hydrogène, et que sa forme est plus favorable à l'action du corps comburant. Lorsque alors on l'échauffe pour l'enflammer, la décomposition continue. Une portion de l'hydrogène et du carbone s'éloigne comme carbure d'hydrogène, et brûle seulement alors à l'extérieur du corps, tandis que dans l'intérieur de celui-ci le restant de l'hydrogène et du carbone se comburent immédiatement par l'oxigène. Plus le charbon est riche en hydrogène, plus il se dégage de carbure d'hydrogène qui brûle extérieurement.

§ 109.

La décomposition des végétaux demande un temps appréciable, et ne peut être beaucoup hâtée ni par l'élévation de la température, ni par l'afflux de l'oxigène pur au lieu d'air, ni par la réduction de la matière végétale en poudre ténue. Mais on peut réduire le temps de combustion du charbon excédant à un intervalle inappréciable, en le réduisant en poudre très-fine, et en le mettant à une haute température en présence de l'oxigène pur.

§ 110.

Quoique la décomposition d'un végétal par la chaleur ne soit jamais instantanée, le temps nécessaire à cette décomposition dépend cependant beaucoup de la nature de la substance; il en est de même de la composition des produits gazeux, par conséquent de l'aspect, de la grandeur de la flamme (§ 102), ainsi que de l'espèce du résidu en charbon.

§ 111.

Les résines et les huiles essentielles se décomposent déjà à une température comparativement faible; elles développent dans cette décomposition beaucoup de gaz, c'est-à-dire de carbure bihydrique (le plus riche en carbone des deux); c'est pour cela qu'au contact de l'atmosphère elles donnent une longue flamme d'une nuance orange, tenant le milieu entre la couleur rouge de la flamme du carbone, et la jaune due à la combustion de l'hydrogène. Cette flamme acquiert de plus un rouge très-prononcé et un pouvoir éclairant considérable à cause du grand contenu en carbone, auquel s'ajoute encore celui qui est entraîné mécaniquement (la suie), ce carbone étant suspendu dans la flamme à l'état incandescent. Il ne reste après cette combustion qu'une petite quantité de charbon spongieux consistant en carbone presque pur.

§ 112.

Les gommes se décomposent moins facilement, donnent une flamme plus petite, contenant une plus forte proportion de carbure tétrahydrique (le moins riche en carbone) (§ 102). Cette flamme est donc faible, jaune orange, et laisse aussi un résidu en charbon fort, spongieux, également formé de carbone presque pur.

§ 113.

Le bois et les autres substances fibreuses sont plus difficiles à décomposer que les gommes, les résines, les huiles, etc. Ils donnent un mélange de carbures d'hydrogène moins riche en carbone, et moins considérable aussi que les résines et les huiles. Par contre il reste après la décomposition un grand résidu de charbon, qui a entièrement conservé la structure à fibres fines de la substance ; ce charbon est facile à réduire en poudre très-ténue, conservant même dans cet état de division, la forme pointue de la fibre, ce qui le rend extrêmement inflammable. Le résidu spongieux au contraire provenant des autres substances ci-dessus, donne après la trituration un charbon globuleux, que le feu attaque et enflamme par conséquent difficilement. La décomposition plus lente permet de déterminer avec plus de précision les instants où le résidu en charbon contient encore telle ou telle quantité d'hydrogène qui lui communique l'inflammabilité désirée ; il en résulte qu'on peut produire avec certitude du charbon possédant un degré déterminé d'inflammabilité.

§ 114.

On emploie donc les résines, les huiles, etc., indécomposées comme additions aux mixtures des ingrédients oxigénés et des combustibles, lorsque, outre les produits résultants de ces derniers, une flamme volumineuse de carbure d'hydrogène peut devenir utile, et que d'ailleurs la combustion n'a pas besoin d'être très-rapide. On emploie les gommes, lorsqu'on veut convertir une mixture en masse solide, sans que ce but puisse être atteint au moyen de la condensation, et lorsque la couleur spéciale de la flamme ne doit être que peu altérée, ce qui aurait lieu si l'on employait des huiles, etc., à cause de la forte flamme de carbure d'hydrogène que ces substances produisent. Les gaz que ces substances végétales développent brûlent comme dans l'atmosphère ; mais la grande quantité de gaz rapidement développés par la mixture combustible, les entraîne, de sorte qu'ils ne brûlent que lorsqu'ils se trouvent dégagés de la flamme de la mixture, et arrivent à l'air atmosphérique, où leur combustion a lieu aux dépens de l'oxigène de ce dernier. La flamme devient donc par là beaucoup plus volumineuse, et lorsque celle de la substance végétale et celle propre à la mixture combustible sont différemment colorées, on les distingue facilement, parce que celle provenant de la mixture touche à cette dernière, tandis que celle provenant de la substance végétale forme le prolongement de l'autre.

§ 115.

Le charbon qui reste en excès lors de la décomposition de la substance végétale participe à l'oxigène fourni par l'oxisel de la mixture, mais brûle lentement, parce qu'il affecte la forme globuleuse et ne contient presque plus d'hydrogène.

§ 116.

On ne sait pas encore au juste quel est le degré de décomposition qui correspond à une inflammation et une combustion rapides, au lieu de celles lentes de la substance indécomposée. Il est probable que ce point correspond

8

à l'instant où la substance végétale paraît brune de part en part, mais on
n'a pu déterminer le degré de brun qui indique ce moment. On ne sait pas
davantage quelle est la dose d'hydrogène à laquelle correspond le maximum
de la combustibilité. On ignore aussi combien il correspond à chaque degré
de carbonisation, de carbure d'hydrogène qui, échauffé en présence de
l'oxisel, s'éloigne sans se comburer pour ne brûler qu'à l'atmosphère, et par
conséquent sans produire d'effet, ainsi que la partie de ce gaz qui se combure avec l'oxigène de l'ingrédient oxigéné de la mixture et augmente par
conséquent la masse efficace des gaz.

LES SUBSTANCES VÉGÉTALES.
INDÉCOMPOSÉES.

§ 117.

D'après ce qui précède, on ne peut employer aux usages proposés que les
substances végétales que la chaleur décompose avec facilité. Ce sont les résines, les huiles grasses et les huiles essentielles. Ces substances donnent
d'après le rang de classement suivant lequel on vient de les citer plus de
carbure d'hydrogène et moins de carbone en excès. C'est donc suivant le
même ordre qu'il faut les considérer comme formant des additions convenables aux mixtures, parce que c'est la flamme de carbure d'hydrogène seule
qui devient utile, l'excès de carbone au contraire troublant la combustion
des mixtures en y participant, et ne pouvant remplacer par ses effets le
charbon fibreux (§ 115).

RÉSINES.
§ 118.

Les résines s'écoulent des arbres; elles sont toutes solides, pour la plupart
transparentes, amorphes, d'un poids spécifique de 0,93 à 120; quand elles
se séparent des arbres par exsudation, elles sont mélangées d'huiles essentielles qui leur communiquent divers degrés de visquosité. Lorsque l'huile
essentielle s'est volatilisée dans l'atmosphère, ou a été chassée au moyen d'une
faible chaleur, la résine dure et fragile reste comme résidu. La plupart des
résines ne sont pas pures, mais sont des mélanges contenant beaucoup de résine et peu d'huile essentielle; c'est ce qui a lieu pour toutes les résines qui ré-
pandent de l'odeur, car l'odeur ne provient que de l'huile essentielle. Toutes
les résines odorantes sont donc aussi de composition variable, contiennent
plus ou moins d'huile essentielle suivant le mode de préparation qu'elles ont
subi, et sont par conséquent tantôt plus ou moins dures et friables, tantôt

molles ou pâteuses. A mesure qu'elles sont plus molles, et que par conséquent l'huile essentielle y domine davantage, elles fournissent en se comburant plus de carbure d'hydrogène et moins de carbone excédant.

§ 119.

Les résines sont fusibles à une température assez peu élevée (la plupart au dessous de 100° c.), et si on ne les échauffe que jusqu'au point de fusion, elles se figent de nouveau sans être altérées. Mais si on pousse la température jusqu'à ce que la masse fondue développe des bulles de gaz, il y a déjà commencement de décomposition; la masse brunit, et si on la fait congéler en cet état pour la brûler ensuite, elle fournit plus de carbone en excès et moins de carbure d'hydrogène qu'avant la fusion.

§ 120.

Les résines ne sont pas solubles dans l'eau; elles le sont plus ou moins dans l'alcool (avec lequel elles deviennent très-liquides si l'on chauffe légèrement) et ses mélanges avec l'eau, ainsi que dans certaines huiles essentielles. Dans cette dernière dissolution elle se lient facilement au soufre.

§ 121.

Parmi les diverses espèces de résines, on ne peut, à cause du prix élevé des exotiques, employer en grande quantité pour les artifices que celle qui s'écoule du pin (*pinus picea*). Lorsqu'on n'a besoin que de petites quantités, on peut encore employer la résine du pistacea lentiscus, qui croit dans l'Orient (le mastic).

§ 122.

Il s'écoule du pin une matière visqueuse, qui est un mélange d'une résine et d'une huile essentielle. La matière porte le nom de térébenthine (commune); l'huile essentielle s'appelle huile de térébenthine. Si, en faisant bouillir avec de l'eau cette matière, on lui enlève un peu d'huile, qui se volatilise avec l'eau bouillante, on obtient de la *poix blanche*; lorsque la quantité restante d'huile essentielle est un peu moindre, on a le *galipot;* la proportion d'huile est elle encore moindre, on a la *poix de Bourgogne;* si l'on chauffe directement la térébenthine, ce qui éloigne encore une plus grande quantité d'huile, le résidu, déjà un peu brûlé, s'appelle *térébenthine cuite;* y a-t-il encore plus d'huile volatilisée, le résidu devient plus brun et s'appelle *colophane.* Si l'on a chauffé trop brusquement, de sorte qu'avant l'éloignement complet de l'huile essentielle un commencement notable de décomposition de la résine a eu lieu, on obtient la *poix noire.*

§ 123.

Si l'on ne laisse pas écouler spontanément la résine et le goudron; mais qu'on les chasse du bois par la chaleur, on obtient un mélange de résines

déjà partiellement décomposées et d'huiles, avec de l'acide acétique; tant que
le liquide s'écoule encore blanchâtre et fluide, on l'appelle *goudron*; lorsqu'il
devient plus brun et plus pâteux, on l'appelle *brai*. Si celui-ci est dépouillé
par la chaleur de ses parties volatiles, on obtient, suivant qu'on a éloigné davantage l'huile essentielle (*l'huile de pin*), d'abord la *poix blanche*, puis la
poix verte, et enfin celle de *cordonnier*.

§ 124.

Ces diverses espèces de matières résineuses, possèdent des fusibilités très-
diverses; celles qui contiennent le plus d'huile essentielle, comme la poix
blanche, le galipot et la poix noire, se ramollissent déjà en été à l'ombre, et
coulent au soleil. La colophane qui s'approche le plus de l'état de résine pure,
se ramollit à 55° et fond à 105°.

§ 125.

On s'assure de la pureté des résines du pin, en en dissolvant un échantillon dans l'alcool absolu; elles ne doivent laisser aucun dépôt.

HUILES ESSENTIELLES (OU VOLATILES).

§ 126.

Les huiles essentielles ont un poids spécifique très faible, se vaporisent à
une basse température, ont une forte odeur, sont faciles à dissoudre dans
l'alcool, et solubles aussi dans une grande quantité d'eau.

§ 127.

Parmi les huiles essentielles on ne pourra considérer ici que celles mentionnées ci-dessus, l'huile de térébenthine et celle de pin, ainsi que le pétrole
(naphte) qui sort de la terre.

§ 128.

Ces huiles doivent être claires comme l'eau, et se volatiliser sans résidu
quand elles sont modérément chauffées.

§ 129.

Le pétrole, qui ne contient pas d'oxigène du tout, donne en se comburant une flamme très-pure et très-intense de carbure d'hydrogène. L'huile
de térébenthine est inférieure sous ce rapport; elle produit en se comburant plus de suie et de carbone en excès, et cela d'autant plus qu'elle est
moins pure, c'est-à-dire qu'elle contient plus de résine.

LES VÉGÉTAUX FIBREUX DÉCOMPOSÉS.

(CHARBON DE POUDRERIE.)

§ 130.

Le but à remplir par le charbon pulvérisé (§ 115) exige qu'on emploie tous les moyens pour lui donner l'inflammabilité et la combustibilité les plus grandes ; et lorsque le maximum de ces qualités ne convient pas, pour obtenir du moins avec certitude les degrés intermédiaires.

§ 131.

Quel que soit le degré d'inflammabilité demandé, il faut toujours tâcher d'obtenir que le charbon consiste dans la fibre la plus ténue, comme étant celle qui présente le plus de surface, à masse égale ; de plus, cette fibre est plus résistante que celle grossière, ainsi que le charbon spongieux et globuleux, parce qu'elle conserve avec sa forme la consistance que lui ont procuré les forces vitales. On obtiendra les divers degrés d'inflammabilité en poussant la décomposition (la carbonisation) plus ou moins loin.

§ 132.

La forme de la fibre dépendra donc du choix de la matière première. Le traitement de cette matière doit avoir pour but l'éloignement de toutes les substances étrangères à la fibre qui pourraient s'y trouver, et l'obtention certaine du degré de carbonisation voulu.

MATIÈRES PREMIÈRES.

§ 133.

La texture fibreuse se présente dans les végétaux, surtout dans la tige des végétaux ligneux. Ce sont donc ceux-ci qu'il convient de choisir exclusivement pour la carbonisation. Cependant il ne contiennent pas seulement la substance fibreuse, mais aussi d'autres substances végétales, qui, décomposées, donnent un charbon moins inflammable. On doit donc choisir la matière à carboniser de manière :

1° Que la fibre en soit la plus fine possible ;

2° Que les substances non fibreuses soient le plus faciles possible à éloigner durant le travail.

§ 134.

La fibre ligneuse est la plus fine dans le lin, le chanvre, les tiges de haricots et diverses plantes analogues, ainsi que dans les pousses les plus jeunes des bois tendres. Le lin, le chanvre et les ramilles des bois tendres

forment donc la matière première. Mais les tiges végétales fibreuses contenant beaucoup de silice, comme les blés et les herbes, ne sont pas convenables pour la fabrication d'un charbon inflammable.

§ 135.

Le chanvre et le lin donnent le meilleur charbon, parce que la fibre en est
la plus fine, et que le charbon qui en provient se divise le mieux, les fibres
étant juxtaposées dans ces plantes. Mais le rouissage et le teillage doivent
avoir éloigné la substance gommoïde qui fixe les fibres de la plante les unes
sur les autres, ainsi que l'écorce écailleuse qui l'enveloppe, car ces substances
ne fournissent pas un charbon fibreux, mais spongieux et difficile à enflammer. La même observation s'applique aux fibres des tiges de haricots.

§ 136.

Si l'on emploie du vieux linge à la carbonisation, le produit est de beaucoup supérieur à celui provenant du lin et du chanvre neufs, parce que le
filage, le tissage, le lavage, et le frottement fréquent que la toile subit dans
l'usage, ont rendu les fibres beaucoup plus fines. C'est pour cela que le charbon de chiffons est extrêmement inflammable ; de plus il a un poids spécifique
supérieur à celui du charbon de lin, qui est lui-même plus pesant que le
charbon de bois. Avant la carbonisation la toile doit être purifiée, par le
lavage dans une lessive faible de potasse, de la sueur etc., qu'elle peut
contenir.

§ 137.

Le haut prix des matières premières s'oppose à l'emploi général du chanvre, du lin, du linge, des tiges de haricots, etc. On ne peut en faire usage,
mais alors avec le plus grand avantage, que quand l'on ne considère pas
l'augmentation du prix qui en résulte. Il est donc à conseiller de mêler un
peu de charbon de toile à celui de bois pour la poudre de chasse.

§ 138.

Les fibres sont fortement adhérentes entre elles dans le bois, et le lien qui
les réunit est d'autant plus affaibli par la carbonisation, qu'elles sont plus
fines et plus jeunes et moins entortillées. On ne doit par conséquent employer
le bois qu'en rameaux de 25 à 50 millimètres, exempts de nœuds. Plus le bois
est tendre plus la fibre est fine dans des rameaux de même âge. On n'emploiera par conséquent que des bois tendres, surtout le bourdaine, le noise-
tier, le saule, le tilleul, le peuplier, le genévrier, le cornouiller sauvage,
l'aulne, le bouleau ; le bourdaine mérite la préférence, parce qu'il laisse la
moindre quantité de résidu incombustible (0,0025). (V. § 139).

§ 139.

Le bois ne consiste pas seulement en fibres ; entre celles-ci circulent les
vaisseaux membraneux en spirale remplis de sève ; celle-ci est une solution

aqueuse d'albumine végétale, de matière extractive et d'acétate de potasse. Dans l'axe du rameau est situé le canal médullaire, rempli d'une substance spongieuse; le rameau est extérieurement couvert par le liber et l'écorce, ayant une contexture grossière, squammeuse et fibreuse. Toutes ces substances qui se trouvent dans le bois outre la fibre ligneuse, donnent un charbon spongieux peu inflammable, qui s'applique sur le charbon de fibres, et diminue ainsi l'inflammabilité de ce dernier. Le charbon provenant de l'écorce est lancé au loin en étincelles ardentes lorsque l'on brûle le charbon fibreux avec un des ingrédiens oxigénés. L'acétate de potasse de la sève se change par la carbonisation en carbonate de potasse, d'où résulte d'un côté un résidu incombustible, et de l'autre que le charbon devient plus hygroscopique qu'il ne le serait par lui-même.

§ 140.

Au printemps lorsqu'il pousse de nouveaux rameaux, les parties solides de la sève sont employées à cette formation; le liquide qui reste alors dans les rameaux de l'année précédente est en plus grande quantité il est vrai, mais beaucoup plus aqueux que dans les autres saisons; il se forme aussi au printemps entre l'aubier et l'écorce une nouvelle couche ligneuse; à cette fin l'enveloppe corticale se détache de la couche de bois de l'année antérieure, et dans l'intervalle se loge la sève qui forme les nouvelles fibres. Le printemps est donc la saison la plus convenable pour la coupe du bois de carbonisation, parce que dans cette saison les vaisseaux du bois ne contiennent presque que de l'eau pure, et que l'écorce et le liber se détachent facilement, de sorte que le bois se laisse complètement écorcer; dans les autres saisons on doit les couper, d'où résulte qu'il en reste quelquefois des parties sur le bois, ou bien qu'on coupe avec l'écorce une grande partie du bois lui-même. En cas de besoin on peut employer du jeune bois fendu, exempt de nœuds, et qu'on a dépouillé de l'aubier et de l'enveloppe corticale.

§ 141.

Pour faciliter l'éloignement de la sève, et rendre possible la destruction de la moëlle, on fend les rameaux longitudinalement par le canal médullaire. On éloigne la moëlle le plus sûrement en grattant au moyen d'un fer tranchant. Pour se débarrasser de la sève et des vaisseaux capillaires, on expose le bois pendant dix ans à l'air pour le sécher, et pour amener la décomposition lente et progressive par la moisissure des vaisseaux, dont les parties constituantes se séparent facilement. On peut aussi employer un moyen plus expéditif, moins cher que celui-là, et par lequel on évite en outre la souillure du bois par le sable; ce moyen consiste à lessiver les rameaux par la vapeur d'eau en vases clos; on se sert pour cela d'un appareil particulier, quoique cependant l'opération puisse aussi avoir lieu immédiatement avant la carbonisation. On fait quelquefois séjourner utilement les autres bois dans l'eau

pour éloigner la sève; ce moyen ne peut servir pour le bois de carbonisation, parce qu'il se couvrirait d'une vase visqueuse qu'on ne peut pas facilement éloigner avant la carbonisation, et qui fournit du charbon spongieux.

§ 142.

Au lieu de préparer ainsi les rameaux, on peut employer aussi du bois
pourri sur pied; la putréfaction a détruit dans ce cas la sève ainsi que les
vaisseaux capillaires qui la conduisent, et rendu plus tendre la fibre ligneuse
trop consistante. On doit débarrasser de la vermoulure le bois pourri.

§ 143.

Le bois récemment coupé peut contenir jusqu'à 40 p. % d'eau, celui séché
à l'air jusqu'à 15 p. %. 100 parties de bois complètement sec contiennent
moyennement : 50,67 de carbone, 42,67 d'oxigène, 5,33 d'hydrogène,
1.33 de substances incombustibles. On éloigne une grande partie de ces dernières par les opérations indiquées au § 141.

§ 144.

Lorsqu'on chauffe du bois en vases clos, l'eau commence par se volatiliser;
ensuite commence une décomposition de la substance ligneuse; un peu d'oxigène se combine avec de l'hydrogène pour former de l'eau, un peu de carbone, d'hydrogène et d'oxigène pour former de l'acide acétique, de l'acide
empyreumatique, du goudron; le restant de l'oxigène forme avec une partie
du carbone de l'oxide de carbone, et une partie de l'hydrogène produit avec
du carbone du carbure d'hydrogène; tous ces composés s'éloignent sous
forme de gaz. Il reste un composé instable de carbone et d'hydrogène, le
charbon, conservant exactement la forme du bois, quoique sous un volume
moindre. Dès que l'eau libre est éloignée, le bois commence à brunir légèrement; cette couleur brune augmente avec la décomposition, et lorsqu'on
pousse celle-ci jusqu'à la dernière limite, le charbon a la couleur noir-bleu.
Le charbon qui reste a un poids qui diffère suivant qu'on a arrêté la décomposition plus tôt ou plus tard; c'est aussi d'après le poids du charbon obtenu
qu'on juge de la proportion d'hydrogène et de carbone dont il est formé.
Plus le charbon contient encore d'hydrogène, plus il est inflammable, tendre
et friable. Plus le poids du charbon obtenu est faible, plus il laissera de résidu incombustible (cendres), parce que ce dernier forme une portion constante du poids du bois carbonisé, et que par conséquent il est d'autant plus
grand dans le charbon que celui-ci forme lui-même une portion moindre du
bois employé. Cependant la quantité de résidu incombustible se modifie également d'après le procédé de carbonisation qu'on emploie, et à degrés de carbonisation égaux, il reste d'autant moins de cendre dans le charbon, que les
gaz développés sont éloignés plus promptement.

§ 145.

Le charbon qui pèse 40 p. % du bois séché à l'air, a la nuance brun cho-
colat, avec des veines jaune-brun, une cassure vive, unie, fine; les morceaux minces se laissent plier; ils ne forment pas des éclats en cassant, donnent un trait brun sur du papier blanc, sont friables; réduit en poudre ténue,
ce charbon frotté entre les doigts paraît gras au toucher; il a une apparence
de velours; pour mélanger ce charbon au salpêtre et au soufre, et pour
former des grains avec la composition qui en résulte, il en coûte moins de
peine et on n'est pas obligé d'humecter autant que lorsqu'on emploie du
charbon moins brun, c'est-à-dire plus noir. Le charbon ci-dessus a encore
pour caractère de ne pas rayer le cuivre poli, de rendre un son mat lorsqu'il
est choqué; allumé, il brûle avec une flamme de carbure d'hydrogène et
d'oxide de carbone (jaune et bleue) bien claire et complètement exempte de
fumée; il se dissout pour la plus grande partie dans une dissolution d'oxide
potassique, (potasse caustique). Le charbon formant 23 p. % du bois carbonisé, a la nuance brun-noir, donne une flamme courte quand on l'allume et
tient dans toutes ses propriétés le milieu entre le précédent et celui qui serait
complètement calciné, et qui formerait environ 13 p. % du bois carbonisé;
celui-ci est noir-bleu, dur, rude, a conservé à peine la texture du bois, casse
et éclate facilement, attire l'humidité plus avidement que le charbon roux,
ne tache pas, raie le cuivre, rend un son clair, ne donne pas de flamme
quand on l'allume (la flamme disparaît déjà dans le charbon qui forme
18 p. % du poids du bois carbonisé), il se triture difficilement, paraît sec
au toucher quand il est en poudre ténue, se lie difficilement en masse compacte
avec le soufre et le salpêtre, et n'est pas soluble dans la potasse caustique. Le
charbon pulvérisé ayant à peu près 28 p. 0/0 du poids du bois carbonisé, qui
est celui adopté dans la plupart des systèmes modernes de fabrication, a un
poids spécifique de 1,15. Le charbon s'allume à environ 380° (V. § 85).

§ 146.

Les charbons sont composés comme suit :

	carbone	hydrogène	cendres
Charbon roux chocolat. . .	0,735	0,258	0,007
— — noir. . . .	0,846	0,143	0,011
— noir-bleu.	0,906	0,076	0,018

Le charbon roux, lorsqu'il est fortement échauffé bientôt après sa préparation, donne un liquide brun épais (du goudron avec l'acide pyroligneux).
Chauffé plus longtemps après en vases clos, il donne 40 p. % de gaz, consistant principalement en carbure tétrahydrique (§ 102) ; mélangé avec de
l'oxigène ce gaz détonne, mais pas avec l'air atmosphérique ; si l'on ajoute
au mélange de carbure d'hydrogène et d'oxigène, une partie égale d'air atmosphérique, il n'y a pas détonnation.

§ 147.

Dans l'opération de la carbonisation, la condition importante à remplir est l'uniformité du produit tant d'une seule opération que de plusieurs opérations. Quoiqu'il soit possible de corriger de petites inégalités par un triage convenable du charbon obtenu, il n'en résulte pas moins une augmentation du prix de revient, parce que le charbon qui doit subir une carbonisation supplémentaire occasionne une nouvelle inégalité du produit, si on le mélange avec des matières premières qui n'ont pas encore subi d'opération.

§ 148.

Une seconde condition, c'est que malgré la lenteur de la marche de l'opération, lenteur qui est nécessaire pour qu'on puisse saisir avec précision le point où il convient d'arrêter la carbonisation, les gaz formés puissent cependant s'éloigner promptement, parce que sans cela quelques-uns d'entre eux, l'acide acétique, l'huile essentielle, etc., se carboniseraient également dans l'appareil, d'où résulterait sur le produit un dépôt de charbon spongieux (cristal de suie); de plus, les gaz entraînent mieux en fuyant les parties incombustibles de la sève, ce qui rend le charbon moins hygroscopique, et moins riche en résidu incombustible. Le meilleur charbon laisse environ 0,0025 de cendre, le plus mauvais 8 fois autant. Tout accès de l'air atmosphérique est nuisible, parce qu'il cause la combustion d'une partie du charbon, ce qui produit une perte, et souille le charbon obtenu de la cendre de celui qui a été brûlé.

§ 149.

L'appareil de carbonisation le plus avantageux et le plus économique, est un fourneau en maçonnerie, dans lequel des cylindres en fonte sont scellés horizontalement. La carbonisation est le plus facile à régler lorsque chaque cylindre a son foyer particulier; si dans un but d'économie on veut chauffer au moyen d'un foyer plusieurs cylindres, ces derniers doivent être juxtaposés et non superposés. Les cylindres sont entourés de conduits de tirage, que la flamme suit de la grille à la cheminée. Si le foyer n'est destiné qu'à chauffer un seul cylindre, le conduit monte depuis la grille suivant l'un des côtés du cylindre, se replie par dessus, redescend le long du côté opposé jusqu'au niveau de son point de départ, et débouche dans un canal communiquant avec la cheminée. Si deux cylindres juxtaposés doivent être chauffés par un foyer, la flamme monte par deux conduits, passant chacun de la même manière par dessus l'un des cylindres. On cherche à obtenir une chaleur uniforme dans toute la longueur du cylindre au moyen de trous de tirage ou de tuyaux à vent, ou bien, lorsque toute la partie inférieure des cylindres est exposée au feu, en faisant d'abord le feu en un point, et en le transportant peu à peu sur tous les autres. On doit connaître par expérience la marche de la carbonisation propre à chaque cylindre ; et lorsque l'on en chauffe plusieurs par un foyer, il faut charger en dernier lieu ceux qui carbonisent le plus rapidement.

§ 150.

Les cylindres sont ouverts aux deux bouts ; on les ferme avec des portières doubles remplies de sable ou de corps mauvais conducteurs, en lutant bien les joints afin que l'air atmosphérique ne puisse pas y pénétrer. La portière postérieure qui est fixée à demeure dans la maçonnerie, est percée de plusieurs ouvertures communiquant à des tubes. L'un de ces tubes est adapté à un tuyau étroit servant à l'abduction des gaz ; un deuxième reçoit une baguette témoin qu'on fixe dans le bouchon du tube ; cette baguette a la même longueur que le cylindre, et on l'extrait de temps en temps durant l'opération afin de pouvoir juger des progrès de la carbonisation aux différents points du cylindre. La portière antérieure est ouverte chaque fois qu'il faut charger ou décharger le cylindre ; on la referme fortement au moyen de vis ou de clavettes, et on la lute sur tout son pourtour à l'argile, ou bien à l'aide d'un mastic d'argile et de brasque ou de fraisil. Pour réduire la perte de calorique qui a lieu par les deux portières, on les fait doubles et on remplit de sable l'intervalle, ou bien on les masque au moyen de cylindres en fer blanc remplis de sable, en laissant une couche d'air entre deux. Pour que la fermeture soit plus sûre, on fait les portières plus grandes que le diamètre intérieur des cylindres.

§ 151.

Les cylindres fournissent un charbon d'autant plus uniforme, mais aussi plus cher, que la charge de bois qu'ils reçoivent en une fois, c'est à dire leur diamètre, est moindre. Pour pénétrer jusqu'à l'axe des cylindres de petit diamètre la chaleur n'a pas besoin d'être aussi forte, que pour les gros. Les premiers donnent donc aussi un charbon plus roux. Pour fabriquer le meilleur charbon on emploie des cylindres ne contenant que 33 kilog. de charbon.

§ 152.

On charge le bois dans les cylindres soit en baguettes séparées, soit en fagots, de manière que la capacité soit aussi exactement remplie que possible, et que les rameaux les plus minces se trouvent vers l'axe. Les plus gros bouts sont disposés vers l'endroit qui reçoit le plus de chaleur, généralement vers la portière antérieure. Les extrémités doivent rester à quelques centimètres des deux portières.

§ 153.

On commence par chauffer modérément, et l'on fait monter graduellement la température jusqu'à 250° r. (312° c.). Le cylindre ne doit jamais arriver au rouge, sans cela le charbon devient trop peu inflammable. Plus la chaleur croît lentement et uniformément, plus la carbonisation est régulière, et plus le charbon obtenu est roux. Le charbon roux coûte par conséquent plus cher que le charbon noir, quoique le rendement du premier soit plus considérable pour la même quantité de bois employée.

§ 154.

Les gaz qui s'échappent font connaître le degré auquel est arrivée la carbonisation en général, qu'on les enflamme ou non. La baguette témoin qu'on extrait de temps en temps, indique le degré de carbonisation aux divers points de la longueur du cylindre. — Au commencement l'eau s'éloigne sous forme de fumée bleuâtre; lorsque la température croît, il sort de l'acide carbonique avec de la suie en nuages obscurs, qui brûlent avec une flamme rouge quand on les allume. Plus la température s'élève, plus il se forme d'oxide au lieu d'acide carbonique, plus la fumée devient claire et translucide, et plus la flamme du gaz allumé devient bleuâtre. Maintenant le carbure d'hydrogène commence à se dégager, le gaz devient toujours plus clair, les nuages plus fins; la flamme est d'abord violette, puis blanchâtre; elle devient de plus en plus blanche et plus éclatante; mais bientôt elle se raccourcit et finit par s'éteindre. On doit toujours laisser arriver la carbonisation jusqu'à la flamme violette, et jamais jusqu'à ce qu'elle s'éteigne. Ce sont là les limites entre lesquelles doivent être renfermés les divers degrés de carbonisation. Lorsqu'on interrompt l'opération à l'instant où la flamme devient violette, le charbon obtenu pèse 40 p. % du poids du bois; quand la flamme devient jaune, il en pèse 30, et quand elle s'éteint, il n'en pèse plus que 15.

§ 155.

Il est plus avantageux d'observer le gaz sans l'enflammer; il donne des indications aussi certaines par sa couleur et sa densité. Quelquefois il résulte de l'inflammation des gaz des explosions dans les cylindres; les gaz enflammés ne s'éloignent pas d'une manière aussi uniforme que ceux qu'on n'enflamme pas, et enfin on peut encore tirer parti de ces produits en les purifiant; le gaz peut servir à l'éclairage; l'acide pyroligneux et le goudron peuvent être employés, le premier comme produit chimique, le second pour être versé sur le combustible, ou comme enduit préservateur du bois. Il n'est pas à conseiller non plus de conduire les produits gazeux dans le foyer pour les faire servir immédiatement comme combustible. La meilleure méthode consiste donc à conduire les produits gazeux de la combustion au moyen de tuyaux à travers de l'eau froide; le goudron et l'acide pyroligneux s'y condensent et sont absorbés comme liquides; les gaz sont reçus dans un gazomètre sur l'eau froide, et peuvent servir à l'éclairage. Ce n'est que de temps en temps qu'on laisse échapper un peu de vapeurs afin de pouvoir juger de la marche de la carbonisation. Une longue pratique rend même cette précaution superflue. Le débouché du tuyau d'échappement des gaz doit dans tous les cas être à l'abri de l'air atmosphérique, qui sans cela y entre pour se porter sur le charbon, et produit un abaissement trop considérable de température dans le cylindre. Toutefois dans la dernière période de la carbonisation le débouché de ce tuyau doit être libre, sans cela le goudron, qui se développe en plus grande quantité dans ce moment, se dépose sur le charbon, ou bien ce dernier réabsorbe les gaz développés, ce qui le rend moins inflammable; ce n'est que pendant que le charbon se refroidit dans le cylindre qu'on ferme de nouveau le tuyau.

§ 156.

Lorsque la carbonisation est arrivée près du point où on veut l'interrompre, on extrait la baguette témoin; s'il y avait encore des endroits où la carbonisation ne serait pas avancée au point désiré, on y conduirait la chaleur, soit en y transportant le feu, soit en ouvrant ou fermant les ouvraux de tirage convenables pour baisser d'un côté et augmenter de l'autre la température. L'interruption de la carbonisation a lieu soit par le déchargement des cylindres (§ 157), soit par l'extinction du feu.

§ 157.

Lorsque la carbonisation est achevée, on décharge ordinairement les cylindres qui ne sont plus qu'à moitié remplis; on introduit le charbon dans des étouffoirs en tôle, munis de couvercles dont on colle les joints, pour laisser refroidir le charbon. Les étouffoirs en bois ne valent rien, parce que le charbon y absorbe de l'eau. On rejette en même temps les morceaux de charbon qui ne sont pas assez carbonisés (les fumerons), parce qu'ils développent encore des gaz, surtout de l'huile empyreumatique, qui sont absorbés par le bon charbon et qui le rendent moins inflammable. On peut exécuter le chargement des cylindres en introduisant directement le bois à carboniser dans des vases semblables en tôle percés de petits trous; alors on n'a plus qu'à retirer ceux-ci quand la carbonisation est achevée, et à les remplacer immédiatement par d'autres, pour profiter ainsi de la température acquise par le cylindre. Si l'on veut laisser refroidir le charbon dans les cylindres mêmes, on éteint d'abord le feu; dix minutes après on ferme toutes les ouvertures, et l'on n'ouvre le cylindre que 12 heures plus tard.

§ 158.

Avant de le triturer on doit épousseter le charbon, puis on le classe, tant d'après la grandeur des morceaux que d'après les nuances. Si l'on trouve des morceaux cendreux (avec une couche blanche) on doit rejeter le charbon. On emploie les bâtons les plus minces et du roux le plus clair pour la meilleure poudre. Quelquefois on casse encore les morceaux les plus minces et on choisit les parties les plus uniformément carbonisées et de la cassure la plus vive, pour servir à la fabrication de la poudre superfine. Tous les morceaux qui ont des places luisantes (suie § 148) sont rebutés. Les débris sont employés pour les poudres de qualités inférieures.

§ 159.

Le charbon éteint par l'eau, et celui qui a séjourné très-longtemps au contact de l'atmosphère, et qui par conséquent ont absorbé beaucoup d'humidité, sont peu inflammables; une nouvelle calcination ne peut remédier à cet inconvénient. Le charbon doit donc toujours être promptement employé, ou si l'on doit le conserver quelque temps, on ne doit pas le triturer, mais le conserver dans des vases bien clos. Il ne convient pas de le renfermer dans des sacs en toile, parce que il s'y attache alors des fibres végétales non décomposées qui, lorsqu'elles sont introduites dans les mixtures, produisent des étincelles qui sont lancées au loin.

§ 160.

Lorsque le charbon n'a pas contracté d'humidité, il peut s'enflammer par des chocs violents ou par le frottement. Cette circonstance se présente assez souvent pendant la trituration du charbon par le pilon, ou durant le transport des morceaux de charbon par chariots où ils frottent les uns sur les autres. Cette inflammation du charbon par friction est la principale cause des accidents dans la préparation des mixtures explosives qui contiennent du charbon. Outre cela le charbon fraîchement préparé s'enflamme encore spontanément lorsqu'il est exposé en poudre ténue au contact de l'air atmosphérique; ceci a déjà causé l'incendie de beaucoup de bâtiments. Le charbon réduit en poudre ténue, absorbe avidement l'air et l'humidité à cause de sa grande surface (absorption qui en fait accroître le poids d'environ 1 p. %); l'inflammation a lieu alors à plusieurs centimètres sous la surface, tandis que celle provenant du frottement commence à la surface. Pour que l'inflammation par absorption puisse avoir lieu, il faut que le charbon soit entassé en masses considérables (au moins 15 kilog.) et sur une hauteur d'au moins 5 centimètres. Plus le charbon est nouveau, moins la masse a besoin d'être grande pour être sujette à l'inflammation spontanée. L'inflammation a lieu plus facilement durant le temps sec, que dans les journées humides. Il faut 10 à 24 heures avant qu'elle ne se déclare. L'inflammation n'a pas lieu facilement quand le charbon a séjourné 5 à 6 jours en morceaux avant la trituration; mais lorsque les tas sont très-grands, cet accident peut encore avoir lieu après 12 à 14 jours, ou quand le charbon pulvérisé est renfermé dans des vases bons conducteurs de la chaleur. On l'empêche assez sûrement lorsqu'on triture le charbon simultanément soit avec le soufre, soit avec le salpêtre, ou lorsqu'on roule souvent les tonneaux qui contiennent le charbon. L'humectation du charbon ne garantit pas contre l'inflammation spontanée.

§ 161.

Le charbon absorbe très-avidement l'humidité de l'air, et cela d'autant plus qu'il a été plus fortement carbonisé. Lorsque le charbon roux absorbe

7 p. 0/0 d'humidité, le noir en absorbe jusqu'à 15 p. 0/0, qui est le maximum de celle que le charbon pulvérisé peut absorber. En morceaux, le maximum est environ de 8 p. 0/0. Lorsqu'on a éteint le charbon par l'eau, il peut en contenir 30 p. 0/0 sans paraître humide.

II. COMBUSTION PAR L'OXIGÈNE ET LE CHLORE.

A. *L'ingrédient oxigéné et chloré.*

§ 162.

Pour obtenir de l'oxigène et du chlore à la fois on ne peut employer qu'un chlorate ; la raison pour laquelle le chlorate à base de potasse est à préférer à tous les autres a été développée au § 20. Les données sur le chlorate potassique qui intéressent ici, se trouvent au § 75, etc.

B. *Les combustibles*

§ 163.

L'hydrogène et l'antimoine, brûlent à de très-basses températures par le chlore ; c'est pour cela que des mélanges de ces corps avec le chlorate de potasse peuvent donner d'autres effets, qu'avec les nitrates, qui au lieu de chlore mettent en liberté de l'azote qui n'a pas, ou du moins que très-peu d'affinité avec les corps prénommés.

§ 164.

L'hydrogène ne peut encore se produire ici que comme carbure d'hydrogène, et cela par la décomposition de matières végétales (résines), soit sous l'influence de la chaleur, soit par l'acide sulfurique, qui décompose simultanément le chlorate potassique et la matière végétale.

§ 165.

Ce qui a été dit § 100 et suivants et 117 et suivants sur les substances végétales non décomposées, trouve également son application ici.

SULFURE D'ANTIMOINE.

§ 166.

Le sulfure d'antimoine, $\overset{\text{III}}{\text{Sb}}$, se compose de 2 at. d'antimoine ($2 \times 806,45 = 1612,90$) et 3 at. de soufre ($3 \times 201,16 = 603,48$), et par conséquent de 72,77 p. 0/0 d'antimoine sur 27,23 p. 0/0 de soufre. Il a pour poids spécifique 4,0 à 4,4. L'antimoine se combine facilement au chlore. Lorsqu'on introduit de l'antimoine à la température ordinaire dans le chlore gazeux, l'inflammation a déjà lieu, et il se forme une combinaison de 1 at. d'antimoine sur 3 at. de chlore. Mais en présence de l'ingrédient oxigéné et chloré, le soufre du sulfure d'antimoine se combure par l'oxigène, l'antimoine par le chlore.

§ 167.

Le sulfure d'antimoine a une cassure bleu d'acier, d'une structure cristalline à aiguilles irrégulières; il est très-fusible, friable, et facile à condenser par pression.

§ 168.

On le trouve tout préparé dans le commerce. Il existe à l'état de minerai où il se trouve mélangé avec des substances terreuses; on l'en retire par la fusion.

§ 169.

Lorsqu'on l'achète en morceaux, la contexture à aiguilles et l'éclat métallique forment une garantie suffisante de sa pureté. Lorsqu'il est réduit en poudre il peut avoir été mélangé avec du graphite. On en fera bouillir un échantillon dans l'eau régale. S'il est pur il ne reste aucun résidu, ou du moins il n'en doit rester qu'un très-faible, jaunâtre; s'il contient du graphite celui-ci reste indissous.

III. LES MIXTURES COMBUSTIBLES.

§ 170.

Par la réunion des ingrédients comburants indiqués, et des combustibles, on pourra obtenir des mixtures, dont l'effet général repose sur une combustion énergique (dans l'oxigène presque pur, ou dans l'oxigène et le chlore). Ces effets peuvent toutefois différer beaucoup entre eux, parce que d'un côté les ingrédients oxigénés ne se décomposent pas avec une égale facilité, et agissent différemment d'après la nature de la base, et que de l'autre les ingrédients combustibles par l'oxigène fournissent des produits de propriétés très-différentes. On pourra donc se procurer des effets très-divers au moyen des mêmes substances peu nombreuses, en réunissant un ou plusieurs ingrédients oxigénés en diverses combinaisons, avec un ou plusieurs combustibles également en diverses combinaisons. Toutes ces mixtures ont reçu le nom générique de *compositions*. Lorsque l'on prépare les ingrédients pour le mélange, il peut s'accumuler dans des circonstances données une quantité de calorique suffisante pour que les corps oxigénés, surtout le chlorate potassique, se décomposent, et pour que les combustibles s'enflamment. Dans le premier cas il n'y a aucun inconvénient, dans le second il y a combustion ordinaire ; une explosion ou une combustion violente ne peuvent avoir lieu que quand l'ingrédient oxigéné et le combustible sont déjà mis en présence.

LOIS GÉNÉRALES RELATIVES AUX MÉLANGES.

§ 171.

Chaque mixture combustible doit être formée d'ingrédients oxigénés et d'ingrédients combustibles, choisis les uns et les autres suivant le but qu'on se propose. Le produit sera alors toujours une quantité déterminée de *gaz* échauffé, formant la partie active, et paraissant sous forme de flammes diversement colorées, et d'un *résidu* solide, formé de la partie non active de l'ingrédient oxigéné, et des parties non converties en gaz du combustible, ou des produits de la combustion. Le produit solide est entraîné en partie comme *fumée* (vapeur), et peut ainsi exercer un effet sur la nature de la lumière que produit la flamme (§ 10) ; l'autre partie (le résidu) reste à l'endroit où la combustion a eu lieu. La combustion est d'autant plus bruyante qu'elle développe plus de gaz en moins de temps, et que la tension de ces gaz est plus augmentée par le calorique développé ; car les gaz chassent d'autant plus vite l'air atmosphérique, qui tend de son côté à reprendre son ancienne position avec d'autant plus de violence ; de là résulte un bruit, qui dans les hauts degrés d'intensité, est appelé *détonnation*, et lorsqu'il est moins énergique, *sifflement* ou *bruissement*. La détonnation est d'autant plus forte que l'ouverture par où les gaz s'échappent est moindre. — Plus une mixture a été échauffée avant l'inflammation, plus la vitesse de sa combustion, la tension des gaz, etc., seront grandes. Plus les corps environnants lui enlèvent de calorique durant la combustion, plus celle-ci sera lente et moins elle produira de lumière. Cet effet est d'autant plus sensible que la masse comburée est plus petite, que la surface enveloppante est plus grande relativement au volume de cette masse, et que l'enveloppe conduit mieux le calorique et le perd plus facilement par rayonnement. Toutes les compositions brûlent sous l'eau (§ 10), lorsqu'avant l'immersion la combustion est bien commencée, et que la composition est enveloppée de manière que l'eau ne puisse toucher *ni la surface en combustion, ni la partie non enflammée de la mixture.*

§ 172.

L'ingrédient oxigéné de la mixture, doit fournir exactement la quantité d'oxigène que demande le combustible, de sorte que quand celui-ci a une fois commencé à se comburer à une place à l'aide de l'oxigène de l'air (§ 9), la mixture n'ait plus besoin du secours de l'atmosphère pour entretenir la combustion ; l'oxigène ne doit pas seulement rendre possible une combustion de l'ingrédient combustible, mais il doit se développer en quantité telle que cette combustion puisse atteindre complètement le degré de combinaison qui convient le mieux pour le but proposé.

§ 173.

Un excès de l'ingrédient oxigéné deviendrait nuisible en ce que cet excès serait décomposé aux dépens du calorique développé, sans que cette décomposition fût utile à la combustion ; cet excès serait encore plus nuisible si le combustible ne devait pas atteindre le plus haut degré d'oxidation, parce que dans ce cas il atteindrait au moins partiellement ce degré en s'emparant de l'oxigène libéré en excès. Un excès du combustible au contraire, ou cause une combinaison d'un degré inférieur à celui qu'on avait en vue, ou bien n'est pas comburé faute d'une quantité d'oxigène suffisante, circonstance qui rend nécessaire le secours continuel de l'atmosphère, sur lequel on ne peut pas toujours compter ; lorsque ce combustible brûle difficilement dans l'atmosphère, où que celle-ci n'a pas un accès suffisant, cet excès reste dans le résidu sans avoir été comburé, et sa présence rallentit dans tous les cas la combustion de la mixture. Des excès notables en ingrédient oxigéné, ou en combustible, peuvent arrêter complètement la combustion. — Tout excès, même le moindre, augmente le résidu.

§ 174.

Il faut faire en sorte que l'ingrédient oxigéné soit forcé à abandonner, durant la combustion, toutes ses parties qui peuvent prendre la forme gazeuse, ce qui fait qu'elles profitent à l'effet et ne restent pas dans le résidu. Pour cela il faut que le métal seul de la base de l'oxisel reste dans le résidu. Cette décomposition complète est encore avantageuse même alors qu'on doit ajouter un nouveau corps destiné uniquement à se combiner avec le métal, et déterminer ainsi la mise en liberté du corps électronégatif que celui-ci retenait.

§ 175.

Dans toutes les mixtures les ingrédients doivent être divisés au plus haut degré possible ; et toutes les particules résultant de cette division doivent être mélangées entre elles aussi intimement et aussi uniformément que possible (§ 8). Quand cela n'a pas lieu, les ingrédients oxigénés ne sont pas complètement décomposés, une partie de l'oxigène est perdue pour la combustion ; il en résulte partiellement des combinaisons de degrés inférieurs, effets qui s'augmentent encore de ce que des quantités trop grandes de combustible se trouvent réunies, et n'ont pas assez d'oxigène, tandis que dans d'autres endroits celui-ci est en excès. Par conséquent un mélange qui n'est pas assez intime a les défauts des mixtures mal dosées, dans lesquelles la quantité des ingrédients oxigénés ne répond pas à celle des combustibles. De là augmentation du résidu et diminution dans l'effet.

§ 176.

Ce qui a été dit § 72 sur le dosage et la préparation des mixtures dans lesquelles l'oxigène forme seul le corps négatif, s'applique complètement à celles dans lesquelles l'oxigène et le chlore agissent simultanément.

§ 177.

La mixture doit être exempte d'eau autant que possible (§ 12) ; il faut par conséquent éviter autant que faire se peut l'emploi de substances hygroscopiques. Quand on est obligé de les employer, il faut en restreindre les effets hygroscopiques, et éloigner soigneusement avant l'emploi l'eau qui peut avoir été absorbée par ces substances.

MIXTURES FONDAMENTALES.

INGRÉDIENTS OXIGÉNÉS.

§ 178.

Il résulte de ce qui a été dit au § 20 , que le nitrate de potasse est l'ingrédient oxigéné qu'on se procure le plus facilement, et qui sous presque tous les rapports est le plus avantageux. Les autres nitrates le remplaceront en tout ou en partie lorsque la flamme devra avoir une couleur autre que la blanche. Le chlorate de potasse le remplacera en tout ou en partie, lorsque l'inflammation devra être produite par une chaleur moindre que celle que fournit une matière incandescente (par exemple la chaleur développée par un choc modéré ou une faible friction). Lorsque l'inflammation doit être produite à une température encore plus basse, il faut compter sur un développement simultané d'oxigène et de chlore, et par conséquent n'employer que le chlorate seul.

COMBUSTIBLES.

Soufre.

§ 179.

Soit d'après le § 9, la formule pour l'ingrédient oxigéné

$$\dot{X}, \ddot{\overset{...}{Y}}$$

représentant par conséquent aussi bien les nitrates que les chlorates. Si nous ajoutons à l'at. de ce sel 1 at. de soufre (S), celui-ci formera (V. § 83) 1 at. d'acide sulfurique $(\ddot{S})$, parce que l'acide $\ddot{\overset{...}{Y}}$ de l'ingrédient oxigéné abandonne l'atome de base $\dot{X}$, qui devient libre. Trois at. d'oxigène provenant de l'acide sont donc absorbés, et deux restent disponibles. Ces derniers suffisent pour convertir un at. de soufre en un at. d'acide sulfureux $(\ddot{S})$ (V. § 83). Il ne peut plus se former d'acide sulfurique, parce que l'atome de base qui est en présence se trouve complètement saturé par l'at. d'acide sulfurique formé de l'at. de soufre et des 3 at. d'oxigène. — On ne peut absolument pas imaginer d'autre proportion entre le soufre et le corps oxigéné, tout autre mélange devant fournir un excès ou d'oxigène ou de soufre, et dans ce dernier cas celui-ci devrait brûler dans l'atmosphère.

§ 180.

La formule générale pour toutes les mixtures entre les ingrédients oxigénés et le soufre sera donc :

$$\dot{X}, \overset{...}{Y} + 2S$$

Et par la combustion il se formera :

$$\dot{X}, \overset{..}{S} + \overset{..}{S} + Y$$

Le sulfate $\dot{X}, \overset{..}{S}$ comme résidu solide ; $\overset{..}{S} + Y$ à l'état de gaz échauffés.

Charbon.

§ 181.

Soit de nouveau la formule de l'ingrédient oxigéné,

$$\dot{X}, \overset{...}{N} \quad (*)$$

qui représente un nitrate. L'acide qui devient libre contient 5 at. d'oxigène ; il en faut en tout cas deux pour former avec un at. de carbone un at. d'acide carbonique (§ 100), puisqu'un at. de base se trouve en présence. Restent donc encore 3 at. d'oxigène disponibles. Si le carbone doit former de l'oxide de carbone ils suffisent pour saturer trois at. de carbone ; si au contraire il doit se former de l'acide carbonique, les trois at. d'oxigène ne peuvent saturer que 1 ½ at. de carbone. Il y a donc deux combinaisons possibles.

$$\dot{X}, \overset{...}{N} + 4C \qquad \text{et}$$
$$\dot{X}, \overset{...}{N} + 2\tfrac{1}{2} C$$

La première donnerait par sa combustion

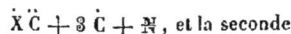

$$\dot{X}\overset{..}{C} + 3\dot{C} + N \text{, et la seconde}$$
$$\dot{X}\overset{..}{C} + 1\tfrac{1}{2}\dot{C} + N$$

Dans les deux produits le carbonate $\dot{X}, \overset{..}{C}$ forme le résidu solide ; dans le premier $3\dot{C} + N$ et dans le second $1\tfrac{1}{2}\overset{..}{C} + N$ sont gazeux.

(*) On commence par supposer le carbone parfaitement pur. (V. § 253 pour les changements quand le charbon contient différentes proportions d'hydrogène.) *Note de l'auteur.*

§ 182.

Lorsque l'ingrédient comburant est une chlorate, la réaction est différente, parce qu'alors le chlore de l'acide s'unit au métal de la base, ce qui rend les 6 at. d'oxigène disponibles, et le résidu, qui devient minime, ne retient rien des gaz nouvellement formés. Il existe encore deux formules; dans l'une chaque at. de carbone est converti en oxide, et dans l'autre il l'est en acide carbonique, ce qui exige 2 at. d'oxigène par at. de carbone. Ainsi l'on a

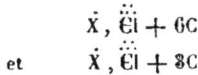

$$\dot{X}, \overset{...}{\text{Cl}} + 6C$$

et $$\dot{X}, \overset{...}{\text{Cl}} + 3C$$

Par la combustion il se forme :

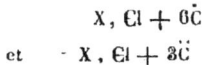

$$X, Cl + 6\dot{C}$$

et $$X, Cl + 3\overset{..}{C}$$

Le X, Cl (chlorure métallique) forme toujours le résidu solide; dans la première les 6 atomes d'oxide de carbone, et dans la seconde les 3 at. d'acide carbonique constituent le produit gazeux.

Charbon et soufre.

§ 183.

Lorsque le carbone et le soufre réagissent simultanément sur la partie non décomposée ($\dot{X}$) du nitrate, celle-ci se décompose également, (§ 16). Le métal s'unit au soufre, et l'oxigène avec le carbone. Par là 6 at. d'oxigène deviennent libres au lieu de 5 (§ 184), et la combinaison du soufre avec le métal (X, S) n'est plus une base, et par conséquent ne retient pas d'acide carbonique pour se transformer en sel. Pour la formation du sulfure il faut sur un at. (X) un at. de soufre. Si donc pour ($\dot{X}, \overset{...}{N}$) on ajoute 1 at. de soufre (S), 6 at. d'oxigène deviendront libres de s'unir au carbone, et on pourra à volonté en disposer pour former de l'oxide ou de l'acide carbonique. De là résultent les deux formules différentes :

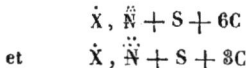

$$\dot{X}, \overset{...}{N} + S + 6C$$

et $$\dot{X}, \overset{...}{N} + S + 3C$$

dont les produits de la combustion sont représentés par :

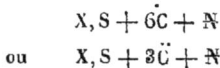

$$X, S + 6\dot{C} + N$$

ou $$X, S + 3\overset{..}{C} + N$$

Dans les deux formules X, S représente le résidu solide; dans la première le produit gazeux est $6\dot{C} + N$, et dans la seconde

$$3\overset{..}{C} + N.$$

§ 184.

Cette réaction est beaucoup plus avantageuse sous le rapport de la quantité de gaz développée, que celle avec le charbon seul, parce qu'elle tire meilleur parti de l'oxigène de l'ingrédient oxigéné, et produit plus de gaz et moins de résidu solide, en brûlant plus vivement, à raison des deux affinités qui (au lieu de celle du charbon seul) réagissent sur le salpêtre. De plus, le soufre qui n'est pas hygroscopique combat l'influence nuisible du charbon qui l'est à un haut degré, (§ 161), et enfin il donne du liant au mélange. Comme d'ailleurs les mélanges sans soufre (§ 181) n'ont absolument aucun avantage sur ceux au soufre, nous ne considérerons plus dans la suite les mélanges formés d'un ingrédient oxigéné et de charbon seulement (§ 181).

§ 185.

D'après le § 182 le chlore des chlorates joue le rôle du soufre, en se combinant avec le métal de la base. Pourtant il est plus avantageux d'obtenir comme résidu un sulfure qu'un chlorure, parce que le chlorure potassique dont il s'agit ici, est décomposé par le fer de l'arme, d'où résulte la formation d'un chlorure de fer aux dépens de celle-ci. Si l'on ajoute donc du soufre afin d'expulser le chlore sous forme de gaz, on obtient au lieu des formules du § 182, les suivantes :

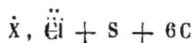

$$\dot{X}, \ddot{Cl} + S + 6C$$
$$\text{ou} \qquad \dot{X}, \ddot{Cl} + S + 3C$$

Les produits de la combustion seront alors :

$$X, S + 6\dot{C} + Cl$$
$$X, S + 3\ddot{C} + Cl$$

MATIÈRES VÉGÉTALES NON DÉCOMPOSÉES.

§ 186.

Les matières végétales non décomposées (résines, huiles essentielles), ne développent pas par leur combustion une chaleur suffisante pour amener la décomposition des nitrates. Le nitrate potassique se fond à la chaleur produite par les huiles essentielles avec lesquelles on le mélange, mais ne se décompose pas. Les résines ne le font même pas fondre. Le chlorate potassique est décomposé par la combustion un peu prolongée des huiles essentielles, mais non par celle des résines. Ce ne serait donc qu'avec le chlorate de potasse et une huile essentielle qu'on pourrait former une mixture qui ne contînt aucun autre combustible. Lorsqu'on emploie les nitrates on ne peut donc ajouter une huile essentielle qu'à l'une des mixtures (§ 179-181), dans lesquelles le charbon ou le soufre décompose le sel.

§ 187.

Les substances végétales non décomposées agissent de deux manières ; d'abord par la flamme de carbure d'hydrogène qu'elles produisent, et ensuite par leur excès de carbone. Le premier ne participe pas à la combustion de la mixture, mais le charbon le fait ; et par suite l'ingrédient oxigéné doit partager son oxigène entre ce charbon en excès et l'ingrédient combustible. Or, comme la proportion du combustible est constante, il y aura un maximum pour le carbone en excès ; si ce maximum est dépassé, du carbone non comburé restera dans le résidu. La quantité de carbone en excès que fournit une substance végétale, détermine donc la dose de cette substance qu'on peut ajouter à une mixture, sans laisser du carbone non comburé dans le résidu, ce qui trouble la combustion. Par conséquent on pourra ajouter à un mélange donné plus d'huile essentielle que d'huile grasse, et plus de cette dernière que de résine, parce que c'est suivant cet ordre que ces matières se classent sous le rapport de la quantité de carbure d'hydrogène, et inversement pour le carbone en excès qu'elles fournissent (§ 117). Quant à la méthode qu'il faut employer pour déterminer le mélange d'après la nature de la substance végétale employée, voyez § 190· Dans les formules qui suivent le terme C, H? représente du carbure d'hydrogène dont la proportion du mélange des deux espèces de ce carbure (§ 102) est incertaine.

§ 188.

Si du carbone en excès vient s'ajouter à la réaction des $\dot{X}, \overset{...}{N}+2S$ (§ 180), il ne permettra pas que $\dot{X}$ reste indécomposé (comme nous l'avons dit § 183) ; mais si $\dot{X}$ est décomposé, $\dot{X}, \ddot{S}$ ne peut pas se former, et $\overset{...}{S}$ même ne se forme pas (§ 179) ; mais l'un des S se transforme en $\ddot{S}$ comme § 179 et l'autre s'unit à X et forme X , S. Par conséquent les quatre at. d'oxigène du $\dot{X}, \ddot{S}$ deviennent libres pour le carbone, de manière que s'il doit se former de l'oxide de carbone on peut ajouter 4 C, et s'il doit se produire seulement de l'acide carbonique, 3 C. Par conséquent le maximum de substance végétale à ajouter à $\dot{X}, \overset{...}{N}+2S$, est déterminé par la condition que le carbone en excès de cette substance ne dépasse pas 4 C, sans cela une partie de ce carbone ne brûlera pas. S'il faut donc une quantité de substance végétale que nous nommerons Z pour donner C (76,4) de carbone en excès, on pourra mélanger :

$$\dot{X}, \overset{...}{N} + 2S + 4Z$$

Il se formera alors

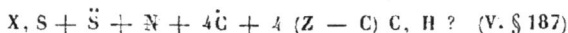

$$X, S + \ddot{S} + N + 4\dot{C} + 4 (Z - C) C, H ? \quad (V. \S 187)$$

Dans cette formule X, S représente le résidu solide (le sulfure au lieu du sulfate), et $\overset{..}{S}$ (l'acide sulfureux), $\overset{.}{N}$ (azote) 4 $\overset{.}{C}$ (l'oxide carbonique) avec le carbure d'hydrogène fourni par les 4 Z constituent le produit gazeux.

§ 189.

Si l'on ajoute la substance végétale à la mixture

$$\overset{.}{X}, \overset{..}{N} + S + 3C$$

celle-ci ne peut plus fournir d'oxigène que si au lieu de 3$\overset{..}{C}$ (acide carbonique) il se forme 3$\overset{.}{C}$ (oxide de carbone), ce qui met 3 at. d'oxigène en liberté; ceux-ci peuvent transformer en 3 $\overset{.}{C}$ trois autres atomes de carbone. On doit donc ajouter tout au plus 3 Z (§ 188), ce qui donne :

$$\overset{.}{X}, \overset{.}{N} + S + 3C + 3Z$$

et par la combustion :

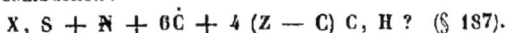

$$X, S + \overset{.}{N} + 6\overset{.}{C} + 4 (Z - C)\ C, H\ ?\quad (\S\ 187).$$

Dans le mélange

$$\overset{.}{X}, \overset{..}{N} + S + 6C \quad (\S\ 182)$$

on ne peut d'aucune manière obtenir de l'oxigène libre; par conséquent on ne doit pas y ajouter de substance végétale non décomposée.

§ 190.

Il faut une opération chimique compliquée, pour déterminer quelles sont les quantités de carbure d'hydrogène, et de carbone en excès produites par la combustion d'une substance végétale, c'est-à-dire quelle est la valeur de Z (§ 188). Il est donc plus simple de rechercher cette valeur en ajoutant au mélange

$$\overset{.}{K}, \overset{..}{N} + 2S$$

des portions croissantes de la substance en question, jusqu'à ce qu'après la combustion, du charbon paraisse dans le résidu. La dose de substance végétale immédiatement inférieure sera alors 4Z. Nous désignerons par l'expression *point de saturation*, la limite à laquelle le maximum de la quantité combustible de la substance végétale est atteint. D'après le point de saturation de la mixture salpêtre et soufre on peut calculer celui de la poudre; et de ce dernier on conclut par des proportions ceux des mixtures intermédiaires.

§ 191.

On peut ajouter au chlorate potassique, la substance végétale seule (§ 164). Dans ce cas encore la quantité Z pourra se déterminer d'après C. Ainsi on peut à

$\overset{.}{K}, \overset{..}{Cl}$, ajouter 3 Z, ce qui fournit :

$$K, Cl + 3\overset{..}{C} + 3(Z - C)\ C, H\ ?$$

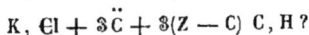

où K, Cl est le résidu solide et où l'acide carbonique et le carbure d'hydrogène forment le produit gazeux.

SULFURE D'ANTIMOINE.

§ 192.

Dans la mixture qui contient du sulfure d'antimoine $(\overset{iii}{Sb})$, le chlore et l'oxigène agissent comme corps électronégatifs. Le chlore s'unit à l'antimoine et l'oxigène au soufre, le premier (§ 179) suivant la proportion de 2 at. d'antimoine sur 3 at. de chlore. Il faut donc pour 1 at. de sulfure d'antimoine $1\frac{1}{2}$ at. de chlorate potassique, ce qui donne :

$$\overset{iii}{Sb} + \frac{3\overset{.}{K},\overset{...}{Cl}}{2}$$

$\overset{.}{K}$ ne se décompose pas dans la réaction, et 3 Cl et $7\frac{1}{2}$ d'oxigène deviennent libres; ils forment avec $\overset{iii}{Sb} = (2\ Sb + 3\ S)$,

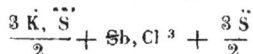

$$\frac{3\ \overset{.}{K},\ \overset{...}{S}}{2} + Sb, Cl^3 + \frac{3\ \overset{..}{S}}{2}$$

où $\dfrac{3\ \overset{.}{K}\ \overset{..}{S}}{2}$ ($1\frac{1}{2}$ at. de sulfate potassique) et Sb, Cl^3 (1 at. de chlorure d'antimoine) forment le résidu, et $1\frac{1}{2}\ \overset{..}{S}$ ($1\frac{1}{2}$ at. d'acide sulfureux) le produit gazeux.

PROPRIÉTÉS DES MIXTURES FONDAMENTALES.

Mixtures au soufre.

§ 193.

Les mixtures $\overset{.}{X}, \overset{..}{Y} + 2\,S$ se laissent fortement condenser, et n'attirent pas l'humidité.

§ 194.

Lorsque l'ingrédient oxigéné est un nitrate (ce qui est exprimé par la formule $\overset{.}{X}\ \overset{..}{N} + 2\,S$), les compositions sont les suivantes :

	Pour 100
$\overset{.}{K}, \overset{..}{N}$ (1266,93) $+ 2\,S$ (402,33) $= 75,90$ nitrate potassique et 24,10 soufre
$\overset{.}{Na}, \overset{..}{N}$ (1067,91) $+ 2\,S$ (402,33) $= 72,64$ — sodique — 27,36 —
$\overset{.}{Ba}, \overset{..}{N}$ (1633,90) $+ 2\,S$ (402,33) $= 80,35$ — barytique — 19,75 —
$\overset{.}{Sr}, \overset{..}{N}$ (1324,30) $+ 2\,S$ (402,33) $= 76,70$ — strontianique 23,30 —

Ces mixtures sont difficiles à enflammer parce que le soufre brûlant décompose déjà difficilement le nitrate potassique et le nitrate sodique; il ne décompose les nitrates de baryte et de strontiane que lorsqu'on échauffe toute la masse extérieurement. Le $\overset{.}{Sr}, \overset{..}{N}$ est le plus difficilement enflammé, ensuite le $\overset{.}{Ba}, \overset{..}{N}$; le $\overset{.}{K}, \overset{..}{N}$ et le $\overset{.}{Na}, \overset{..}{N}$ le sont beaucoup plus facilement. Si les mixtures sont

11

échauffées très-rapidement, ou seulement à une place, elles brûlent tranquillement au moment où elles sont arrivées au point de fusion de l'ingrédient
oxigéné. C'est ce qui arrive par exemple lorsqu'on les projette sur un métal
rouge. Si on les échauffe lentement, le soufre se fond, puis il s'enflamme
et brûle isolément, tandis que le nitrate reste sans être fondu. L'alcool
n'enflamme aucune de ces mixtures, non plus que les huiles essentielles, qui
brûlent au dessus de la surface. Mais une résine communique le feu. L'étincelle électrique n'enflamme pas. Enflammées en un endroit, ces mixtures
brûlent par couches, très-lentement d'abord, mais progressivement plus vite
à mesure que la surface ardente augmente. Il n'y a pas de développement
violent de gaz, parce que ces derniers sont produits en quantités trop petites;
la combustion est peu bruyante, et accompagnée d'une très-haute température et d'une lumière très-intense, qui varie de couleur suivant la base du
nitrate employé. Ces couleurs sont pour les diverses mixtures :

$\overset{..}{K}, \overset{...}{N} + 2S$ très-blanc; en grande masse, d'abord violet.

$\overset{.}{Na}, \overset{...}{N} + 2S$ très-jaune.

$\overset{.}{Ba}, \overset{...}{N} + 2S$ vert.

$\overset{.}{Sr}, \overset{...}{N} + 2S$ rouge pourpre.

§ 195.

La combustion produit les résultats suivants :

Résidu	gaz			Résidu	gaz
$\overset{..}{K}, \overset{...}{N} + 2S = \overset{..}{K}, \overset{.}{S}$ (1091,07) $+$	$\overset{...}{N}$ (177,02) $+$	$\overset{.}{S}$ (401,16)		65,56	34,64
$\overset{.}{Na}, \overset{...}{N} + 2S = \overset{.}{Na}, \overset{.}{S}$ (892,05) $+$	$\overset{...}{N}$ (77,02) $+$	$\overset{.}{S}$ (401,16)		60,68	39,32
$\overset{.}{Ba}, \overset{...}{N} + 2S = \overset{.}{Ba}, \overset{.}{S}$ (1458,04) $+$	$\overset{...}{N}$ (177,02) $+$	$\overset{.}{S}$ (401,16)		71,61	28,39
$\overset{.}{Sr}, \overset{...}{N} + 2S = \overset{.}{Sr}, \overset{.}{S}$ (1148,49) $+$	$\overset{...}{N}$ (177,02) $+$	$\overset{.}{S}$ (401,16)		66,51	33,49

(ou pour 100)

Quoique la flamme entraîne une très-grande partie du résidu sous la forme
d'une fumée blanche épaisse qui tant qu'elle est incandescente dans la flamme
la rend très-éclairante et la colore fortement, il reste pourtant encore toujours un fort résidu solide blanc qui, comme le fait voir la formule ci-dessus,
consiste toujours en un sulfate formé de l'acide sulfurique et de la base du
nitrate. Il reste presqu'entièrement sous forme de croûte à l'endroit où la
combustion a eu lieu, et ne s'altère pas. Mais lorsque la mixture a été brûlée
sur un corps organique, ce dernier est décomposé à cause de la haute température développée par la combustion du mélange, la flamme de carbure
d'hydrogène qui en résulte se mêle avec la couleur propre à celle de la mixture, et l'excédant de carbone fait que le résidu devient un sulfure au lieu
d'un sulfate (§ 183); de sorte que la quantité du résidu diminue, celui-ci
devient déliquescent à l'air et répand l'odeur du sulfide hydrique.

§ 196.

Le gaz produit est en tous cas un mélange d'acide sulfureux et d'azote,
auquel s'ajoute, lorsque la combustion a eu lieu sur une substance organique,

du carbure d'hydrogène , et de l'oxide de carbone. Aucun de ces gaz n'est respirable.

§ 197.

Lorsque c'est le chlorate potassique qui forme l'ingrédient oxigéné, le mélange est :

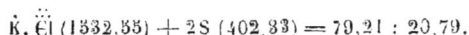

$$\overset{.}{K}, \overset{..}{El} (1532,55) + 2S (402,33) = 79,21 : 20,79.$$

Comme le soufre en ignition décompose le chlorate potassique, cette mixture est inflammable à la température très-basse à laquelle le soufre commence à brûler (150° C. § 85). Il suffit donc d'un développement de calorique tel que celui produit par un choc modéré ou une forte friction, d'autant plus que cette température suffit également pour décomposer le chlorate potassique lui-même. Cette mixture brûle plus vivement que les précédentes, mais également sans explosion et tranquillement ; et quand toute la quantité brûle à la fois, ce qui a lieu lorsqu'elle a été avant l'inflammation fortement échauffée dans toutes ses parties, une faible explosion a lieu. La température développée est beaucoup plus élevée que dans les mixtures précédentes, mais la lumière en est pâle, la flamme courte, la fumée plus claire ; le résidu (51,16 p. %) se comporte comme dans les cas ci-dessus, de même que les gaz ; seulement le chlore remplace l'azote.

§ 198.

Les mixtures seront dorénavant représentées par les signes conventionnels suivants :

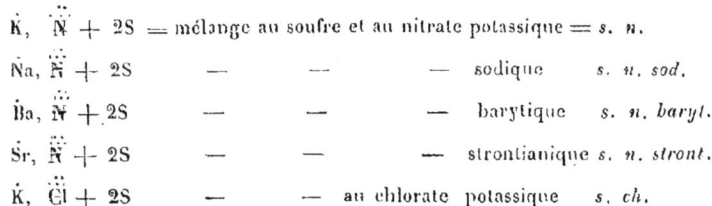

$\overset{.}{K}, \overset{..}{N} + 2S =$ mélange au soufre et au nitrate potassique $= s.\ n.$

$\overset{.}{Na}, \overset{..}{N} + 2S$ — — — sodique $s.\ n.\ sod.$

$\overset{.}{Ba}, \overset{..}{N} + 2S$ — — — barytique $s.\ n.\ baryt.$

$\overset{.}{Sr}, \overset{..}{N} + 2S$ — — — strontianique $s.\ n.\ stront.$

$\overset{.}{K}, \overset{..}{El} + 2S$ — — au chlorate potassique $s.\ ch.$

MIXTURES CONTENANT DU SOUFRE ET DU CHARBON.

§ 199.

Les mixtures des nitrates avec le soufre et le charbon à la fois, diffèrent encore plus que celles au soufre seul, suivant le plus ou moins de facilité avec laquelle le sel se décompose. Les mixtures aux nitrates de baryte et de strontiane sont à peine inflammables, et cela au moyen d'un échauffement général de la masse, tandis que celles aux nitrates de potasse et de soude détonnent au contact d'un corps incandescent. Les deux premières mixtures ne peuvent être d'aucun usage, et nous les passerons par conséquent sous silence.

§ 200.

Dans les mixtures des ingrédients oxigénés avec le soufre et le charbon, le pouvoir hygroscopique des premiers se manifeste mieux, que dans celles au soufre seulement, et cela à cause de l'addition du charbon qui est hygroscopique. C'est pour cela qu'on doit renoncer aussi à faire entrer dans cette espèce de mixtures le nitrate sodique, quoique, fraîchement préparées et employées surtout en grandes masses, elles procurent des effets supérieurs à celui que fournit la mixture au nitrate potassique.

§ 201.

Il n'importe donc d'examiner que celles au nitrate potasse; elles ont la composition suivante :

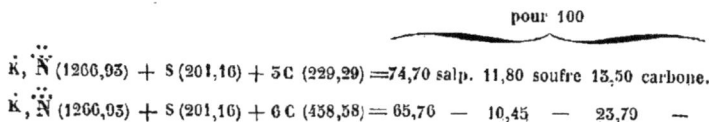

pour 100

$\overset{.}{K}, \overset{..}{N}$ (1266,93) $+$ S (201,16) $+$ 5 C (229,29) $=$ 74,70 salp. 11,80 soufre 13,50 carbone.

$\overset{.}{K}, \overset{..}{N}$ (1266,93) $+$ S (201,16) $+$ 6 C (458,58) $=$ 65,76 — 10,45 — 23,79 —

Les produits de la réaction sont :

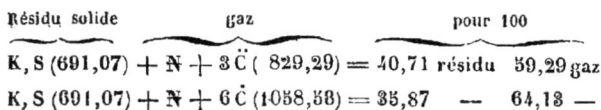

Résidu solide   gaz   pour 100

K, S (691,07) $+$ N $+$ 3 $\overset{..}{C}$ (829,29) $=$ 40,71 résidu 59,29 gaz

K, S (691,07) $+$ N $+$ 6 $\overset{.}{C}$ (1058,58) $=$ 35,87 — 64,13 —

Dans les deux cas, le résidu solide est le sulfure potassique rouge, déliquescent à l'air.

§ 202.

Vu la grande quantité de gaz que fournissent les deux mixtures, elles procurent une très-grande force motrice. En apparence la deuxième semble, à cause du poids et du volume des gaz qu'elle produit, encore plus propre que la première à produire une grande force impulsive; mais il n'en est pas ainsi. La combustion de la première est plus parfaite et plus vive, la température développée est beaucoup plus considérable, d'où résulte une dilatation beaucoup plus grande des gaz, parce que le calorique, à raison de son action moins prolongée, est moins absorbé par les corps environnants. Il en résulte que la tension dépasse de beaucoup celle des gaz qui, quoique primitivement plus volumineux, ont été moins dilatés par la chaleur développée. A cet avantage que présente la première mixture, il faut encore ajouter, que la quantité de charbon y étant considérablement moindre, elle est beaucoup moins hygroscopique que l'autre, et que le résidu, quoiqu'un peu plus grand que dans le 2° cas, est cependant mieux entraîné sous forme de fumée, par l'explosion plus énergique.

§ 203.

Par ces motifs la première mixture est seule employée; la seconde ne peut servir que dans les cas spéciaux où il faut plutôt une grande inflammabilité (qui croit avec la dose de charbon) qu'une grande combustibilité (qui dépend de la température développée, et qui est par conséquent plus grande dans la première mixture). La première mixture forme la poudre bien connue, et nous la désignerons par la suite par p. n. (poudre, ou pulvérin au nitrate potassique).

§ 204.

Le pulvérin s'enflamme lorsqu'on le touche avec un corps à peine rouge, ou lorsqu'on l'échauffe rapidement jusqu'à 300° C.; lorsque la masse est humectée, comme durant la fabrication, il faut 350° C. pour produire cet effet. Entassé librement, le pulvérin fait explosion; condensé il brûle plus ou moins lentement et par couches, suivant le degré de condensation. Lorsque le mélange est grainé, ce qui est nécessité par les raisons développées au § 247, l'explosion a lieu également, et elle est d'autant plus violente, que le tout brûle en moins de temps, et par conséquent que le jet de feu qui sert à l'enflammer traverse la masse avec plus de rapidité. Une étincelle unique enflamme le charbon d'un grain; de celui-ci la flamme court par les intervalles le long de la surface de tous les grains, ensuite chaque grain brûle pour son compte, et par couches successives. Lorsque beaucoup de grains sont d'abord enflammés simultanément, la propagation du feu en est d'autant plus prompte. Si les grains sont petits et peu inflammables ils sont déjà en partie comburés et produisent de la force impulsive, avant que ceux plus éloignés ne soient enflammés. Si les grains sont très-gros et facilement inflammables, ils sont tous enflammés avant qu'un seul d'entre eux ait achevé sa combustion. — Si l'on échauffe de la poudre peu à peu, le soufre se ramollit environ à 225° C., il y a agglomération, le soufre se volatilise peu à peu; à environ 290° le soufre se volatilise complètement, et entraîne mécaniquement un peu de charbon. A 350° le salpètre se fond, les grains se boursoufflent par suite de la formation d'oxide et d'acide carboniques, et il reste enfin pour résidu du carbonate de potasse pur, fondu. Si au contraire on chauffe plus rapidement, le soufre s'enflamme en brûlant avec une flamme bleue, et au bout de quelque temps la poudre détonne.

La flamme de l'alcool, celle des huiles essentielles, etc. enflamment la poudre, ainsi que l'étincelle électrique; de la chaux qu'on éteint peut également enflammer la poudre. Enfin elle détonne encore par des chocs sur le fer, de fer sur laiton, de laiton sur laiton, de cuivre sur cuivre, de bronze sur fer, de fer sur marbre, de quartz sur quartz, de plomb sur plomb, de plomb sur bois; mêlée au quartz elle détonne lorsqu'un mor-

ceau de quartz tombe sur le mélange; l'inflammation a lieu d'autant plus
facilement que les corps choquants sont plus chauds. Le fer froid choquant
le bois ou le plomb ne paraît pas produire l'inflammation (1). La combustion de la poudre est accompagnée d'une lumière rouge orangée (la couleur du carbure d'hydrogène) et une partie notable du résidu est entraînée
sous forme de fumée. La température développée n'est pas toujours égale
par elle-même; de plus elle est diminuée par l'absorption qu'exercent les
parois de l'enveloppe, d'autant plus que la quantité de poudre était plus
petite, qu'elle présentait plus de surface en égard à son volume, que la
combustion est plus lente, que la poudre était plus humide, et par conséquent qu'une plus grande quantité d'eau a dû être vaporisée. On estime la
température en général à 1900 à 2000° C., parce que la poudre fait fondre
le sulfure de cuivre. Si l'on prend le poids spécifique de la poudre grainée
= 0,910, le produit de la combustion = 40,71 p. % de résidu et 48,86
p. % de gaz acide carbonique et 10,43 p. % d'azote (§ 201); supposant de
plus le poids spécifique du premier égal à celui de la poudre, celui de
l'acide carbonique = 0,00198 et celui de l'azote = 0,00126, nous trouvons
que les gaz produits par un centimètre cube de poudre, lequel se trouve
réduit à 0,6 de centimètre cube par le résidu qui ne brûle point, occupent 300 centimètres cubes (par conséquent 500 par centimètre cube).
Ces gaz sont dilatés à 4156 centimètres cubes par 1950° C. (chaque degré
centigrade produisant une dilatation de 0,00375). Le gaz renfermé durant
la combustion dans l'espace d'un centimètre cube, chercherait donc à s'é-
tendre avec une pression de 4156 ou environ 4000 atmosphères (ou 4134 k.

---

(1) Nous ne voyons pas trop à quoi sert cette énumération de corps qui par leur choc
réciproque produisent, ou peuvent produire l'inflammation de la poudre. Cela se concevrait
si le choc était d'une force constante; mais comme il n'en peut être ainsi, il est évident que
l'élévation de température produite lorsque deux corps solides réagissent mécaniquement
l'un sur l'autre soit par choc, soit par pression, soit par frottement, etc., dépend principalement de l'énergie de cette action, c'est-à-dire de la force qui l'a produite. Il est vrai
qu'un choc d'une force donnée développe plus ou moins de chaleur au point choqué, suivant
la nature des corps choquants, et par conséquent il faut éviter plus soigneusement le choc des
corps qui exigent le moindre développement de force pour produire une élévation de température suffisante pour l'inflammation de la poudre. Mais on ne peut pas classer les corps
solides dans la même échelle sous le rapport du choc et du frottement par exemple; car un
frottement prolongé entre deux corps mauvais conducteurs, tels que le bois, peut produire
une élévation locale de température plus forte que si les corps frottants étaient métalliques.
Le choc ne peut agir qu'instantanément pour développer de la chaleur, à moins qu'il ne soit
répété à courts intervalles, le frottement peut accumuler de la chaleur, et cela d'autant plus
que les corps frottants sont moins conducteurs. On ne pourrait donc pour ainsi dire exempter
aucun corps solide de la nomenclature de ceux qui par une réaction mécanique plus ou
moins *forte* ou *prolongée* peuvent produire un dégagement de calorique suffisant pour occa-
sionner des explosions.   (T)

par centimètre carré) si réellement la température était de 1950° C. , si la poudre se comburait complètement et ne cédait pas de la chaleur à l'enveloppe. Cependant l'effet produit sur le projectile, dans les bouches à feu moyennes (6ᵗᵇ) n'est que de 2100 à 2300 atmosphères. — La vitesse de combustion de la poudre est très-grande, mais elle peut être mesurée si l'on brûle de longues traînées. Une traînée de 31ᵐ,4 de longueur et d'environ 0ᵐ,026 d'épaisseur emploie 10 à 15 secondes à brûler. La moindre condensation et le moindre mélange d'autres matières allongent considérablement la durée de la combustion. La bonne poudre grainée produit une légère détonnation, quand on l'enflamme à l'air libre, même en petite quantité. La mixture condensée en masse produit en brûlant un bruissement continu.

§ 205.

Les mixtures du chlorate de potasse au soufre et au charbon sont composées comme suit :

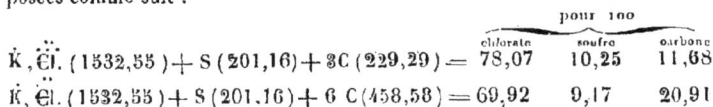

	pour 100		
	chlorate	soufre	carbone
K̇, C̈l̈. (1532,55) + S (201,16) + 3C (229,29) =	78,07	10,25	11,68
K̇, C̈l. (1532,55) + S (201.16) + 6 C (458,58) =	69,92	9,17	20,91

Par la combustion il se forme :

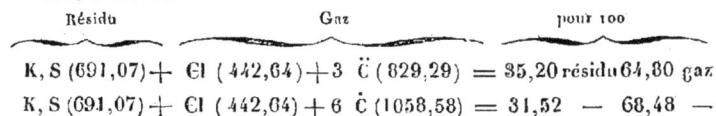

Résidu	Gaz	pour 100	
K, S (691,07) + C̈l (442,64) + 3 C̈ (829,29) =	35,20 résidu	64,80 gaz
K, S (691,07) + C̈l (442,64) + 6 C̈ (1058,58) =	31,52 —	68,48 —

Le résidu est encore le sulfure rouge de potassium. (§ 202).

§ 206.

L'inflammabilité est plus grande que celle du p. n., car il suffit déjà de la température qui enflamme le soufre, tandis que pour le p. n. il faut celle qui enflamme le charbon. Cependant cette inflammabilité est moindre que celle du s. ch. (§ 197), parce que dans celui-ci il y a une plus grande quantité de soufre. Une forte percussion, ou une friction très énergique suffisent pour produire l'inflammation. L'explosion est beaucoup plus violente et accompagnée d'une détonnation beaucoup plus forte et plus claire, que celle du p. n., quoique la quantité de gaz soit moindre. Cela vient de ce que le chlorate de potasse se décompose beaucoup plus facilement que le nitrate, (§ 6.) C'est surtout l'inflammation par percussion qui produit une forte détonnation. L'explosion de la première mixture est aussi plus violente que celle de la seconde; c'est pourquoi l'on emploie cette dernière lorsqu'il s'agit plutôt d'obtenir une flamme plus longue (produite par le charbon) que d'un effet explosif.

§ 207.

La première de ces mixtures sera dans la suite désignée par p. ch., et la seconde par p. ch. lent.

Toutes les mixtures qui précèdent sont plus difficiles à condenser que celles qui ne contiennent outre le sel que du soufre. Elles absorbent aussi plus avidement l'humidité que ces dernières; celles qui contiennent 6 C présentent cet inconvénient plus que les autres.

MIXTURES CONTENANT DES SUBSTANCES VÉGÉTALES NON DÉCOMPOSÉES.

§ 209.

L'addition de résines et d'huiles essentielles agit tantôt pour ralentir la combustion, tantôt pour l'accélérer. Le temps nécessaire à la décomposition de la substance végétale, est plus grand que celui qu'exigent même les compositions lentes. Comme la décomposition de la substance végétale n'est pas notablement modifiée par la combustion simultanée de la mixture, l'addition de ces substances devrait toujours ralentir la combustion. Mais lorsque avant l'addition de la substance végétale, le soufre était le seul corps combustible de la mixture, elle accélère la combustion en fournissant son excès de charbon. Par conséquent l'addition de la substance végétale au s. n. produit en même temps un ralentissement et une accélération, et il résulte de l'expérience que le premier a un léger excès sur la seconde, de sorte que le s. n. brûle plus lentement mélangé avec une matière végétale que seul. Dans les mixtures p. n. la matière végétale ralentit toujours, parce que la cause de l'accélération, savoir l'excès de charbon de la plante qui se substitue au soufre dont la combustion est plus lente, ne subsiste plus, vu que dans les p. n. le charbon existe déjà comme combustible proprement dit, ce qui fait que le charbon superflu provenant du végétal, ne peut avoir pour résultat que de faire convertir tout le carbone en oxide au lieu d'acide carbonique, ce qui produit une combustion plus lente. Par conséquent dans ce cas la combustion est ralentie, et par la décomposition de la substance végétale, et par l'excès de charbon qu'elle abandonne. Le p. n. mélangé avec une matière végétale brûle donc très-lentement; sa combustibilité devient à peu près égale à celle du s. n. contenant une substance végétale. C'est pour cela que tous les mélanges intermédiaires de s. n. et de p. n., quoique saturés par des quantités différentes de matière végétale, doivent brûler avec des vitesses passablement égales. Lorsque la substance végétale n'est pas mêlée au s. n., mais se trouve seulement en contact avec la composition, et par conséquent se trouve attirée dans la combustion de celle-ci, la vitesse de combustion est augmentée, parce que dans ce cas la décomposition du végétal se fait en dehors du s. n., d'où résulte que la lenteur de cette décomposition ne peut plus compenser l'accélération due à l'excès de carbone cédé en faveur de la combustion.

§ 210.

Si l'on mêle au p. n. des substances organisées plus difficiles à décomposer, par exemple de la laine, etc., ces substances ne participent pas à la combustion, mais sont pendant leur décomposition lancées au loin sous forme d'étincelles ardentes.

§ 211.

Ainsi qu'il a été dit plus haut, la quantité d'une substance végétale qu'on peut mêler au s. n., sans qu'un excès de charbon soit abandonné dans le résidu, est de $\frac{1}{4}$ plus grande que celle qu'on peut mêler au p. n. Il résulte de là que la mixture de s. n. avec la substance végétale produira $\frac{1}{4}$ de carbure d'hydrogène de plus que celle au p. n. mélangé à une substance de cette nature. Par conséquent lorsque l'effet de la flamme du carbure d'hydrogène est utile, on emploiera de préférence à toute autre mixture le s. n. saturé de substances végétales, et les meilleures à choisir pour cela sont les huiles essentielles. Les mixtures pulvérulentes sont d'ailleurs difficiles à mélanger intimement avec une substance végétale; et lorsque ce mélange n'est pas intime, le p. n. brûle avec agitation et inégalement, d'où résulte qu'il agit d'une manière moins certaine que le s. n., qui brûle toujours tranquillement.

§ 212.

Lorsqu'on mélange au p. n. une quantité de substance végétale, quelque petite qu'elle soit, il doit se substituer de l'oxide de carbone à une partie de l'acide carbonique. Dans le s. n. au contraire une petite quantité de matière végétale produira d'abord l'acide carbonique, ce qui aura lieu jusqu'à ce que la moitié du maximum correspondant au point de saturation soit atteinte. Au dessus de cette moitié il se forme de l'oxide de carbone à la place d'une partie de l'acide carbonique. Il est vrai que le développement du premier de ces gaz est accompagné d'une moindre température et d'une moindre tension, mais dans les circonstances où il s'agit de l'effet de la flamme du carbure d'hydrogène, la grandeur de celle-ci a plus d'importance que la température, et une grande tension des gaz n'est même pas avantageuse alors, parce qu'elle chasse trop rapidement la flamme du carbure d'hydrogène; lors donc qu'on compte sur les effets de cette flamme, il convient mieux d'employer le maximum que la moitié du maximum de la substance végétale.

§ 213.

Dans les mixtures qui laissent pour résidu un sulfate, l'addition d'une substance végétale a pour effet la transformation du sulfate en sulfure métallique, et la libération des quatre atomes d'oxigène (en changeant $\overset{.}{X}, \overset{..}{S}$ en X, S). La substance végétale rend donc le résidu de ces mixtures moindre et plus déliquescent. Les mixtures telles que le p. n. qui produisent par elles-mêmes un sulfure métallique comme résidu, ne sont pas modifiées sous ce rapport par l'addition d'une substance végétale.

§ 214.

Les substances végétales produisent avec le chlorate potassique des mixtures inflammables par la chaleur et par l'acide sulfurique, qui décomposent le chlorate de potasse et la matière végétale avec une très-faible élévation de température; ces mélanges brûlent avec une flamme rose.

§ 215.

La mixture au chlorate de potasse et au sulfure d'antimoine consiste en :

pour 100

$\overset{m}{Sb}$ (2216,38)$+\frac{5}{3}\dot{K}, \overset{..}{Cl}$ (2298,82) ou 49,09 sulfure d'antimoine 50,91 ch. pot.

Par la combustion cette mixture devient

résidu: $\frac{5}{3}\dot{K}, \dot{S}$ (1636,60), gaz : Sb Cl³ (2276,86) $+\frac{4}{3}\dot{S}$ (601,74) ou bien :

pour 100

résidu 36,25   gaz 63,75

La mixture est très-inflammable, tant par la chaleur, que par la réaction de l'acide sulfurique, qui décompose le chlorate avec une élévation de température très faible. La combustion a toujours lieu avec explosion, et presque tout le résidu est entraîné sous forme de fumée blanche et épaisse. La mixture se laisse très-bien condenser et n'est pas hygroscopique. Elle peut recevoir sans inconvénient une substance végétale servant de liant.

EMPLOI DES MIXTURES FONDAMENTALES.

(BUTS A REMPLIR.)

§ 216.

Les compositions combustibles de l'artillerie doivent remplir les conditions suivantes :

A) Production de force impulsive;
    a) d'une durée trop petite pour pouvoir être mesurée ;
    b) d'une durée plus prolongée ;
        α) sans égard à la couleur de la flamme;
        β) avec égard à la couleur de la flamme.

B) Combustion prolongée sans développement de force impulsive.

C) Production de lumière;
    a) la plus claire et la plus blanche, pour éclairer ;
    b) de couleurs variées, pour signaux.

D) Développement d'une flamme propre à incendier les matières végétales.

E) Production d'air irrespirable dans les locaux fermés.

F) Communication du feu sans le secours de corps incandescents ;

a) par percussion ou par friction.

b) par réaction chimique.

PRODUCTION DES EFFETS DÉSIRÉS AU MOYEN DES MIXTURES DONNEES.

A Force impulsive.

a) La plus énergique.

§ 217.

Pour développer de la force impulsive on ne peut employer que la combustion du carbone par l'oxigène. On est donc conduit aux mixtures p. n. et p.ch. La dernière est trop chère, et dangereuse à préparer, à conserver et à transporter, à cause de la facilité avec laquele le chlorate potassique se décompose; on ne peut donc l'employer dans les cas ordinaires ; d'ailleurs sa combustibilité supérieure ne se manifeste pas considérablement dans les fortes charges, quoiqu'elle le fasse d'une manière très-marquée dans les petites, où les circonstances extérieures, telles que l'abduction du calorique par les parois de l'arme, etc., ont beaucoup moins d'influence quand la combustion est rapide que quand elle est lente. Par conséquent quand il s'agit de petites charges, que le prix ne forme pas l'objet d'une considération majeure, que la conservation et le transport peuvent recevoir des soins particuliers, on pourra mélanger un peu de p. ch. au p. n. Dans les cas contraires c'est le p. n. qui convient seul.

§ 218.

Il peut se présenter des circonstances, où la force impulsive du p. n. dont la combustion est accélérée par la granulation, soit trop vive, et où l'on désire obtenir une combustion d'une durée, quoique non mesurable, du moins un peu plus longue que celle de la poudre formée de p. n. pur. On peut atteindre ce but soit en mélangeant le p. n. avec la mixture salpètre soufre et charbon qui contient 6 C, soit avec celle s. n. La première méthode fournit une composition qui produit plus de gaz ; mais la composition provenant de la deuxième, est moins hygroscopique, et facile à grainer.

b) *Force impulsive à action prolongée.*

a) *Sans égard à la couleur de la flamme.*

§ 219.

Le p. n. condensé au moyen d'une pression considérable brûle assez lentement par lui-même pour la plupart des cas ; pour cela il doit être condensé dans des vases qui l'enveloppent presque entièrement, et ne laissent libre qu'une petite partie de la surface par où on l'enflamme. La combustion progresse alors par couches parallèles de même forme que la partie de la surface par où elle a commencé. Ces couches comburées en temps égaux deviennent d'autant plus minces que la condensation a été plus forte.

§ 220.

Lorsque la combustion doit encore être rallentie davantage, on obtient le résultat désiré en mélangeant au p. n. du s. n. ; ce mélange peut aussi être employé sous forme pulvérulente, ou en masse plus ou moins condensée. Dans le premier cas on peut obtenir une combustion aussi rapide que celle du p. n. qui a été condensé.

§ 221.

Lorsqu'on mélange le p. n. et le s. n., la masse de gaz produite ainsi que leur tension diminue nécessairement, parce que la combustion du s. n. produit moins de gaz et de calorique que le p. n. Il y aura donc ici une limite au ralentissement de la combustion. Une mixture pulvérulente de 40 p. n. et de 60 s. n. ne développe déjà plus une force impulsive suffisante pour la pratique ; et lorsqu'on emploie la condensation, des additions moindres de s. n. annullent déjà la force impulsive. Le résidu et la fumée augmentent aussi avec la dose de s. n. qu'on ajoute. Dans les masses impulsives énergiques, dans lesquelles le p. n. domine, la faculté absorbante du charbon manifeste une grande influence sur la force impulsive, et cela d'autant plus que le charbon a été moins bien trituré, que le mélange est moins intime, et que la composition a été moins condensée. Des différences très-petites dans la faculté absorbante, par exemple, celles qui résultent de la saison pendant laquelle la mixture sèche a été préparée, se dessinent visiblement dans ce développement de calorique, qui est ici toujours lent et successif. Cette lenteur dans le développement des gaz, est cause aussi que les moindres différences, qui existent toujours dans les mélanges même les plus intimes, se manifestent ; et c'est pour cela que les bonnes compositions impulsives agissent d'une manière d'autant plus uniforme, qu'elles sont plus riches en p. n., c'est-à-dire qu'elles se comburent plus rapidement.

β) Composition impulsive à combustion lente, avec égard à la couleur de la flamme.

§ 222.

Le p. n. donne toujours une flamme rouge orange, qu'il soit condensé ou non. En ajoutant du s. n. on rend la flamme plus blanche.

§ 223.

Si l'on veut que cette flamme contienne des étincelles luisantes, on ajoute à la mixture, des substances concassées en gros grains, qui deviennent incandescentes ou qui brûlent dans la flamme. Ces substances ne doivent pas produire de fumée en se comburant ; elles ralentissent dans tous les cas la combustion de la composition. Ces substances sont, le charbon de bois dur, de la fonte pilée, de la limaille de fer ou de cuivre, du verre. Le charbon concassé ne doit être employé que lorsque les compositions doivent être bientôt brûlées, car il attire l'eau avec avidité.

§ 224.

Si l'on veut donner à la flamme une autre couleur que celle rouge ou rouge blanchâtre que produisent le p. n. et ses mélanges avec le s. n., on rallentit la combustion du p. n. en y ajoutant au lieu de s. n. du s. n. sodique pour la flamme jaune, du s. n. strontianique pour la flamme pourpre, et du s. n. barytique pour la coloration en vert. Du zinc ajouté à la composition de p. n. et s. n. donne une couleur bleuâtre.

B COMBUSTION PROLONGÉE SANS DÉVELOPPEMENE DE FORCE IMPULSIVE.

§ 225.

Dans ce cas encore le p. n. condensé seul, ou mélangé avec le s. n. et condensé, est convenable. Comme il ne s'agit pas d'obtenir de la force, on peut faire croître l'addition de s. n., de manière que la composition condensée conserve encore précisément l'inflammabilité nécessaire d'après les moyens d'inflammation qu'on emploie. Suivant le degré d'intimité du mélange, il suffit pour cela de 6 à 10 p. %. de p. n. Moins le mélange est intime, plus il faut augmenter la dose de p. n. pour obtenir une inflammabilité donnée. Si le p. n. condensé est trop lent, on peut employer la mixture $\overset{.}{K}, \overset{..}{N} + S + 6C$, parce qu'étant condensée elle brûle plus vite que le p. n.

§ 226.

Lorsque la durée de la combustion doit être très-précise, on ne doit ajouter à la composition aucune autre substance que le salpêtre, le soufre et le charbon dans les proportions indiquées ci-dessus. Il faut même éviter de mettre la composition en contact avec des matières organiques, et cela d'autant plus qu'elle contient plus de s. n., et que par conséquent elle est plus propre à être troublée dans sa combustion par la participation du charbon excédant de la matière végétale. Dans ces compositions la qualité du charbon et la quantité d'eau qu'il avait absorbée avant le mélange exercent(V.221) une influence encore plus marquée que dans le p. n. pur.

§ 227.

S'agit-il seulement d'obtenir une combustion régulière mais aussi lente que possible, une addition de substance végétale peut devenir utile, lorsque pour rallentir la combustion on fait dominer le s. n., et surtout quand la composition doit brûler en tubes étroits. On diminue par là la quantité de

résidu, qui bouche facilement les cartouches, et tombe dans certaines circonstances en gouttellettes dangereuses. De plus la composition, sans devenir
plus vive, développe ainsi plus de gaz, d'où résulte que le résidu est mieux
entraîné dès qu'il se forme, et ne peut pas s'amasser. D'ailleurs il est quelquefois désirable que la flamme produite ne soit pas visible de loin durant la
nuit; or, la matière végétale obscurcit la flamme très-claire du s. n., en développant du carbure d'hydrogène. — Dans cette circonstance il est donc
avantageux d'employer des cartouches en matière végétale. Mieux on veut
assurer la combustion de cette enveloppe, et plus elle est épaisse, plus la composition doit être riche en s. n. (§ 209), et moins la composition doit approcher d'être saturée par l'addition d'autres substances végétales.

PRODUCTION DE LUMIÈRE.

a) La plus claire et la plus blanche, pour éclairer.

§ 228.

Le s. n. procure une lumière extrêmement claire, et convient par conséquent
parfaitement à l'éclairage; seulement il faut y ajouter assez de p. n. pour
qu'il présente l'inflammabilité suffisante; une combustion un peu plus vive rend
la flamme plus intense, quoique le p. n. ajouté produise une flamme rouge;
il ne faut donc pas en ajouter une quantité trop grande; 6 à 10 p. % de p. n.
forment également les limites suivant l'intimité du mélange. Si la masse doit
être compacte, on lui donne de la consistance à l'aide d'une dissolution de
gomme, et on la sèche ensuite.

b) Lumière colorée.

§ 229.

On peut premièrement donner à la flamme rouge pâle ou blanchâtre des
mixtures de p. n. et s. n. la nuance rouge orangé de la flamme de carbure
d'hydrogène, en y ajoutant une substance végétale. La matière végétale
qu'il convient le mieux d'employer à cet effet est le pétrole, qui fournit une
flamme de carbure hydrique très-intense. 1 p. % de cette addition suffit pour
colorer la flamme.

§ 230.

Pour obtenir le *rouge pourpre* on mélange :

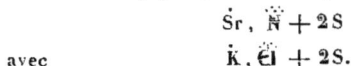

$$\dot{S}r, \ddot{N} + 2S$$

avec $$\dot{K}, \ddot{Cl} + 2S.$$

La première de ces mixtures qui produit cette couleur, n'est pas par elle-
même suffisamment inflammable; il faut y ajouter environ ¼ de la 2ᵉ pour la

rendre combustible. Plus la masse est grande moins il faut de s. ch., et moins par conséquent la couleur de la flamme du s. n. strontianique sera affaiblie par celle pâle du s. ch. Un rouge plus clair peut être obtenu par le mélange du $\dot{K}$, $\ddot{Cl} + 2S$, et du carbonate de chaux (craie), (100 : 40). Si la flamme doit être très-claire, on peut d'abord mêler au $\dot{K}$, $\ddot{Cl} + 2S$, $\frac{1}{3}$ partie de $\dot{K}$, $\ddot{Cl} + \frac{2\,\overset{..}{Sb}}{3}$.

§ 231.

Pour produire le jaune, on mélangera :

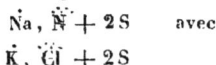

$$\dot{Na}, \ddot{N} + 2S \quad \text{avec}$$
$$\dot{K}, \ddot{Cl} + 2S$$

en appliquant ce qui vient d'être dit au § précédent. Lorsque la composition doit être longtemps conservée, et que par conséquent l'effet hygroscopique du nitrate sodique peut devenir nuisible, on prendra au lieu du $\dot{Na}, \ddot{N} + 2S$, du carbonate de soude (privé de son eau de cristallisation par une forte calcination). On mêle alors 100 parties de s. ch. avec 40 parties de carbonate de soude. Le carbonate ne doit toutefois remplacer le nitrate que là où l'augmentation du résidu n'est pas nuisible, et par conséquent pas lorsque la composition doit brûler dans des tubes étroits.

§ 232.

Pour produire l'*orange pur*, on mêlera :

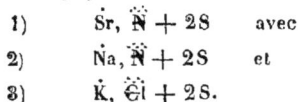

1) $\quad \dot{Sr}, \ddot{N} + 2S \quad$ avec
2) $\quad \dot{Na}, \ddot{N} + 2S \quad$ et
3) $\quad \dot{K}, \ddot{Cl} + 2S$.

Plus on prendra de la première à l'égard de la seconde, plus l'orange sera foncé. La somme de la 1re et de la 2e doit être à l'égard de la 3e environ comme 3 : 1. Ici on peut également employer les carbonates de chaux et de soude au lieu de 1 et 2. (V. § 231)

§ 233.

Pour obtenir le *vert*, on mêle :

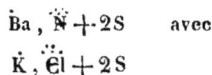

$$\dot{Ba}, \ddot{N} + 2S \quad \text{avec}$$
$$\dot{K}, \ddot{Cl} + 2S$$

Ce qui a été dit au § 230 est applicable ici. Au lieu de $\dot{Ba}, \ddot{N} + 2S$ on peut dans le cas cité au § 231, employer du carbonate barytique.

§ 234.

Pour obtenir le *violet*, on mélange 100 ($\dot{K}\ddot{Cl} + 2S$) avec 20 parties de carbonate calcique et 20 parties de sulfate potassique.

§ 235.

Pour le bleu il n'existe pas de mélange analogue, parce que le $\overset{..}{Cu}, \overset{..}{N}$ (nitrate de cuivre), qui remplirait le but dans ce cas, est trop hygroscopique ; on choisit donc une autre combinaison du cuivre : savoir le sel double, formé des sulfates de cuivre et d'ammoniaque, qu'on trouve dans le commerce. On mêle ce sel au sulfate de potasse dans la proportion de 2 : 1, et on ajoute à 60 parties de ce mélange 100 parties de $\overset{.}{K}, \overset{.}{Cl} + 2S$.

PRODUCTION D'UNE FLAMME CAPABLE D'INCENDIER LES MATIÈRES VÉGÉTALES.

§ 236.

L'inflammation la plus certaine des matières végétales s'obtient à l'aide de la flamme résultant de la combustion de substances similaires ; mais l'effet de cette flamme n'est dirigé que dans un sens, suivant lequel elle s'échappe, ce qui a lieu ordinairement de bas en haut. parce que les gaz échauffés s'éloignent suivant cette direction. En plein air l'agitation de l'atmosphère rend la flamme vacillante, l'éteint même quelquefois, d'où vient qu'on n'obtient que des effets incertains. Les substances végétales ne brûlent pas quand, afin de pouvoir les lancer au loin, on les renferme dans une enveloppe solide qui empêche l'accès de l'air.

§ 237.

Pour incendier un corps de nature végétale placé sous le projectile incendiaire, le s. n. avec le minimum de p. n. convient le mieux ; cette composition ne développe pas une température aussi élevée que le p. n., mais ses effets sont plus durables, ce qui fournit au corps végétal le temps de se décomposer ; de plus, elle fait plus sûrement participer à la combustion la matière végétale, que le p. n. Le p. n., même quand il est condensé, développe par sa combustion beaucoup de gaz, qui s'éloignent avec violence, et causent ainsi un courant d'air trop fort, qui refroidit le corps à incendier ; ainsi lorsqu'on fait agir en un jet énergique la flamme du p. n., sur un corps de nature végétale, celui-ci se décompose à l'endroit frappé par le feu, jusqu'à ce que tout le carbure d'hydrogène soit éloigné, après quoi le carbone presque pur qui reste ne brûle pas plus loin.

§ 238.

La flamme du s. n. n'est pas très-longue. Elle produit donc moins d'effet que la masse brûlante elle-même. Si la flamme seule doit agir, ce qui est toujours le cas lorsque la matière incendiaire est renfermée dans une enveloppe solide, on doit agrandir par l'addition d'une flamme de carbure d'hydrogène celle produite par le s. n. mélangé au minimum de p. n. Ceci se fait au moyen d'une substance végétale non décomposée qu'on ajoute, et qui se décompose dans la masse lors de la combustion. Le carbure d'hydrogène est vivement entraîné par les gaz incandescents provenant du s. n., et se combure à l'atmosphère. — Plus la quantité de carbure d'hydrogène est grande mieux cela vaut. Les substances végétales méritent donc pour cet objet la préférence suivant qu'on peut les ajouter en plus grande quantité, sans qu'elles laissent un reste de carbone. Le pétrole est la meilleure de toutes, viennent ensuite l'huile de térébenthine, le goudron et les mélanges résineux, qui agissent d'autant plus favorablement qu'ils contiennent plus d'huile de térébenthine. Les huiles essentielles ont encore l'avantage de s'infiltrer dans les interstices de la masse incendiaire, tandis que les corps solides en augmentent considérablement le volume; des capacités égales peuvent donc recevoir plus de composition lorsque celle-ci est préparée avec les huiles essentielles que quand on y a mélangé des résines.

§ 239.

E. PRODUCTION D'AIR IRRESPIRABLE.

Le s. n. développe de l'acide sulfureux et de l'azote en grande quantité; ces deux gaz sont asphyxiants. Une petite quantité suffit pour rendre irrespirable l'air d'un local clos.

F. INFLAMMATION DES COMPOSITIONS SANS LE SECOURS D'UN CORPS INCANDESCENT.

§ 240.

Les mixtures au $\overset{..}{K}$, $\overset{..}{N}$ peuvent bien s'enflammer par suite de chocs et de frottements très-violents, sans l'intermédiaire de corps incandescents; mais le point de décomposition du nitrate potassique est trop élevé, pour que des percussions ou frictions telles qu'on peut les produire à l'aide d'un effort moyen, puissent développer le calorique nécessaire. On ne peut donc employer pour ce cas que des mixtures au chlorate potassique.

§ 241.

Parmi le soufre, le charbon, les substances végétales et le sulfure d'antimoine, c'est le premier qui s'enflamme à la moindre température. Le s. ch. sera donc la mixture dont la combustion commencera à la plus basse température. Vient ensuite celle du sulfure d'antimoine avec le chlorate potassique, à cause de la double affinité de ce combustible pour l'oxigène et le chlore. Le chlorate potassique et le charbon sont très-difficiles à enflammer sans étincelle, et si le p. ch. est assez inflammable par percussion ou par friction, c'est que le soufre qui y est contenu, et qui ne devrait pas se comburer mais réduire la potasse, produit l'inflammation. Il en est de même du p. n. lorsqu'on le chauffe lentement et progressivement; le soufre s'enflamme aussi alors le premier, et commence la combustion, qui se passe ainsi d'une manière moins avantageuse que lorsqu'au moyen d'un corps incandescent on a enflammé d'abord le charbon. La combustion du s. ch. condensé se propage mal et fournit aussi une flamme peu longue. Il faut par conséquent

13

ajouter un mélange de chlorate potassique de soufre et de charbon, ou d'antimoine. — Lorsque le résidu et la fumée n'entraînent pas d'inconvénients, et que la flamme n'a pas besoin d'être longue, il faut préférer la mixture au sulfure d'antimoine, parce que l'inflammabilité en approche d'être égale à celle du s. ch. Mais lorsqu'il faut que la flamme soit longue, et que le résidu est nuisible, il faut ajouter du p. ch. Lorsque la rupture de l'enveloppe est à craindre il faut préférer le p. ch. lent (§ 205), et l'on mêle alors :

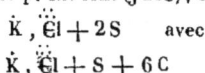

$$\dot{K}, \overset{...}{Cl} + 2\,S \quad \text{avec}$$

$$\dot{K}, \overset{...}{Cl} + S + 6\,C$$

environ à parties égales.

§ 242.

Lorsque l'inflammation doit être produite à l'aide de l'acide sulfurique, on emploie la mixture de chlorate de potasse et de sulfure d'antimoine $\left(\dot{K}, \overset{...}{Cl} + \dfrac{2\,\overset{'''}{Sb}}{3} \right)$ ou avec une résine, ou bien on mélange les deux.

RÉCAPITULATION.

§ 243.

D'après ce qui précède on emploie surtout les mixtures suivantes :

1)	$\dot{K}, \overset{...}{N} + S + 3\,C$	(§ 202)
2)	$\dot{K}, \overset{...}{N} + 2\,S$	(§ 194)
3)	$Na, \overset{...}{N} + 2\,S$	(§ 194)
4)	$\dot{Ba}, \overset{...}{N} + 2\,S$	(§ 194)
5)	$\dot{Sr}, \overset{...}{N} + 2\,S$	(§ 194)
6)	$\dot{K}, \overset{...}{Cl} + S + 3\,C$	(§ 205)
7)	$\dot{K}, \overset{...}{Cl} + S + 6\,C$	(§ 205)
8)	$\dot{K}, \overset{...}{Cl} + 2\,S$	(§ 197)
9)	$\dfrac{3\,\dot{K}\,\overset{...}{Cl}}{2} + \overset{'''}{Sb}$	(§ 215)

1) est employé dans la plus grande quantité, 2) à 9) en quantités très-petites, et seulement dans des cas isolés.

§ 244.

D'après ce qui précède on n'emploie jamais pure la mixture $\dot{K}, \overset{...}{N} + 2\,S$, mais mélangée avec un certain minimum de $\dot{K}, \overset{...}{N} + S + 3\,C$. Il est par conséquent avantageux de préparer de prime abord cette composition au lieu de s. n. ; 6 p. % de p. n. forment le minimum. Au lieu de s. n., il en résulte donc une composition de   94 s. n. + 6 p. n., ou ce qui revient au même
75 salpêtre, 24,25 soufre 0,75 charbon

mixture que nous appellerons dans ce qui suit *composition d'artificier*. Si l'on échauffe cette composition assez rapidement pour que le soufre commence à brûler, chaque particule de charbon détonne séparément, tandis que le restant du mélange se fond tranquillement, le soufre ne commençant à brûler que lorsque la fusion du salpêtre est déjà commencée. Le p. n., conserve donc son caractère propre dans ces mélanges, de même que le s. n., quoique le résultat de la combustion forme une moyenne.

PRÉPARATION DES MIXTURES.

§ 245.

Parmi les mixtures indiquées au § 243, la pyrotechnie emploie les plus grandes quantités de la première; c'est aussi la plus importante, comme devant développer la force motrice; sa composition la rend la plus sujette à l'absorption de l'eau, et cependant aucune n'est aussi difficile à garantir de cet inconvénient, et cela à cause de la grandeur de la quantité nécessaire, et de la manière spéciale de l'employer; de plus, l'absorption de l'humidité n'exerce sur aucune autre un effet aussi nuisible. La préparation de cette mixture est la plus dangereuse de toutes celles contenant des nitrates, parce que les frottements qui ont lieu dans les machines suffisent pour enflammer le charbon, et que la mixture enflammée fait explosion, tandis que les autres fusent.

§ 246.

Par suite des circonstances relatées au § 245, on a établi des fabriques particulières avec des appareils spéciaux, pour préparer la poudre en grandes quantités avec le moins de danger et de frais, et dans le moindre temps, tout en l'obtenant aussi peu hygroscopique que possible. Les opérations qui constituent cette fabrication, sont la trituration des ingrédients, le mélange, la condensation, (nécessaire surtout pour rendre la poudre moins hygroscopique), et la transformation de la masse en grains; elle reçoit cette dernière forme afin que l'inflammation puisse se propager rapidement au travers d'une grande masse, et que durant le transport les divers ingrédients ne se séparent pas suivant leurs poids spécifiques divers.

§ 247.

La composition d'artificier, qui est employée en quantité beaucoup moindre que la poudre, et qui est remaniée pour des destinations très diverses, n'a besoin d'être produite qu'à l'état de mixture pulvérulente. Elle n'exige donc l'emploi que des appareils de la poudrerie destinés à la trituration et à la mixtion ; on la prépare au moyen de ces appareils et on l'expédie aux laboratoires (1).

§ 248.

Les autres mixtures qui ne sont employées que rarement et en très-petites quantités, ne sont pas préparées dans les poudreries, mais dans les laboratoires ; on se sert pour cela d'appareils présentant autant que possible en petit les avantages de ceux employés dans les poudreries. C'est aussi dans les laboratoires qu'on mélange les substances végétales aux mixtures.

A. POUDRERIES.

Fabrication de la poudre.

§ 249.

La qualité de la poudre dépend de l'influence combinée : 1° de la préparation des matières, 2° du dosage, 3° de la trituration, 4° du mélange ; 5° de la condensation, 6° de la granulation. En appelant les deux premières opérations la partie chimique de la fabrication, et les quatre autres la partie mécanique, on remarquera que cette dernière partie a une influence prépondérante ; car des défauts ou des modifications dans la partie mécanique, influent beaucoup plus sur l'effet dans les armes, et sur la conservation dans les magasins, que des défauts dans la partie chimique. Dans cette dernière un grand nombre de modifications sont admissibles, tandis que dans la partie mécanique le but de la trituration et du mélange est très-nettement et invariablement posé. Ce n'est que dans la relation entre le degré de condensation, la forme et le volume du grain, que quelque latitude est allouée. La condition la plus importante, qui est que la poudre soit de bonne qualité, dépend également des 6 éléments ; car ils influent tous sur l'uniformité du produit d'une même fabrication prolongée pendant un certain temps ; ainsi que sur l'invariabilité de ce produit sous l'influence du séjour dans les magasins et sous celle du transport.

§ 250.

A mesure que la surface de l'enveloppe qui renferme une quantité de poudre croit comparativement au volume de cette quantité, l'influence des circonstances extérieures, comme par exemple celle de l'abduction de la chaleur,

---

(1) Le motif qui empêche de transporter la poudre non grainée (§ 246) subsiste en entier pour la composition d'artifice ; l'exactitude du mélange de cette composition pourra donc se trouver altérée durant le transport depuis la poudrerie jusqu'aux laboratoires.   (T)

augmenté ; il en résulte donc plus facilement des perturbations dans la combustion, et des modifications dans ses effets. De même, ces influences deviennent d'autant plus observables, que la poudre se fait jour plus vite en sortant de la capacité où la combustion a lieu. Il résulte de là que plus la quantité de poudre brûlée en une fois est petite, l'arme courte, le projectile léger, le vent considérable, plus l'influence des deux parties de la fabrication se fait sentir. Plus la quantité de poudre brûlée en une fois est considérable ; le canon long, le projectile lourd ; le vent exigu, plus les effets des modifications et des défauts de la fabrication s'effacent dans le résultat, qui tend alors vers l'uniformité. De même, presque toutes les influences qui se sont manifestées par le séjour dans les magasins, et par le transport, s'évanouissent dans le résultat produit par de fortes masses de poudre, et il existe à peine une poudre qu'on ne puisse pas employer pour les très-fortes charges. Ainsi une poudre contenant 22 p. % d'argile et de sable, ne donna au mortier éprouvette que $\frac{1}{10}$ de la portée ordinaire, tandis que dans le canon de 6ᵘ elle donna les $\frac{4}{5}$ de la portée normale. Lorsqu'une poudre n'est destinée qu'à être employée en grandes charges, on peut donc faire valoir davantage les considérations économiques et autres de ce genre ; mais lorsqu'elle ne doit être employée qu'en petites portions, il faut que toutes les considérations cèdent devant les conditions que pose la plus haute perfection de la fabrication. L'abduction de la chaleur par les parois de la capacité qui renferme la charge, devient d'autant plus nuisible, que par suite d'une mauvaise mixtion, de l'humidité, de l'altération du mélange, etc., la poudre est plus portée à produire par sa combustion de l'oxide de carbone, au lieu d'acide carbonique ; car c'est précisément lors de la formation du premier de ces deux gaz que la quantité de calorique rendu libre est la moindre. Une mauvaise poudre trahit donc doublement ses défauts lorsqu'on l'emploie en petites charges. Toutes les autres circonstances restant les mêmes, la fonte enlève le moins de calorique, le fer forgé davantage, et plus encore le bronze.

§ 251.

Par les raisons qui ont été indiquées au § 250 et qui sont d'une application générale, et eu égard à d'autres conditions nombreuses, résultant d'usages tout à fait spéciaux de la poudre, il ne peut exister un procédé général de fabrication. On emploie au contraire, tant dans la partie chimique que dans la partie mécanique, différents procédés de travail ; toutefois les opérations mécaniques ne diffèrent pas par la méthode mais par le degré de perfection dans l'exécution, lequel varie suivant l'espèce de poudre fabriquée.

a) *Partie chimique.*

§ 252.

Quoique pour la poudre de guerre on ne puisse employer comme corps oxigéné que le nitrate potassique, il pourrait être utile d'ajouter, pour la poudre de chasse, du chlorate potassique; car le prix de revient ne forme pas dans ce cas l'objet d'une considération majeure, tandis que cette addition rehausserait la combustibilité, et favoriserait l'enlèvement du résidu. Toutefois on ne doit pas aller trop loin dans cette voie, parce que le danger de la fabrication deviendrait trop imminent. On pourra ajouter au salpêtre environ 5 à 10 p. °/₀ de chlorate potassique. Le soufre et le charbon pour cette composition sont faciles à calculer d'après les formules

$$\dot{K}, \overset{..}{N} + S + 3C \qquad (\S\ 201)$$

$$\text{et} \qquad \dot{K}, \overset{..}{Cl} + S + 3C \qquad (\S\ 205.)$$

On opère sur cette composition comme sur celle de la poudre ordinaire, seulement on triture les deux sels ensemble, et on tient généralement la matière plus humide, que dans le travail habituel.

§ 253.

Parmi les matières premières employées, le salpêtre et le soufre restent toujours identiques, lorsqu'ils ont été purifiés d'après les prescriptions relatées plus haut. Le charbon au contraire peut constituer, suivant le degré de la carbonisation, des mélanges très-divers de carbone et d'hydrogène. Toutefois, quand on a en vue une fabrication sur une grande échelle, il faut faire en sorte que le charbon employé pour une poudre ayant une destination spéciale, soit également un mélange constant, et admettre tout au plus pour des poudres de destinations différentes des mélanges à proportions variées.

§ 254.

La formule théorique fondamentale pour la poudre

$$\dot{K}, \overset{..}{N} + S + 3C$$

suppose d'après le § 182, que le charbon soit du carbone pur, ce qui ne peut jamais être exactement vrai, parce que le carbone pur serait trop peu inflammable. Le charbon se compose donc toujours de carbone et d'hydrogène; le charbon le plus inflammable contient une grande quantité de ce dernier corps, (§ 146). Mais l'hydrogène exige, d'après § 101, sur 12,46 parties en poids, 100 d'oxigène pour sa combustion, tandis que le carbone devant se convertir en acide carbonique, en demande (§ 100), 200 sur 76,43. Par conséquent 24,92 parties d'hydrogène demandent autant d'oxigène que 76,43 de carbone, d'où il suit qu'à poids égaux l'hydrogène demande pour sa combustion environ 3 fois autant d'oxigène que le carbone. Lors donc que le charbon contient de l'hydrogène, la quantité d'oxigène qui a été calculée dans l'hypothèse que le charbon était du carbone pur, ne suffit plus. D'après cela on ne peut pas employer sur un atome de salpêtre 3 atomes de charbon, si le carbone doit devenir acide carbonique, et non oxide de carbone. Si tout l'hydrogène du charbon brûlait par l'oxigène du salpêtre (comme retenant d'abord l'oxigène à raison de son affinité supérieure pour ce corp et ne cédant au carbone que le superflu), il faudrait remplacer la formule normale de la composition de la poudre, basée sur le carbone pur, savoir :

74,7 salpètre 11 soufre 13,5 charbon

par les suivantes :

		salpètre	soufre	charbon
charbon noir bleu	(§ 146)	75,89	12,09	12,02
charbon roux-noir		77,55	12,20	10,25
charbon roux-chocolat		78,25	12,48	9,27

§ 255.

Mais l'hypothèse que l'hydrogène du charbon brûlerait par l'oxigène du salpètre, est complètement inexacte. Le charbon est un végétal incomplètement décomposé (§ 146). La décomposition complémentaire a lieu presqu'entièrement comme celle d'un végétal non décomposé, savoir : que la décomposition ait lieu isolément ou en même temps que celle du salpètre, l'hydrogène se combine avec le carbone, et s'échappe comme carbure d'hydrogène de la première espèce (§ 102). Ce carbure brûle hors du mélange et sans détonnation à l'air atmosphérique (§ 146), et ce n'est que le charbon restant qui se combine avec l'oxigène du salpètre. Mais ceci n'est pas non plus rigoureusement vrai ; il y aura réellement toujours un peu de carbure d'hydrogène comburé aux dépens de l'oxigène du salpètre. La quantité qui se comburc ainsi dépend du charbon, et de la combustibilité de la poudre c'est-à-dire de la compression, de la forme et du volume du grain). Par conséquent pour chaque espèce de charbon, et pour chaque procédé de fabrication, il faut déterminer la dose la plus avantageuse de charbon par une série d'essais. Dans tous les cas cette quantité tombera entre 10 et 13 p. $^o/_o$. Le rapport entre le salpètre et le soufre doit rester invariable dans ces essais (un atome de chacun).

§ 256.

Dans cette recherche de la quantité convenable de charbon, on rencontrera encore l'influence d'un élément, savoir l'inflammabilité de la poudre, qui croît avec la dose du charbon. Si de plus on a égard aux propriétés nécessaires à la conservation de la poudre dans les magasins et les transports, un nouvel élément s'ajoute, le pouvoir hygroscopique, ainsi que la friabilité du grain, lesquels croissent tous deux dans le même rapport que la dose de charbon. Cette friabilité augmente d'ailleurs d'autant plus rapidement que le charbon a été moins bien carbonisé ; elle a pour résultat la destruction du lien qui unissait les trois ingrédients ; ces derniers se disposent par conséquent durant le transport, en couches séparées suivant leurs densités diverses.

§ 257.

Lorsque le charbon est très-inflammable, c'est-à-dire très-hydrogéné, la masse gazeuse est développée en un temps beaucoup plus court, que lorsque le charbon est peu combustible; les parois du lieu où la combustion s'opère, ont ainsi moins de temps pour enlever du calorique. On peut s'assurer de ceci en brûlant sur des feuilles de cuivre des échantillons inégalement combustibles; la feuille sur laquelle on brûle la poudre la moins combustible s'échauffera beaucoup plus que l'autre. De plus, la combustion de l'hydrogène est accompagnée d'une élévation de température beaucoup plus grande que celle du carbone.

§ 258.

De même que la dose de charbon peut différer dans la pratique de celle voulue par la théorie, de même la dose de soufre varie lorsque la proportion entre le charbon et le salpêtre reste constante. Si le mélange des ingrédients était aussi complet que la théorie le suppose, si la réaction chimique n'était affaiblie ni par l'humidité absorbée ni par la perte du calorique qui est enlevée par les parois du lieu où la combustion se fait, toute la potasse serait réduite, et le potassium résultant se combinerait entièrement avec le soufre. Mais il n'en est pas ainsi; par suite de l'imperfection du mélange, il se trouve d'un côté trop de soufre de l'autre trop peu. Il en résulte que la réaction exacte entre le carbone le soufre et la potasse est troublée; un peu de soufre se combure aux dépens de l'oxigène du salpêtre, par conséquent une partie du carbone devient oxide de carbone au lieu d'acide, une partie de la potasse reste indécomposée, s'empare de l'acide sulfurique et d'un peu d'acide carbonique, et augmente ainsi le résidu, et ce qui revient au même, la fumée. Ces derniers ne consistent donc plus simplement dans le sulfure potassique déliquescent, qui fournit une fumée bientôt liquéfiée et par conséquent transparente, ainsi qu'une crasse qui ne tarde pas à devenir pâteuse et facile à enlever (V. § 262); mais ils retiennent une portion de sulfate potassique qui ne se liquéfie point, d'où résulte une croûte épaisse et dure, et une fumée dense et restant longtemps opaque. Ces inconvénients augmentent à mesure que le mélange des matières est moins intime. La quantité d'oxide de carbone, produit au lieu d'acide carbonique, augmente dans la même proportion, la combustion devient plus lente, la perte de calorique augmente, et l'effet diminue. Ces résultats nuisibles, de même que ceux indiqués § 250, se dessinent d'autant mieux, que la poudre est comburée en quantités plus petites. C'est pour cela qu'on trouve de l'avantage à donner à la poudre de chasse une dose de soufre moindre que celle indiquée par la théorie. Quoique dans ce cas l'action propre du soufre se trouve un peu affaiblie, qu'il se forme un peu d'oxide au lieu d'acide carbonique, cet inconvénient se trouve compensé par la combustibilité plus grande de la poudre due à l'excès de charbon. Le résidu sous forme de fumée est aussi plus considérable, il est vrai, mais il se compose de sulfure et de carbonate potassiques tous deux déliquescents ; et le sulfate de potasse insoluble est ainsi évité. La poudre de guerre, qui est en général employée en masses considérables, qui doit bien se conserver, et par conséquent avoir un grain résistant et aussi peu hygroscopique que possible, ne doit pas subir de diminution dans sa dose de soufre ; ce n'est que par une très-grande intimité du mélange qu'il convient de chercher à obtenir un résidu approchant autant que possible du sulfure potassique pur.

§ 259.

Le but que doit remplir la poudre de mine, demande une combustion lente, et une production abondante de gaz peu échauffés. Une poudre à combustion vive, est plus propre à briser une partie des parois de la cavité où elle est renfermée, qu'à déplacer de grandes masses. On donne à la poudre de mine une composition telle qu'elle doive produire autant d'oxide que d'acide carbonique ; puis on y ajoute encore de la mixture salpêtre et soufre, d'où résulte une grande variété de ces poudres. On pourrait composer d'une manière tout à fait analogue la poudre destinée aux bouches à feu en fonte de fer, qu'on doit éviter d'ébranler trop violemment. La poudre ordinaire mélangée de matières peu ou point combustibles, telles que de la sciure, du sable, etc., ou quand elle est humide, produit des effets semblables à ceux de la poudre de mine.

§ 260.

D'après la théorie, le produit gazeux d'une poudre parfaitement mélangée et sèche, serait (§ 202)

$$\ddot{N} + 3\ddot{C}.$$

Mais les hypothèses sur lesquelles la théorie est fondée, ne sont jamais complètement réalisées. Il y a toujours, à mesure que le charbon est plus hydrogéné, outre les gaz ci-dessus, de l'hydrogène qui ne brûle que dans l'atmosphère, et qui produit la flamme rouge jaunâtre. (C'est pour cela que la poudre produit d'autant plus de flamme que le charbon qu'elle contient était plus roux). En outre il se forme un peu d'oxide de carbone, de l'acide sulfureux et de la vapeur d'eau.

§ 261.

D'après la théorie (§ 202), le résidu devrait être le sulfure potassique (K, S) dont la couleur est rouge carmin, et ne devrait avec la fumée former que 40,08 p. % du poids de la charge. Mais ce résidu ne se forme que dans la combustion la plus complète, lorsque la poudre est très-bonne (poudre de chasse), ou que l'arme a une construction très-favorable, le lieu de la combustion étant complètement fermé (sans vent). Ordinairement le résidu est mélangé de sulfate et de carbonate potassiques, ce qui le rend jaune. Si la combustion a encore été plus incomplète, par suite d'impureté des matières

14

premières, d'un mauvais mélange, d'humidité, de poussier, d'une grande abduction de calorique par les parois de l'arme, le soufre ne remplit presque pas du tout son rôle propre, qui consiste dans la réduction de la potasse, et alors il ne se forme presque que du sulfate et du carbonate potassiques, ce qui fournit un résidu blanc. On peut donc admettre que moins le résidu est coloré, plus la quantité en est grande, c'est-à-dire plus cette quantité dépassera les $\frac{2}{3}$ du poids de la charge. Le résidu laissé par une charge comburée n'est pas homogène; là où la poudre se trouvait en contact avec la paroi métallique de l'arme, c'est-à-dire où celle-ci lui a soustrait beaucoup de calorique, le résidu est blanc (V. plus haut); au milieu de la charge où la combustion est plus complète, il est jaune; de sorte que le résidu se compose d'une première couche blanche immédiatement sur les parois de l'arme, et d'une couche jaune éparpillée par dessus la première. Lorsque la poudre est comburée dans une capacité de forme conique, la partie blanche du résidu se trouve en arrière, la partie jaune en avant, parce qu'il est lancé en avant vers la bouche et vers les limites de la capacité occupée par la charge.

§ 262.

Lorsque la poudre est comburée dans une bouche à feu en bronze, une partie du sulfure potassique se décompose et il se forme du sulfure de cuivre, qui constitue la couche externe du résidu sous forme de poudre noire. Par conséquent plus la poudre est bonne, et plus sa combustion est complète à raison de la masse de la charge, plus il se formera de sulfure de cuivre; l'étain contenu dans le bronze s'oxide d'autant plus que la température est plus élevée, et par conséquent à mesure que la masse de poudre comburée a été plus grande et de meilleure qualité. Comme une partie du soufre brûle toujours au lieu de former du sulfure potassique, il reste un peu de charbon non comburé, et cela d'autant plus que la combustion a été moins énergique par suite d'humidité, etc. De la poudre très-bonne et de la poudre, de moindre qualité, à grain fin et à gros grain tirées dans une bouche à feu en bronze, jusqu'aux charges de 4 kilogrammes, laissent des résidus composés sur 100 parties de :

	Poudre		
		moins bonne	
	très-bonne	fine	grosse
1° sulfure potassique	67,23	12,12	17,87
2° sulfate —	13,15	39,94	54,14
3° carbonate —	14,85	44,73	23,15
4° sulfure de cuivre	3,88	1,39	3,77
5° charbon	0,49	1,82	1,05
6° oxide d'étain	0,40	»	»

Quand on tire avec des bouches à feu en fonte de fer, 4° et 6° disparaissent et rien ne les remplace.

§ 263.

Comme une combustion exacte ne laisse que le soufre et le potassium, tandis que toutes les autres parties de la poudre s'éloignent sous forme de gaz, le sulfure potassique rouge forme le résidu minimum. Mais lorsqu'il est accompagné de potasse non réduite, de soufre brûlé, de carbone non comburé, ou d'une partie de l'acide carbonique qui se combine à la potasse au lieu de s'éloigner, le résidu doit dépasser le minimum en poids et en volume; comme cette irrégularité dans la formation du résidu croît à mesure que la combustion est moins complète, et que la force de l'explosion décroît en même temps, une quantité d'autant moindre du résidu se trouvera enlevée sous forme de fumée, laquelle n'est autre chose que du résidu solide très-divisé. Par conséquent le résidu proprement dit, celui qui reste dans la bouche à feu, devient par un double motif d'autant plus grand que la combustion est moins parfaite, et par suite que la charge est moindre, et que le projectile empêche plus l'éloignement de la fumée, en obturant l'embouchure de la capacité où la combustion s'achève.

§ 264.

Le sulfure potassique absorbe avidement l'eau qui est en suspension dans l'atmosphère, et se dissout; le carbonate de potasse possède la même propriété, mais à un moindre degré; le sulfate de potasse et les autres parties ne la possèdent pas du tout. D'après cela un résidu dont la composition serait théoriquement exacte, se dissoudrait très-rapidement; et plus il contient des autres corps mentionnés, c'est-à-dire plus il est blanc et abondant, plus il se dissoudra lentement. Dans tous les cas la quantité de vapeur d'eau contenue dans l'air, a une influence décisive; ainsi plus l'air est saturé d'eau eu égard à sa température, (ce qui a lieu en général moins souvent dans les journées chaudes que dans les froides), et moins la paroi métallique de l'arme est échauffée, et par conséquent propre à vaporiser l'eau absorbée, plus le résidu se dissoudra facilement indépendamment de sa composition. La prompte dissolution est avantageuse non seulement pour l'éloignement de la croûte qui reste dans la bouche à feu, mais aussi pour celui de la partie enlevée sous forme de fumée; car une croûte peu soluble diminue les dimensions de l'âme, et rend les parois rugueuses, et une fumée peu soluble empêche pendant longtemps d'y voir en avant et autour de la pièce, surtout lorsqu'on tire hors de locaux fermés. Lorsque la croûte formée par le résidu s'est délayée, elle forme un liquide visqueux, et les substances insolubles dans l'eau, telles que le charbon, le sulfure de cuivre, etc., se reconnaissent alors à leur couleur noire. Pendant que la dissolution a lieu, le sulfure potassique s'oxide en décomposant l'eau, il se forme du sulfate de potasse, et l'hydrogène provenant de l'eau se combine avec une partie du soufre pour former du sulfide hydrique ; de là l'odeur d'œufs pourris qu'on remarque.

§ 265.

Durant l'absorption de la vapeur d'eau par le résidu, le calorique latent se dégage, tant que l'eau n'est pas décomposée, et qu'elle passe par conséquent de l'état gazeux à l'état liquide. Lorsque l'absorption est très-rapide, qu'elle résulte de ce que la matière absorbante, le sulfure potassique, est à un état de division très-grand, que des substances interposées l'empêchent de se coaguler et par conséquent de diminuer sa surface, et que de plus la masse est entourée de corps mauvais conducteurs, la chaleur s'élève jusqu'à l'inflammation. Une quantité de $0^k,007$ de résidu enveloppée dans des étoupes, s'enflamme dans l'espace d'un quart d'heure, plus ou moins vite, suivant que la matière contient plus ou moins de sulfure de potassium. Si l'on étend ce résidu en couches minces sur un corps métallique, il ne se manifeste pas d'élévation sensible de température, parce que le métal enlève immédiatement la chaleur développée.

§ 266.

Quoiqu'une inflammation de la charge suivante par l'ignition spontanée du résidu ne soit pas à craindre, il arrive cependant quelquefois que le charbon qui y est mélangé (§ 264) reste incandescent, et donne lieu à l'explosion de la charge suivante, surtout dans les armes qui tirent avec de petites charges, parce que ce sont précisément ces dernières qui laissent le plus de charbon non comburé. Un résidu déliquescent peut humecter les charges introduites dans la pièce, et gêne surtout quand on verse la poudre libre dans le canon, parce qu'alors une partie des grains reste suspendue aux parois de l'ame.

§ 267.

L'impureté du salpêtre trouble considérablement les effets de la poudre, diminue la masse gazeuse et la température, et augmente le résidu.

b). *Partie mécanique.*

§ 268.

La poudre ne peut conserver l'état pulvérulent, qu'elle a reçu par la trituration et le mélange des trois ingrédients. Comme dans cet état elle offre beaucoup de surface poreuse, elle absorberait trop l'humidité ; de plus, durant le transport les divers ingrédients se sépareraient en couches d'après leurs pesanteurs spécifiques diverses ; elle subirait beaucoup de perte par la formation du poussier, d'où résulterait aussi du danger, et comme le poussier contient plus de charbon que des autres ingrédients, le dosage se trouverait altéré. La combustion de la masse pulvérulente serait rapide, il est vrai, mais ne procéderait que par couches, et par conséquent plus lentement que lorsque la masse est condensée davantage, mais conserve des interstices qui permettent à l'inflammation primitive de se propager rapidement à travers toute la quantité. Cette circonstance acquiert d'autant plus d'importance que la charge est plus petite. Lorsque les charges sont fortes, le pulvérin (fraîchement préparé et n'ayant pas encore absorbé de l'eau) procure des portées aussi grandes que la poudre grainée. — On obvierait aux premiers inconvénients de l'état pulvérulent mentionnés ci-dessus, en convertissant en une masse compacte toute la quantité de matière nécessaire à une charge; mais alors la combustion serait encore plus lente; pour réunir l'inflammation générale la plus rapide possible des charges, aux conditions posées par la nécessité de la conservation de la poudre dans les magasins et dans les transports, on doit donc convertir toujours la matière mélangée en galettes compactes, puis diviser celles-ci en petites parcelles ou *grains*. Si l'on fabrique de la poudre pour la consommer immédiatement en fortes charges dans les armes de gros calibre, on peut l'employer non grainée sans que les effets en soient diminués.

§ 169.

Cette granulation, rendue nécessaire par les circonstances, est une source de nombreuses influences qui modifient les effets de la poudre, influences qui se dessinent principalement par le temps variable qu'exige la combustion. Les éléments de ces effets, quelquefois très-compliqués, consistent, dans la densité de la galette, ou celle du grain qui en résulte, la grandeur, la forme et le poli de ce grain, réunis au dosage. En général l'influence se divise en trois facteurs, *l'inflammabilité de chaque grain* (dépendant de la qualité et de la quantité du charbon, de la forme et du poli de la surface du grain), *la vitesse avec laquelle l'inflammation se propage à travers toute la masse* (dépendant principalement de la grandeur des interstices qui existent entre les grains), *et la vitesse de combustion de chaque grain* (dépendant du mélange chimique, mais principalement de la grandeur de la forme et de la densité du grain). Ces facteurs agissent-ils simultanément, de manière à ce que la combustion d'une charge ait lieu dans un minimum de temps, l'effet de cette charge sera alors le plus favorable possible dans les petites armes, parce qu'on obtient alors le maximum de la portée, avec une moindre charge; (car on peut déjà obtenir ce maximum avec une charge convenable d'une poudre moins combustible). A mesure que le calibre de l'arme augmente, l'effet destructeur des poudres combustibles se fait sentir de plus en plus, sans qu'on remarque une augmentation de la portée; et l'on ne peut pas obvier aux dégradations de l'arme (refoulements et affouillements) en diminuant les charges de poudre combustible, jusqu'à ce qu'on obtienne un minimum d'effet, encore suffisant pour le but proposé. L'action destructive de la poudre devient encore plus considérable, lorsqu'aux éléments mécaniques de la combustibilité s'ajoutent encore ceux chimiques, et surtout quant le charbon est très-hydrogéné. L'influence exercée sur la combustibilité par les conditions chimiques du dosage et par la qualité du charbon, a déjà été développée aux §§ 254 et suivants. Les influences des conditions mécaniques sont les suivantes

1) *La densité de la galette* est en rapport inverse de la combustibilité du grain isolé ; plus la galette est dense , moindre sera le volume d'une charge donnée, la grandeur et la forme du grain restant constantes ; plus vite par conséquent le feu se répandra à travers toute la masse (1).

2) *Plus le grain est volumineux* plus il emploie de temps à se comburer, moins il est inflammable parce que sa surface est moindre (2) , plus la flamme se répand facilement (parce que le volume de la charge est d'autant moindre).

3) *Plus le grain est anguleux*, plus il est inflammable, plus il se combure vite, (parce que la sphère offre le moins de surface sous un volume donné) , plus le feu se répand difficilement, mais aussi moins il aura d'espace à parcourir. Le grain rond donne une combustion plus régulière.

4) *Plus la surface du grain est lisse*, moins il est inflammable, mais plus la flamme se répand facilement à travers la charge, parce qu'elle n'est pas arrêtée par les aspérités et par le poussier.

Il paraît que le temps nécessaire à la combustion d'une charge dépend moins de l'inflammabilité de chaque grain, que de la rapidité de la communication du feu à travers la masse de poudre (où la grandeur de l'espace parcouru a une influence secondaire), et de la combustibilité de chaque grain. Le charbon roux , le grain rond, lisse et fin, et une faible densité, exerceront donc sur le temps de la combustion une influence prépondérante relativement aux autres éléments ; ces qualités sont donc avantageuses dans la poudre destinée aux armes portatives, mais dangereuses dans celle destinée aux bouches à feu. Pour celles-ci le grain doit être gros afin que l'inflammation se communique rapidement à travers les charges, et la densité doit être considérable , afin que le grain ne se combure pas trop vite. Dans tout ce qui précède on a supposé les grains de grosseur uniforme dans chaque es-

---

(1) Cette deuxième conséquence paraît un peu outrée, et n'est probablement pas vérifiée par le fait. Elle n'est pas très-clairement exprimée non plus dans le texte allemand. Elle doit signifier, qu'à densité supérieure, la forme et le volume des grains restant constants, une charge d'un poids donné renferme moins de grains, et que par conséquent le feu sera communiqué plus vite à tous les grains, que lorsqu'à raison de la densité absolue moindre, la charge de même poids contient plus de grains. Or ceci ne peut être rigoureusement vrai que si l'on suppose que la rapidité de la transmission du feu par les surfaces des grains est indépendante de la densité des grains ; rien n'autorise cette supposition.   (T).

(2) Sous-entendu : proportionnellement au volume.   (T).

pèce de poudre. Si l'on mélange des grains de différentes grosseurs, de nouvelles combinaisons se forment ; le volume des charges est moindre qu'avec
des grains uniformes de la plus grande dimension qui se trouvent dans le
mélange; la communication du feu est donc aussi plus lente, mais elle paraît
toujours rester plus rapide que dans les charges composées uniquement de
grains fins. Cette poudre mêlée est plus facile à produire, parce que dans la
fabrication il se forme toujours des grains de diverses grosseurs, d'où résulte la nécessité d'un triage pénible (égalisage) lorsqu'on veut obtenir des
poudres à grains uniformes. Cette poudre mêlée procure d'ailleurs les mêmes
effets que la poudre fine, surtout dans les bouches à feu, et attaque moins
aussi ces dernières. Dans les armes portatives elle produit des effets plus iné-
gaux que les poudres à grains uniformes.

§ 270.

Il y a similitude entre les propriétés favorables à la conservation de la
poudre dans les magasins et dans les transports. Il y a opposition au contraire entre celles qui favorisent l'inflammabilité et celles qui conviennent
au transport. Plus le grain est dense, lisse et volumineux, mieux il se transporte et se conserve. On ne sait pas encore si c'est la poudre ronde ou la
poudre anguleuse qui résiste le mieux sous ces rapports; la première paraît
absorber moins d'eau à densité égale du grain.

§ 271.

Il existe pour la poudre grainée deux pesanteurs spécifiques, l'une sans
les interstices, qui représente la densité absolue, ou celle du grain, l'autre
avec les interstices, et qui par conséquent se modifie avec la grandeur et la
forme du grain. [Plus la première densité est grande plus le grain peut être
petit; la densité de 1,46 à 166 paraît la plus convenable pour la grandeur
des grains usités dans les armes de guerre. Plus les grains sont petits et
anguleux, plus la densité relative est grande à l'égard de la densité absolue.
Les grains ronds occupent donc dans les mêmes circonstances le plus de volume, et exigent par conséquent pour le transport des récipients d'une
capacité plus grande. Le poids spécifique du grain peut varier de 1,2 à 2,0;
la méthode de condensation étant donnée, on obtient une densité absolue
d'autant plus forte que le mélange a été plus intime ; des variations dans le
dosage paraissent exercer moins d'influence à cet égard. Si l'on calcule le
maximum de densité qu'il soit possible de donner à une galette, en supposant le poids spécifique du salpêtre 2,100 (§ 22), celui du soufre pulvérisé le
plus dense 2,325 (§ 86) et celui du charbon pulvérisé 1,150 (§ 145), le dosage étant de 75 : 12,5 : 12,5, on obtiendra 2,100. (Quant à l'inexactitude
des mesures prises jusqu'à présent de cette densité voyez le § 346). La densité
relative varie de 0,800 à 0,970. Pour la poudre de guerre destinée aux
fortes charges la densité moyenne est de 0,880 à 0,900, pour les petites

charges 0.920, pour la poudre fine environ 0,950 ; la grandeur des grains
est très-variable. La poudre à canon plus grosse a environ 200 grains au
gramme, la poudre moyenne pour bouches à feu et pour armes portatives
1000, et la poudre de chasse superfine 60000. Dans les fortes charges les
grains peuvent être , sans inconvénient pour l'effet produit, gros comme des
pois, quoique dans les petites charges ces grains soient projetés au loin durant leur combustion.

§ 272.

Comme la poudre se combure d'une manière particulière dans chaque espèce d'armes d'après la construction de celles-ci, il y aurait pour chaque arme
une poudre dont les divers éléments donneraient exactement la combustibilité convenable, et seraient du reste combinés de la manière la plus avantageuse sous tous les autres rapports. Ceci n'est pas exécutable en grand
d'une manière complète ; tout ce qu'on peut faire , c'est d'avoir au plus 4 espèces de poudre différant seulement par la grosseur des grains. Presque
généralement on n'en emploie que 3 ; la poudre d'artillerie, celle d'infan-
terie et celle de chasse. Quelquefois on subdivise la plus grosse en poudre à
canon et poudre à mortiers et obusiers. Une longue expérience a fait voir
qu'on employait la poudre dans les proportions suivantes :

	Poudre à canon	pour mortiers et obusiers	pour armes portati ve
En campagne	2	1	5
Dans les siéges	10	4	1

Il serait très-avantageux pour la conservation des canons de fort calibre , par
exemple pour ceux en fonte de fer, de fabriquer une poudre particulière à
très-gros grains, et d'une combustion très-lente. Cette poudre fournit même
dans les gros calibres des portées plus grandes, quoique dans le mortier
éprouvette elle ne porte pas loin , cet instrument classant principalement les
combustibilités. La même chose a lieu dans la comparaison d'une poudre
très-dense et d'une poudre poreuse. Quelque soit le nombre d'espèces de
poudre qu'on fabrique , il est toujours avantageux de viser à une forte condensation , ce qui exige aussi un mélange intime qui n'est pas nuisible dans
les forts calibres. Ensuite on ne fera plus varier que la grandeur et la forme
des grains. Cependant ceci ne peut être poussé au plus haut degré de perfection que pour la poudre de chasse , parce que la poudre de guerre ne doit
pas coûter trop cher. Plus la galette est dense, plus les effets de la poudre
restent uniformes après le séjour dans les magasins et après le transport, et
plus la tension des gaz est grande (à cause de l'intimité du mélange) ; il en
résulte aussi la plus grande vitesse initiale, lorsque cette densité ne dépasse
pas 1,6 , car sans cela la lenteur de la combustion diminue l'effet ; en outre
la poudre dense agit moins destructivement sur les armes pour lesquelles
une combustion rapide est dangereuse. Dans les poudres légères ce défaut se

manifeste principalement quand elles sont de fabrication récente ; plus tard elles deviennent plus lentes en absorbant de l'eau ; mais leur combustibilité est alors très-variable. Dans des circonstances données ces poudres poreuses de fabrication récente manifestent une énergie supérieure, mais qui s'évanouit bientôt, et cela d'une manière très-irrégulière. Si l'on n'adopte pas la condensation la plus forte possible de la galette, il faut que pour la même charge de poudre (§ 269) le grain soit d'autant plus volumineux et plus rond que la condensation aura été moindre. Mais la granulation même la plus grosse ne peut contrebalancer l'effet nuisible qu'une galette trop poreuse exerce sur les bouches à feu. Par conséquent on ne doit jamais admettre pour la poudre de guerre, même lorsqu'il s'agit de l'employer en petites charges, une condensation au dessous de 1,4 (§ 271) ; les densités de 1,6 à 1,9 paraissent les plus convenables pour les poudres destinées à être employées en fortes charges. Une galette moins dense produit dans les fortes charges des effets destructeurs sur les canons, quelle que soit d'ailleurs la composition chimique de la poudre. — Plus le charbon est roux, plus le maximum de condensation devient indispensable (surtout lorsque le charbon destiné à la fabrication de la poudre de chasse contient du charbon fait avec de la toile, (§ 137) ; ear la poudre est d'autant plus friable et plus combustible que le charbon qu'elle contient est plus roux ; c'est pour cela que la qualité du charbon se manifeste d'autant plus énergiquement, que la densité du grain est moindre.

§ 273.

Lorsque les grains n'ont pas été convenablement dépouillés du poussier qui se forme durant la fabrication, ou lorsque du poussier s'est formé par suite du séjour dans les magasins, du transport, ou de manipulations, circonstance qui est d'autant plus fréquente que le grain est plus poreux, plus anguleux ou moins lisse, la poudre devient très-hygroscopique, et sa combustibité augmente en petites charges et diminue dans les grandes, parce que dans les premières l'inflammabilité supérieure du grain non poli prédomine, tandis que dans les secondes c'est le retard qu'éprouve la flamme pour se transmettre du point d'inflammation à travers toute la charge. L'inflammation plus rapide des petites charges est accompagnée d'effets d'une énergie plus variable. La grande influence que l'humidité exerce sur cette poudre, la rend bientôt beaucoup moins combustible et plus faible.

§ 274.

Tant pour diminuer les dangers de la fabrication, que pour éviter une perte inégale de matière par la pulvérulence, et enfin pour obtenir un mélange plus intime des trois ingrédients, et donner du liant à la masse destinée au grainage, au moyen d'une dissolution partielle du salpêtre, on ajoute de l'eau dans les diverses périodes de la fabrication ; il résulte de là qu'à la trituration, au mélange, à la compression et au grainage de la matière, il faut encore ajouter une nouvelle opération, le séchage, qui modifie la densité du grain en expulsant l'eau sous forme de vapeur. Cette addition d'eau doit par conséquent être limitée au minimum.

DES MACHINES ET DES ATELIERS EN GÉNÉRAL.

§. 275.

On emploie des machines nombreuses pour l'exécution des diverses divisions du travail de la fabrication de la poudre. Outre ce qui a été dit sur les machines en général dans l'introduction, l'éloignement du danger exige dans celles-ci une attention particulière. Ce danger peut naître non seulement des éléments des machines qui exécutent le travail, mais aussi, quand le poussier se répand, des éléments de transmission qui engrènent les uns dans les autres, et des parties qui servent de supports aux pièces qui se meuvent.

§. 276.

Dans les machines mêmes, il faut éviter de donner lieu aux inflammations que peuvent produire les chocs violents de corps durs, surtout de métaux, le broutement des pièces frottantes, les substances dures, pulvérulentes ou granulées s'introduisant du dehors, le mouvement vif, développant de la chaleur. On doit apporter d'autant plus de soin à cet égard que l'époque du travail pour laquelle la machine est employée, correspond à une intimité plus avancée du mélange des matières. Il faut se garder de compter sur l'humectation de la matière, qui doit avoir lieu dans ces divisions du travail, car dans une fabrication prolongée la prudence des ouvriers ne s'endort que trop vite, quand il n'y a pas eu d'explosion depuis long temps ; d'ailleurs une atmosphère très-sèche ou un courant d'air, peuvent quelquefois enlever d'une manière extraordinairement rapide l'eau d'humectation. Une quantité de 3 à 4 p. 0/0 d'eau ne peut en général empêcher l'inflammation. —A mesure que l'intimité du mélange augmente, la quantité sur laquelle on opère à la fois doit diminuer, et cette dernière doit être constamment bien isolée de celles qui ont déjà été travaillées ou de celles qui doivent l'être. Les machines doivent être souvent visitées ; on verra s'il s'y forme des fissures laissant passer du poussier, ou dans lesquelles la galette peut être pressée ; mais c'est surtout à la formation de creux dans les parties métalliques travaillantes, ou à l'existence de petites parties de métal détachées, qu'il faut porter la plus grande attention. Si les machines ont d'après leur construction des cavités dans lesquelles la galette peut se rassembler, on doit à chaque nettoyage des bâtiments, enlever cette dernière après l'avoir humectée.

§. 277.

Pour les parties de machines qui doivent exercer des pressions, ou laminer lentement par rotation, l'emploi d'un métal ne présente pas plus de danger que celui du bois ou de la pierre, qui s'usent promptement ; ces derniers matériaux ont de plus l'inconvénient de devenir rugueux, et deboire l'eau ; le danger devient ainsi plus grand que lorsqu'on emploie des métaux dont la surface est polie et dure, exempte de cavités, de pièces rapportées, ou de parties bouchées au mastic etc. Lorsqu'on emploie le bronze il faut qu'il contienne 18 à 20 p. 0/0 d'étain ; sans cela il est trop mou et devient bientôt rugueux ; la fonte de fer est plus avantageuse ; mais a toutes les parties qui doivent venir en contact avec la galette, ou qui doivent frotter sur d'autres, il faut enlever la croûte de moulage, parce qu'elle contient du sable, ou du silicate de fer. — Il convient aussi d'exécuter en métal tous les éléments qui transmettent ou modifient le mouvement ; il est à désirer toutefois que des pièces qui engrènent mutuellement se trouvent en dehors de locaux de travail ; cette observation est principalement applicable à ceux où l'on ne peut empêcher complètement la formation du poussier. Les roues d'engrenage, les manchons, etc., qui se trouvent toujours dans les locaux de travail, doivent d'abord se transmettre le mouvement en produisant le moins de frottement possible, ce qui dépend de l'exactitude de la taille de leurs dents, puis ils doivent être calés si solidement sur les arbres, que le moindre déplacement à l'égard de ceux-ci soit impossible, car il résulterait de ce déplacement un frottement continu de glissement. La suppression des frottements etc. exige d'autant plus de soin que la force dépensée est plus considérable. L'emploi abondant d'un enduit graphitique (huile d'olives, suif et graphite) pour toutes les surfaces frottantes, ne doit pas être négligé. Chaque fois qu'on graisse, il faut commencer par éloigner avec soin le cambouis provenant du graissage précédent, si du poussier s'y est mêlé.

§ 278.

Dans les dispositions à adopter pour les machines, il faut toujours compter sur ce qu'on ne peut pas les laisser fonctionner sans une surveillance continue ; par conséquent on ne doit pas admettre l'augmentation des chances dangereuses, dans la supposition que les hommes n'y seront pas exposés.

§ 279.

Le terrain à choisir pour l'emplacement d'une poudrerie doit être autant que possible de nature compacte. Le sable, même à distance, est toujours dangereux. On évitera les voies très-fréquentées ou les eaux navigables, quoique les frais du transport s'en trouvent augmentés. Dans l'intérieur, les communications servant au transport du produit, ne doivent pas être pavées ni pourvues de rails. Les habitations du personnel administratif, les étables, les écuries, etc., doivent être placées entièrement en dehors de la fabrique.

§ 280.

Les locaux de travail doivent être petits, d'une construction légère, et isolés ; ceci est surtout nécessaire pour ceux qui servent au mélange et au grainage. Les dégats qu'on ne peut pas éviter complètement, deviennent d'autant plus coûteux et plus dangereux, que les bâtiments sont plus grands et présentent plus de résistance. On n'attachera aucune importance à l'élégance pour ces constructions. Lorsque le bâtiment est impénétrable à l'humidité et à la poussière, il répond complètement au but. Ce sont les constructions en bois qui sont les plus avantageuses après celles en clayonnage et torchis ; les briques cuites et le mortier ne sont pas à recommander. Dans aucun cas le plafond ne doit être plâtré. Les bâtiments destinés aux branches les plus dangereuses du travail, ou à la conservation du produit entièrement ou partiellement achevé, doivent être séparés des autres par des traverses en terre. Les toits des ateliers sont pourvus de ventaux s'ouvrant du dedans au dehors, ou bien ils sont entièrement en planches ; au dessus des machines les plus dangereuses on doit placer des réservoirs d'eau dont les robinets s'ouvrent par le jeu de pièces de machine qui ne peuvent se déplacer que lors d'une explosion. Toutes les portes des locaux sujets aux explosions doivent s'ouvrir du dedans au dehors.

§ 281.

Les fenêtres des ateliers doivent être disposées ou garanties de manière que le soleil du midi ne les frappe pas ; si cela est impossible on les enduira d'une couche mince de couleur blanche à l'huile, ou bien on fera dépolir les carreaux à l'acide. On doit éviter les carreaux contenant des lentilles, des grains, etc., principalement du côté du soleil. La porte doit être garantie par tous les moyens contre l'irruption du vent ; ainsi lorsqu'il y a des traverses, le débouché doit donner sur celles-ci. Le sol est recouvert d'une couche d'argile grasse battue, comme l'aire de certaines granges. En outre il est recouvert d'une couche de sciure humide d'environ un centimètre d'épaisseur. Ce recouvrement mérite la préférence sur les prélats, si difficiles à nettoyer. Si du pulvérin tombe sur la sciure de bois, on la remplace immédiatement par une couche fraiche. Les travailleurs se chaussent de sandales en feutre lorsqu'ils entrent et se déchaussent lorsqu'ils sortent. Si les ateliers sont traversés par des tuyaux calorifères ou autres appareils de ce genre, on doit blanchir ceux-ci à la chaux quand cela est possible, afin que le poussier qui pourrait s'y déposer soit visible. — Toutes les serrures, les clous, etc., son ou en cuivre ou fortement étamés.

282.

Tous les locaux qui contiennent de la matière en fabrication, ne peuvent à l'ordinaire être employés plus longtemps que le jour ne le permet. Si dans des cas pressants on doit avoir recours à un éclairage artificiel, on le fera avec des lampes d'Argant où à gaz, jouissant d'un bon tirage; la lanterne n'est introduite à travers le mur que par la partie antérieure. Le verre doit être assez éloigné de la flamme pour ne pouvoir s'échauffer; afin qu'il ne puisse être brisé dans l'atelier, il est garanti par un double treillage métallique. La lumière est distribuée dans toutes les parties de l'atelier, au moyen de reflecteurs bien polis ou de miroirs en verre. On ne chauffera qu'au moyen de la vapeur d'eau ou de l'air chaud.

§ 283.

Pendant le travail, on veille à la plus grande propreté, et au prompt éloignement du poussier qui se dépose, ou de la galette qui s'attache, etc.; mais toute matière qui doit être éloignée est préalablement humectée. Toute quantité de matière travaillée est immédiatement transférée dans un magasin particulier, massif et à doubles portes. Le samedi après midi on procède à un nettoyage général, durant lequel on enlève les fenêtres si le temps est favorable. On jette les balayures dans l'eau, on dessèche la sciure de bois, pour autant que cela convienne, et on l'emploie de nouveau. On ne doit dans cette visite omettre aucune partie, même la plus cachée, où du poussier pourrait s'être déposé. Si l'on ne pouvait y atteindre facilement, ce qui accuserait un défaut de construction, on verserait de l'eau à la place douteuse. A l'occasion de ce nettoyage on vérifiera aussi si les parties de machine qui engrènent dans l'intérieur des locaux, et qui par conséquent peuvent causer des explosions, ne portent pas des traces de glissement, ce qui peut arriver par suite d'un très-léger déplacement des pièces. Si l'on découvrait des places usées et luisantes, il faudrait porter remède immédiatement.

§ 284.

Le transport des matières mélangées, ou du produit déjà plus avancé dans la fabrication, ne doit pas se faire dans des barils à cercles qu'on ôte et remet, mais dans des tonneaux à cercles fixes et à couvercles libres et à recouvrement; des caisses rectangulaires en bois bien calfatées, ou doublées de métal, valent encore mieux pour cet usage. (Voy. *Conservation.*)

DIVISIONS DU TRAVAIL.

Pesage.

§. 285.

Si le salpètre est sous forme de petits cristaux, ou fondu en pains, et que le charbon est fraîchement préparé, ou qu'il a été conservé quelque temps en morceux dans des vases bien fermés, on peut procéder au pesage sans correction. Dans le cas contraire on doit sécher fortement un échantillon de charbon, en fondre un de salpètre, et dans le pesage tenir compte de la perte trouvée, en l'estimant comme humidité.

Trituration et mélange.

§. 286.

Le salpètre qui a été fondu en pains se triture particulièrement bien, presqu'aussi bien en petits cristaux, et très-mal en grands cristaux, parce que ceux-ci renferment des eaux mères ; dans ce dernier cas il doit être à moitié broyé, puis desséché, puis trituré à fond. — Le soufre se pulvérise difficilement seul, parce que le frottement le constitue dans l'état électrique, et que les parcelles s'attachent et se pelotonnent; il est d'autant plus difficile à triturer que sa densité est plus forte, c'est-à-dire que sa température a été plus élevée à la fusion (§. 86), et qu'il a été coulé en morceaux plus petits (§. 98). Plusieurs poudres des pilons, lorsqu'on les délaie dans l'eau, en remuant, et qu'ensuite on les laisse reposer, déposent leur soufre isolé en parcelles assez grosses au fond du vase. Le salpètre et le soufre, convertis séparément en poudre très-ténue, et conservés quelque temps en tas un peu considérables, s'agrègent de nouveau en masses compactes, et demandent une nouvelle trituration. Cet effet est d'autant plus prononcé que le degré de finesse des matières était plus élevé. Triturés ensemble ils forment également des grumeaux, mais pas si durs que quand ils sont séparés. Le charbon se pulvérise d'autant plus facilement qu'il est plus roux (§. 145) ; il éprouve de la perte dans cette opération, par la formation du poussier, et s'enflamme quelquefois par suite d'une forte friction. Par ces deux motifs on l'humecte lorsqu'on le triture séparément. — D'après ce qui a été dit plus haut il est préférable de ne jamais triturer le soufre et le charbon séparément, mais toujours ensemble, ou bien chacun de son côté simultanément avec le salpètre, ce qui procure en même temps un commencement de mélange. Mais il est avantageux de broyer d'abord grossièrement chaque substance séparée.

§. 287.

Les substances triturées, ont toujours encore besoin d'être tamisées, quelque bons que soient les appareils de trituration; car même lorsque l'opération est prolongée considérablement au moyen de machines, de petites portions de matière sont toujours soustraites à la pulvérisation. Dans les dispositions les plus avantageuses, l'appareil de blutage forme une partie immédiate de la machine à triturer. Dans le cas où l'on n'emploie pas cette disposition on se sert de blutoirs cylindriques. Ils consistent en un axe en bois portant des rais qui le relient à une cage, laquelle est enveloppée de la toile à bluter. Ils ont 1^m,80 à 3^m,75 de longueur, et 0^m,50 de diamètre, sont placés dans une caisse, dans une position inclinée, l'extrémité supérieure étant de 0^m,20 plus élevée. A la partie supérieure de l'axe est fixée une manivelle au moyen de laquelle on fait tourner le blutoir ; un entonnoir sert à introduire par la partie supérieure les matières pulvérisées. Dans la caisse et près de l'ouverture inférieure du blutoir se trouve un compartiment, pour recevoir la matière qui n'a pu traverser le canevas.

§. 288.

Il paraît qu'on peut, à l'effet de mieux boucher les pores du charbon, et de lui enlever son pouvoir hygroscopique, employer avantageusement la méthode de triturer et de mélanger simultanément le soufre et le charbon , de chauffer le mélange jusqu'à 103°, point de fusion de soufre, afin de faire absorber ce dernier par le charbon , puis de triturer de nouveau. Il paraît que l'intimité du mélange et la densité sont déjà rehaussées, et que l'eau devient inutile lorsqu'on mêle à une température de 50°.

§. 289.

Le triturage et le mélange exécutés par les pilons ou les marteaux, ainsi que par les meules, sont laborieux et acccompagnés d'une perte de matières ; ces opérations se font beaucoup plus rapidement , plus complètement , et sans déchet au moyen des tonnes. Ce sont des cylindres de fort diamètre dont l'axe est horizontal. Le travail est d'autant plus économique, et la trituration d'autant plus complète que le diamètre est plus grand et l'axe plus court. On ne peut pas, en prolongeant le mouvement des petites tonnes, produire un mélange aussi intime que celui qu'on obtient en peu de temps au moyen des grandes. Le mélange est beaucoup plus parfait, que celui opéré par les pilons ou les meules, et sans qu'on ait besoin d'humecter. Or l'humectation est nuisible, et doit cependant être considérable, jusqu'à 10 p. 0|0 dans les deux derniers procédés, soit pour diminuer la formation du poussier , soit pour éviter le danger, soit enfin pour rendre le mélange plus complet par la dissolution d'une partie du salpètre.

§. 290.

Pour opérer la trituration , on introduit par la portière de la tonne, outre la substance à pulvériser, des gobilles en bronze dur , en alliage d'étain et d'arsenic ou d'antimoine; le poids des gobilles monte jusqu'au triple de celui de la matière à triturer ; la portière est ensuite fermée. Pour pulvériser le charbon seul on peut aussi employer des balles en plomb. L'enveloppe convexe des tonnes doit faire ressort, parce que sans cela la masse s'échauffe trop; mais cette enveloppe doit en même temps offrir une résistance suffisante pour pouvoir supporter le choc des gobilles qui sont constamment lancées contre elle. Les meilleures sont construites en fort cuir de semelle, qu'on soutient par 12 tringles en bois en forme de prismes à base triangulaire , formant le sque-

Jette de la tonne, et que les gobilles choquent. Il vaut encore mieux de substituer au cuir une forte toile métallique à mailles très-fines (1), qui laisse immédiatement passer les substances pulvérisées, et qui expose aux chocs des balles celles non encore suffisamment écrasées, en les faisant passer sur des lattes obliques disposées comme les aubes d'une roue hydraulique à courant par dessus. Lorsqu'on emploie les tonnes en cuir, on remplace la portière pleine par une autre munie d'une toile de tamis, quelque temps après l'achèvement de la trituration et la cessation du mouvement, afin que le poussier qui voltige dans l'intérieur ait le temps de se déposer préalablement. Puis on tourne lentement la tonne ce qui fait tomber la matière pulvérulente dans une caisse placée en dessous. Le mouvement de rotation des tonnes qui doit commencer et finir avec lenteur, donne une vitesse à la circonférence de 1^m,25 à 1^m,50 (2). La charge occupe environ le tiers de la capacité de la tonne. Les gobilles sont coulées d'un alliage de 20 parties d'étain sur 100 de cuivre, soit en sable soit en coquilles, puis polies. La tonne et le récipient sont renfermés dans une chape en bois, afin que le poussier formé ne puisse se répandre dans l'atelier (V. le dessin).

§ 291.

La mixtion par les tonnes s'exécute d'une manière analogue à la trituration; seulement on opère sur une masse de matière beaucoup plus considérable, et quelquefois, pour diminuer le danger, on y remplace par des boules pressées hors des galettes au moyen d'un appareil spécial, les gobilles métalliques, qui dans ce cas ne sont qu'en bronze (75 de cuivre et 25 d'étain). Ces boules en galette deviennent d'autant plus dures qu'elles ont servi plus longtemps. On se servirait aussi de ces boules pour la trituration au lieu des gobilles métalliques, (ces dernières introduisant dans la matière un sulfure métallique en s'usant), mais elles seraient trop promptement brisées parce que la masse de matière est trop petite. Les gobilles les plus avantageuses pour la trituration sont les grosses (de 26^{mm} de diamètre) ou les grosses et les petites à la fois; pour le mélange il faut employer les petites (de 9^{mm}). Les tonnes mélangeoirs mêleraient mieux, avec moins de danger, et coûteraient moins si l'on n'employait pas de gobilles, mais une tonne entièrement en

---

(1) Pour pouvoir exécuter ce projet il faudrait d'abord pouvoir se procurer une toile métallique assez résistante et en même temps à mailles assez fines, deux conditions qui ne paraissent pas faciles à réunir.   (T)

(2) D'après cela si l'on nomme d le diamètre de la tonne il faudra que la poulie motrice fasse par minute un nombre de tours exprimé par $n = \dfrac{60 \times (1,25 \text{ à } 1,50)}{\pi d}$; par exemple si le diamètre de la tonne est de 1^m, elle devrait tourner à une vitesse de 24 à 30 tours par minute.   (T)

bois avec des parois de séparation suivant les rayons, portant un grand nombre d'entailles longitudinales à angles vifs.

§ 292.

Par le mélange au moyen des tonnes le poids spécifique de la matière augmente avec l'intimité du mélange. La densité augmente donc avec la durée de l'opération, lorsque la machine est la même; quand les tonnes sont différentes, cette densité croît avec le diamètre des tonnes, et par conséquent avec la hauteur de chûte et la vitesse de rotation (1). La densité du mélange due à la durée du travail croît rapidement au commencement de l'opération, puis de plus en plus lentement, et finit par atteindre un maximum. L'intimité du mélange se reconnaît encore à ce que ce dernier paraît graisseux au toucher, manifeste peu de tendance à se dissiper en poussier, s'agglomère facilement en boule par la pression de la main, et se prête aux empreintes délicates. Plus le liant communiqué à sec à la matière par un mélange intime est considérable, moins on aura besoin d'eau d'humectation pour la condenser et grainer, ce qui est d'un grand avantage pour la consistance du grain et pour sa conservation dans les magasins et durant le transport. L'influence qu'une bonne trituration exerce sur le temps de la combustion, paraît se dessiner surtout quand la densité de la masse est faible.

§ 293.

Pour fabriquer les espèces de poudres plus fines et plus chères, on pousse plus loin la trituration et le mélange, que pour la poudre de guerre. On atteint ce but en augmentant la durée des opérations et diminuant en même temps la quantité de matière sur laquelle on opère.

Compression.

§ 294.

La compression de la matière mélangée peut tomber déjà dans la dernière période de la trituration et du mélange, ou avoir lieu seulement après l'achèvement de cette dernière opération.

---

(1) L'auteur oublie qu'il a posé au § 290 la règle d'une *vitesse à la circonférence* indépendante du diamètre de la tonne, ce qui exige que la *vitesse de rotation*, c'est-à-dire le nombre de révolutions complètes correspondant à un temps donné, soit inversement proportionnelle aux diamètres des tonnes. Or pour que la vitesse à la circonférence augmentât avec le diamètre des tonnes, et influât sur la densité de la matière, il faudrait que celle de rotation fut constante pour toutes les tonnes, et par conséquent, que la vitesse à la circonférence devint proportionnelle aux diamètres de celles-ci. Cette observation s'applique à l'erreur qui existe dans la pensée de l'auteur; il y a une seconde erreur dans l'emploi du mot (umdrehuugsgeschwindigkeit *vitesse de rotation*), où l'auteur a voulu évidemment parler de la vitesse à la circonférence.

(T)

§ 295.

Une partie de la densité obtenue par la compression, est perdue pour la poudre finie, lorsqu'on humecte la masse pour exécuter cette opération ; car cette humidité doit ensuite être expulsée. L'espace qu'occupait l'eau se remplit alors d'air, et comme l'eau, pour être éloignée, doit être convertie en vapeur, que celle-ci occupe beaucoup plus de volume que le liquide, et que le salpêtre qui a été dissous dans l'eau, tend avec une grande énergie vers la forme cristalline, en écartant les autres particules, la masse doit se dilater, c'est-à-dire perdre de sa densité par suite de cette transformation. Cette perte de densité sera d'autant plus considérable, que la matière contenait plus d'eau durant la compression. Les méthodes de condensation produiront donc d'autant moins d'effet, que le moyen employé exigera le concours d'une plus grande quantité d'humidité. Les saisons ont même de l'influence sur le plus ou moins de densité de la galette, en ce que pour la même méthode elles forcent à employer plus ou moins d'eau suivant le plus ou moins de rapidité avec laquelle la matière se dessèche. C'est pour cette raison que de deux poudres fabriquées à l'aide des mêmes machines, celle qui a été faite en hiver se conserve mieux que celle confectionnée pendant l'été. — Dans le battage de la matière déjà mélangée, exécuté au moyen de pilons en bois ou en métal, ou de marteaux, et de mortiers en bois, le danger et la perte de poussier sont grands ; c'est pour cette raison qu'on doit humecter fortement, et l'on est obligé, afin que la poudre des pilons ne devienne pas trop peu dense, de la former en grains très-fins. Le travail qui s'exécute au moyen de deux lourdes meules tournent sur une semelle horizontale, présente moins de danger. On peut donc dans ce cas réduire beaucoup l'eau d'humectation, et une condensation opérée au moyen de meules très-pesantes et marchant très-lentement, produit par conséquent (à peu près dans le quart du temps) un grain fini beaucoup plus dense que le battage au moyen de pilons. Le moulin à meules achève la mixtion qui n'a pu atteindre le dernier degré de perfection dans la tonne, et produit en dernier lieu la condensation. Les presses hydrauliques et celles à vis, lui sont donc inférieures, en partie parce que ces machines ne peuvent pas compléter la mixtion faites par les tonnes, et en partie parce qu'elles compriment à la fois un grand nombre de couches de matière humide, et que la force ne suffit pas pour leur communiquer à toutes la densité désirable. On doit donc ici employer une assez grande quantité d'eau d'humectation, afin de chasser l'air qui empêche l'adhérence des particules ; malgré cette humectation la condensation laisse à désirer, sans compter que l'eau se partage inégalement, entre les parties intérieures et celles extérieures des couches de matière, (elle s'écoule même sous une très forte pression) ; il résulte de là que les grains finis sont très-inégalement denses, et que les plus denses broient les autres durant le transport. Ces presses qui compriment beaucoup de couches à la fois, ne sont donc pas plus avantageuses que les meules, et leur maniement, même dans les circonstances les plus favorables, exige 8 fois plus de temps. Si l'on veut employer utilement ces presses, il faut les faire agir, non sur la matière simplement mélangée, mais sur celle dont le mélange a été achevé et qui a été comprimée par les meules, puis triturée de nouveau. Le laminoir est dans tous les cas beaucoup plus avantageux; il ne comprime qu'une couche à la fois, et avec une très-grande force, cette couche passant entre les deux rouleaux, et n'exigeant pas d'humectation. Dans ce cas aussi on obtient le résultat le plus favorable, en achevant le mélange et en exécutant une condensation préparatoire par les meules, et réduisant la matière ainsi pressée en poudre ténue, qu'on fait passer ensuite au laminoir sans humecter davantage. La matière pulvérulente soumise à la deuxième pression a conservé dans chacune de ses particules la densité reçue par la pression préparatoire. La condensation serait encore plus considérable, si outre la pression on faisait agir sur la matière une température de 80 à 100°, ce qu'on pourrait obtenir en chauffant les deux rouleaux, ou l'un d'eux seulement, et sans qu'il en résultât une augmentation notable du danger.

§ 296.

Lorsqu'on fabrique la poudre très-fine (celle de chasse), on répète toujours la compression plusieurs fois, afin d'obtenir la densité la plus forte; on pulvérise pour cela la galette obtenue par les meules, et on condense de nouveau sous les meules. Pour la poudre superfine cette galette est grainée, puis le grain séparé du poussier, formant par conséquent la partie la plus dense, est de nouveau converti à sec en galette au moyen du laminoir; puis on graine de rechef; on répète ces opérations six à huit fois pour obtenir la poudre la plus fine. Les meules constituent donc la machine à condenser la plus avantageuse pour la poudre de guerre, et le laminoir pour la poudre de chasse; le travail au laminoir serait trop dispendieux pour la poudre de guerre.

§ 297.

La condensation au moyen des meules est d'autant plus forte, à temps égal, que les meules et la table sont plus lourdes et plus lisses, (les meules pèsent jusqu'à 2400 kil. chacune). La densité obtenue augmente encore avec la lenteur du mouvement ($4^m,40$ à $1^m,50$ par seconde), et enfin avec la petitesse de la charge et celle de la proportion d'eau qu'elle contient à la fin de l'opération. Si les deux premières données sont fixées par la construction de la machine, les deux dernières sont à la disposition de l'ouvrier. Le minimum de la charge est déterminé par la condition que toute l'étendue de la voie des meules doit être couverte de matière sur une épaisseur d'au moins 13^{mm}; la quantité d'eau doit être telle, que tant que la trituration continue la matière soit pâteuse, et s'écarte de dessous les meules, mais que durant la condensation la consistance augmente jusqu'à ce que du poussier commence à se former. L'humectation doit donc varier d'après la sécheresse plus ou moins grande de l'atmosphère. Le poussier provenant d'opérations antérieures et qui doit être simplement condensé, demandera aussi moins d'eau que la matière neuve, et cela parce qu'il a déjà été mélangé et condensé, ce qui fait qu'il est moins enclin à la pulvérulence. En général une composition exige d'autant moins d'eau pour avoir la consistance pâteuse, que le mélange devient plus intime.

§ 298.

L'eau qu'il est nécessaire d'ajouter à la matière sous les meules, doit être très-uniformément distribuée. On laisse donc reposer plusieurs heures, après l'avoir humecté, le mélange qui sort des tonnes à l'état sec, et on le fait remuer souvent afin que l'eau soit absorbée bien uniformément. Celle qu'on ajoute pendant le travail doit être distribuée au moyen de cribles à trous très-fins, ou ce qui vaut encore mieux, on la fait arriver en vapeur.

§ 299.

La durée du travail par les meules, variera beaucoup suivant l'état de l'atmosphère, (la condensation se faisant d'autant plus lentement que l'eau d'humectation se vaporise plus vite), et suivant l'intimité du mélange, et la densité que possède la matière. La meule travaille en tous cas dans les conditions les plus avantageuses, lorsque le mélange de la matière qui forme la charge est déjà aussi avancé que les appareils à mélanger le permettent. Lorsque la mixtion est encore très-incomplète, les meules emploient à la parfaire presque le double du temps qu'il aurait fallu pour cela à la tonne. Plus on ajoute à la matière neuve de poussier provenant d'opérations antérieures, plus la durée du travail est abrégée. Lorsque les ouvriers sont bien exercés, il n'est pas nécessaire de faire chaque fois un nouvel essai pour s'assurer que la densité convenable soit atteinte; toutefois il faut qu'il existe à cet égard un contrôle. La vérification la plus simple de la densité consiste à couper au moyen d'un petit appareil, un cube de galette de dimension donnée, et à le peser.

§ 300.

Le laminoir opère rapidement et produit une forte densité; la matière destinée à être comprimée par cette machine n'a pas besoin d'être plus humide qu'avant les opérations précédentes.

Grainage.

§ 301.

Il y a deux méthodes différentes de grainage. D'après la première, on brise la galette en parcelles anguleuses que des opérations subséquentes arrondissent plus ou moins. D'après la deuxième, on forme des grains sphériques avec la matière telle qu'elle sort des tonnes à mélanger. Par la deuxième méthode on n'a pas encore pu réussir à donner au grain peu compact la densité nécessaire au moyen d'opérations subséquentes. Cette méthode de grainage ne peut donc pas être employée pour des poudres destinées aux armes de forts calibres, parce que leur combustibilité serait trop grande, et que par conséquent elles endommageraient ces armes.

§ 302.

Tous les grains anguleux sont formés de la manière suivante : La galette, qui contient encore environ 3 à 9 p. °/₀ d'eau, est brisée au moyen de lourds tourteaux dans des cribles mus rapidement, ou dans des plaques trouées, ou sur des tringles en bois très-rapprochées, sur lesquelles tombent de lourds disques métalliques ou des balles, etc. ; les parcelles assez petites sont chassées à travers les ouvertures. Ces parcelles peuvent être classées par des opérations subséquentes, ou bien elles le sont immédiatement après leur formation en tombant par les ouvertures précitées. Ces ouvertures sont, pour la facilité du travail, généralement plus grandes que le grain le plus fort demandé ; les parcelles qui sont plus fortes que ce dernier sont séparées pour être soumises à un nouveau grainage, ou lorsque la classification des grains a lieu simultanément avec le grainage, ces parcelles sont quelquefois ramenées sur le crible par une disposition de l'appareil même.

§ 303.

Plus les galettes sont humides, moins il se répand de poussier, et par conséquent moins il y a de danger ; mais par contre le grain perd plus de sa densité, et forme plus de poussier ensuite. D'après cela lorsque les galettes sortent très-humides de la dernière condensation, on les laisse essorer à l'air un à trois jours avant de procéder au grainage ; il suffit que la galette conserve 3 p. 0/0 d'eau. Si les galettes sont très-compactes, on les concasse avec des marteaux à main, avant de les mettre sur le crible, ou bien on les soumet à un grainage préparatoire au moyen de cribles à percées très-larges, afin d'abréger le grainage proprement dit et de ne pas obtenir des grains trop denses (?). Les galettes légères sont fortement condensées par la chute des corps lourds destinés à faire passer la matière par les ouvertures. Par conséquent, lorsque la galette n'est pas suffisamment dense, on peut utiliser l'opération du grainage pour compléter la densité, en ne concassant pas les galettes avant de les introduire dans le crible. Veut-on, au contraire, obtenir une poudre légère, on brisera les galettes en parcelles très-petites, de manière qu'elles passent promptement par le crible. Le grainage est toujours une des opérations les plus dangereuses de la fabrication de la poudre, et le danger croît avec la petitesse de la quantité de matière qui reste sur les cribles. Il est donc avantageux de maintenir plein le crible dans lequel la di-

vision s'opère, en remplaçant constamment par de la galette nouvelle celle-
qui passe sous forme de grain. De plus, on doit nettoyer fréquemment les
cribles (une fois par heure ou par demi-heure).

§ 304.

Les cribles, consistant en plaques percées, etc., ont le plus souvent la forme
des cribles ou des tamis ordinaires, et alors on leur communique le mouvement de va-et-vient à la main; quelquefois on ne les pousse que dans une
direction; une disposition agissant en guise de ressort les relance alors dans
la direction opposée. On fixe aussi plusieurs cribles sur un châssis suspendu
au moyen de cordes, et qu'on pousse ou qui est mis en mouvement par un
arbre coudé. Plus récemment on a employé comme crible la paroi convexe
percée d'une tonne rotative.

§ 305.

Le mouvement des cribles doit être renfermé entre certaines limites va-
riables avec la grandeur de ces outils, le poids des corps choquants et les
dimensions des perces. Si le crible se meut trop rapidement, le danger est
augmenté, et il se forme trop peu de grain et trop de poussier; le mouvement
est-il au contraire trop lent, il se forme un trop grand nombre de grains trop
gros ayant besoin d'une seconde opération, qui produit de nouveau du poussier. Le nombre d'excursions est de 60 à 70 par minute (1); on obtient alors
$\frac{1}{4}$ de la galette en grains.

§ 306.

Les toiles à tamis sont en fil de laiton, en filaments d'écorces ou de racines,
en roseau ; les fonds de crible sont des feuilles de cuivre, de parchemin ou
de cuir, percées. Les cribles ou tamis en métal sont ceux qui se nettoient le
plus facilement; ils retiennent aussi le moins de poussier. Les cribles en
cuivre se recouvrent bientôt d'un sulfure de cuivre et donnent alors un grain
très-lisse. Ceux en parchemin sont sujets à se couper lorsque les galettes sont
très-dures, et que par conséquent les grains présentent des angles vifs ; ils
souffrent aussi beaucoup de l'humidité. Comme les perces s'élargissent par là,
elles doivent toujours, dans les cribles en parchemin et en peau, être moindres
que les mailles des tissus métalliques, pour fournir le même grain que ceux-
ci. Cette différence doit être d'environ $\frac{1}{5}$. Les cribles en parchemin doivent
être percés à l'aide de machines, afin que les perces soient uniformes de grandeur et également espacées.

§ 307.

Les tambours de grainage (écureuils) ont une construction spéciale. Pour
grainer les galettes ordinaires des meules, on emploie un cylindre horizon-

---

(1) Le texte dit *par seconde*, ce qui est probablement une faute typographique.   (T.)

tal dont la paroi convexe est une toile métallique. On y introduit la galette au moyen d'un entonnoir qui débouche dans l'un des fonds; et la division de la matière est opérée par 20 balles en bois de 0^m,04 de diamètre. Les grains traversent les mailles de la toile métallique, et tombent sur des tamis égalisoirs mis en mouvement par la force motrice qui produit la rotation. Les galettes provenant du laminoir sont trop dures pour se prêter à cette opération, et l'appareil qu'on emploie dans ce cas est plus compliqué. Il consiste, comme le précédent, en un tambour de 1^m,067 de diamètre dont la paroi convexe est composée de portions en toile métallique qui se rapportent au moyen de cadres sur lesquels la toile est tendue. Ce tambour reçoit son mouvement de rotation d'un fort axe horizontal qui ne le traverse pas entièrement, mais qui est fixé à une forte bride dans l'intérieur du tambour. Dans l'autre fond du cylindre se trouve une ouverture circulaire dans laquelle débouche la douille courbe d'un entonnoir auquel la galette est apportée directement ou par un babillard (comme dans les moulins à farine). Dans l'intérieur de ce tambour cylindrique s'en trouve un autre composé de liteaux fixés dans les deux fonds du premier. Ce deuxième cylindre a 0,879 de diamètre, et entre les liteaux on a ménagé des intervalles de 0^m,002. On y introduit avec la galette 8 à 10^k de balles d'étain (du même diamètre que les balles de fusil). Ces balles rompent la galette contre les liteaux : les plus petites parcelles traversent et tombent sur la toile métallique, que les grains les plus fins traversent également, pour tomber sur un système d'égalisoirs placés dans une position oblique et qui sont mis en mouvement par un agitateur. Les grains qui sont trop gros pour traverser la paroi convexe en toile métallique, sont ramenés par la force centrifuge dans le cylindre interne en bois par un conduit oblique en cuivre dirigé en sens inverse du mouvement. Arrivés dans le cylindre intérieur, ces grains sont de nouveau rompus. Tout l'appareil est renfermé dans une caisse en bois. L'écureuil fait 30 tours à la minute et opère en 24 heures la granulation de 100 kil. de poudre de chasse, ou de 500 kil. de poudre de guerre. On peut aussi donner un mouvement lent à cette machine, ce qu'on ne peut pas faire dans les autres méthodes de grainage. Cette circonstance permet de diminuer le danger, et même de grainer des galettes entièrement sèches, au moyen de gobilles en bois creuses dans l'intérieur desquelles on coule du plomb. On emploie aussi l'écureuil pour diviser la galette destinée à repasser au laminoir. En dix heures il divise ainsi 300 kil. Cette machine opère plus rapidement et avec moins de danger que les cribles ordinaires; le prix d'acquisition en est, il est vrai, plus considérable, mais elle mérite sans contredit la préférence.

§ 308.

La classification des grains (*l'égalisage*) s'exécute dans toutes les méthodes au moyen de tamis dont les mailles ont des largeurs différentes. Le premier arrête les grains trop gros ;· viennent ensuite autant de tamis de numéros différents qu'on veut avoir d'espèces de grains différant par leurs dimensions. Le poussier traverse tous les tamis jusque dans le tambour inférieur dont le fond n'est pas percé. Les parcelles trop grosses sont grainées de nouveau ; quant au poussier, on en décrira l'emploi plus bas. L'époussetage est quelquefois répété encore au moyen d'appareils spéciaux.

§ 309.

L'appareil servant à former des grains sphériques au moyen de la matière pulvérulente, consiste en une tonne mobile autour de son axe, dans laquelle on introduit les grains les plus petits de l'opération précédente; on les humecte, on y ajoute la matière pulvérulente, et on donne le mouvement de rotation ; les grains grossissent par couches concentriques.

Lissage.

§ 310.

Le lissage comprend plusieurs modifications du grain :

1) Le grain anguleux tend à s'arrondir et devient plus petit. On peut même, au moyen de grains anguleux, produire ainsi des grains sphériques et transformer une poudre à gros grains en poudre fine.

2) La densité du grain augmente (jusqu'à $\frac{1}{4}$ p. 0/0); cette opération peut donc servir à donner une densité plus forte à une poudre trop légère.

3) La surface rude du grain, produite par la rupture de la galette, devient lisse; le pouvoir absorbant des grains diminue, ainsi que leur tendance à l'agrégation.

Toutefois cette opération produit beaucoup de poussier qui doit ensuite être éloigné. La nuance du grain devient plus foncée. Lorsqu'on doit opérer sur une poudre finie et déjà sèche pour en arrondir, diminuer ou condenser le grain, on doit l'humecter de 2 à 3 p. 0/0 d'eau, ce qu'on exécute le mieux en la faisant traverser par de la vapeur d'eau. Le but principal de cette humectation est la diminution du danger, car le grain est condensable à sec.

§ 311.

Le lissage de la poudre consiste à produire le frottement des grains entre eux. On emploie ou des enveloppes flexibles, qu'on roule avec le grain sur des surfaces inégales, ou bien des tonnes qu'on fait tourner autour de leurs axes. Dans le premier procédé on se sert de sacs de canevas de la contenance de 50^k de poudre, attachés à des tubes qui peuvent tourner sur des fusées fixées horizontalement à un arbre rotatif vertical; les sacs roulent ainsi sur une plate-forme circulaire présentant des saillies, qui consistent en lattes arrondies assujetties suivant les rayons de la plate-forme. Le roulement est de 14 à 20 révolutions par minute. Cette méthode est avantageuse pour atteindre les résultats indiqués sous 1) et 2) du paragraphe précédent. Plus on veut augmenter la densité, plus les sacs doivent être petits (d'environ 10^k), et plus on tourne longtemps, même jusqu'à deux heures ; autrement on ne roule qu'un quart d'heure. Le procédé du lissoir-tonne est plus avantageux pour produire le lissage proprement dit. Si l'on voulait, au moyen de ce lissoir, obtenir une augmentation de densité, on ne devrait le remplir qu'à moitié, et commencer à tourner lentement en accélérant le mouvement peu à peu. Les tonnes à lisser ont de 1^m,50 à 3^m de longueur ; leurs diamètres hors œuvre sont, au milieu d'environ 0^m,84, et aux bouts de 0^m,63. Elles peuvent contenir jusqu'à 100^k. On fait tourner 5 à 24 heures avec une vitesse de 20 à 40 révolutions par minute, de sorte que la vitesse à la circonférence du plus grand parallèle est de 0^m,88 à 1^m,76. Si l'on veut condenser la poudre, elle doit être aussi humide qu'elle l'est en sortant du grainage. Si on veut la rendre très-lisse et lui faire conserver cette propriété, elle doit contenir le moins d'eau possible, et on doit la laisser refroidir dans la tonne avant de l'amener au contact de l'air. Il est avantageux de mêler une partie de la poudre déjà sèche avec deux de poudre non séchée. — La chaleur favorise considérablement le lissage, de même qu'une croûte de poudre qui s'attache aux parois intérieures du lissoir.

Séchage.

§ 312.

Le séchage a pour but l'éloignement de l'eau qu'on a été obligé d'introduire dans la poudre durant les opérations précédentes, pour éviter la formation du poussier, rendre le mélange plus intime, donner le liant à la matière et diminuer le danger. Plus il y a d'eau dans la poudre, et plus la vapeur qui s'éloigne a de tension, plus le grain devient léger, poreux, friable, mat ; il sera donc aussi d'autant plus enclin à l'absorption de l'humidité et à la pulvérulence dans le transport. Une poudre de ce genre peut, aussitôt après le séchage, montrer beaucoup de force, mais elle s'avarie promptement. Plus la température est élevée durant le séchage, plus l'eau qui s'éloigne entraîne de salpêtre à la surface, plus le mélange est altéré, et par conséquent moins la poudre aura de force et d'inflammabilité. La quantité de poussier formé lors de l'époussetage qui suit le séchage croît dans le même sens.

§ 313.

Le séchage à l'air libre, qui produirait la moindre tension de la vapeur d'eau qui s'échappe, traîne ordinairement en longueur, de manière à exiger de très-grands locaux. Le séchage au soleil produit déjà de la tension, et assujettit d'ailleurs beaucoup sous le rapport du temps. Le séchage au moyen de courants d'air présente l'inconvénient de la poussière que l'air amène quand le courant est naturel, et demande de la force motrice lorsque ce courant doit être produit artificiellement en séchoirs clos. L'échauffement de l'air au moyen d'un chauffage quelconque est toujours désavantageux. Si la dessiccation marche rapidement, on découvre à la loupe des fissures dans la surface lisse du grain. Le séchage dans l'air artificiellement privé d'eau, et à la température de 15 à 19° centigrades, forme par conséquent en général la méthode la plus avantageuse. On étend donc la poudre sur des plateaux en tôle étamée, dans des bâtiments revêtus intérieurement d'une boiserie, et sur le sol en argile battue on range des vases contenant du chlorure calcique. Lorsque ce sel est dissous, on le calcine de nouveau. Cette calcination s'exécute au moyen de la chaleur qu'on emploie à la préparation des matières premières (la carbonisation, et le raffinage du soufre et du salpêtre). Cette méthode est peu coûteuse et complètement exempte de danger ; l'emploi des plateaux empêche que le poussier ne se répande, le grain conserve presque en entier son volume et son poli, et l'altération du mélange est évitée.

§ 314.

Il n'est pas avantageux de remuer souvent la poudre durant le séchage, pour amener en haut les grains les plus humides des couches inférieures. On brise beaucoup de grains par cette opération, et on produit beaucoup de poussier. En étendant la poudre en couches très-minces, on n'a pas besoin de ce remuage.

§ 315.

Il est nécessaire de s'assurer que la poudre est bien sèche avant de l'extraire du séchoir. Un échantillon de 240 grammes mis pendant un quart d'heure sur un bain de sable à 50° centig., ne doit pas perdre plus de 4 décigrammes de son poids.

§ 316.

La poudre séchée doit toujours encore être époussetée, parce que le poussier absorbe avidement l'humidité.

Égalisage.

§ 317.

Lorsque la classification des grains n'est pas exécutée simultanément avec la granulation, on y procède après la dessiccation en même temps qu'au dernier époussetage. Cette opération s'exécute au moyen de plusieurs tamis superposés, penchés alternativement en sens inverse, ou bien encore au moyen de tamis ressemblant aux cribles qui servent au grainage. Chaque tamis verse encore ici son contenu dans un récipient spécial. Une force motrice communique un mouvement oscillatoire aux tamis.

§ 318.

Le dernier époussetage s'opère dans un blutoir incliné (de 3ᵐ,76 de longueur sur 0ᵐ,47 de diamètre), ou bien dans des tamis oscillants dont le fond est en parchemin ou en toile métallique. Le premier a du reste exactement la construction décrite au paragraphe 287. On peut épousseter 125ᵏ par heure, et l'on obtient environ 12 p. 0/0 de poussier. Il est avantageux de renfermer la poudre durant cette opération, de manière que le poussier soit isolé sans pouvoir se reporter de nouveau sur les grains, et de charger et décharger les tamis dans un local exempt de poussier. L'époussetage doit être continué jusqu'à ce qu'un échantillon de la poudre sur laquelle on opère, exposé au vent d'un soufflet énergique, n'abandonne plus de poussier.

Traitement du poussier.

§ 319.

Le déchet sous forme de poussier qui a lieu dans les diverses divisions de la fabrication de la poudre, forme une très-grande partie de la totalité de la matière soumise au travail. Ce déchet doit donc être soigneusement recueilli et remanié. Si son dosage n'est pas altéré, il fournit toujours, étant comprimé de nouveau, un grain plus compact; il paraît que cette augmentation de densité croît jusqu'au huitième remaniement. Dans une fabrication continue et uniforme, il est avantageux, pour ne pas obtenir de variations, d'ajouter constamment une même dose de poussier au mélange des matières neuves.

§ 320.

Le poussier a généralement une composition un peu différente de celle qu'on a donnée à la matière neuve. Ordinairement il contient un peu plus de charbon, parce que ce dernier ayant une pesanteur spécifique moindre que les deux autres ingrédiens, s'échappe plus facilement. Mais si dans l'une des opérations on a fortement humecté la matière, le poussier qui se forme contient plus de salpêtre que la poudre, parce que l'eau, en se vaporisant, a entraîné du salpêtre à la surface du grain, laquelle fournit le poussier.

RÉSUMÉ.

§ 321.

D'après ce qui précède, les meilleures méthodes pour la fabrication de la poudre sont les suivantes:

a) Les ingrédiens sont pulvérisés dans de grandes tonnes au moyen de grosses gobilles métalliques, le soufre et le charbon étant triturés ensemble.

b) Le mélange se fait dans de très-grandes tonnes, avec des gobilles plus petites ou des boules en galette, et on le prolonge jusqu'au plus haut degré d'intimité. En cas de besoin les charges pour les bouches à feu de fort calibre pourraient se composer de la matière arrivée à cet état, lorsqu'elle n'aurait pas besoin d'être transportée ni conservée. Une grande tonne à mélanger serait donc dans les places fortes un appareil très utile, servant à la préparation et au remaniement de la poudre et de la composition d'artifice (V. § 347).

c) La compression se fait dans les moulins à meules, au moyen de lourdes meules bien lisses recevant un mouvement très-lent. Plus la poudre doit être fine de grain et de qualité, plus on répète la trituration et la condensation alternatives de la galette. La matière destinée à la poudre de chasse de première qualité, est à la fin comprimée presque à sec au laminoir.

d) La granulation s'opère dans les petites fabriques, dans des cribles circulaires placés sur des chassis oscillants, et dans les grandes au moyen de grainoirs cylindriques.

e) La poudre grainée est arrondie, condensée et lissée à l'aide de tonnes.

f) Elle est séchée dans des locaux desséchés au chlorure calcique.

g) Enfin elle est soigneusement classée (égalisée) et époussetée dans des tamis cylindriques.

§. 322.

On ne peut pas indiquer exactement la quantité du produit. Si l'on admet les données de Morin concernant les procédés français, 50^k de poudre (de guerre) exigent

PROCÉDÉ.	OPÉRATIONS.	TEMPS en heures.		FORCE MOTRICE en chevaux.	
Par les pilons.	Pour le battage. . . .	52		0,8	
	——— grainage. . .	6$\frac{2}{3}$		0,5	
	——— séchage. . . .	1$\frac{1}{3}$		0,9	
	Totaux. . .	. . . . . .	60	. . . .	2,0
Par les tonnes les meules et l'écureuil.	Trituration	4$\frac{1}{6}$		2,10	
	Mélange	2$\frac{1}{6}$		1,95	
	Compression	2		2,93	
	Grainage.	6$\frac{2}{3}$		0,30	
	Séchage	1$\frac{1}{3}$		0,90	
	Totaux. . .		16$\frac{1}{3}$		8,18

Les procédés nouveaux consomment donc en plus en force motrice environ ce qu'ils font gagner en temps (1) ; sous ce rapport les deux méthodes sont donc à peu près sur la même ligne ; mais les produits du procédé moderne sont beaucoup meilleurs. La poudre de chasse demande pour la trituration, le mélange, la compression et le grainage 3 à 4 fois autant de temps.

Le procédé Champy pour la poudre ronde, est le plus avantageux sous le rapport du temps et de la force motrice consommés ; mais la poudre qui en résulte est moins dense ; or c'est précisément la condensation qui dans les autres méthodes absorbe le plus de temps, et la densité du grain est une de ses propriétés indispensables pour la conservation des armes et pour le séjour dans les magasins et pour le transport. Veut-on condenser la poudre ronde par le roulage, alors l'économie de travail disparaît en grande partie.

EMPLOI DE LA POUDRE AVARIÉE.

§ 323.

La poudre ne s'avarie que par l'eau qu'elle prend, soit par absorption soit par humectation. L'avarie par la chaleur est impossible, car ce ne serait qu'à une température de 50 à 60° que de faibles parties de soufre pourraient s'échapper sous forme de vapeur; et si la chaleur pouvait produire réellement la fusion du soufre, cette circonstance serait avantageuse au lieu d'être nuisible (2).

§ 324.

Une quantité d'humidité de 5 p. °/₀ rend la poudre visiblement plus foncée de couleur ; pour les gros calibres on peut encore employer cette poudre

---

(1) Cette phrase pourrait être mal interprétée. Elle doit signifier que la dépense de *travail* est à peu près la même dans les deux méthodes. Cette dépense est représentée par le produit de la force motrice et du temps. Ces chiffres sont pour les pilons $60 \times 2 = 120$ et pour les nouveaux procédés $16,4 \times 8,18 = 134,5$. Les nouveaux procédés consommeraient donc, en supposant ces données exactes, 1/12 de travail de plus que les anciens. Mais il y a d'autres avantages économiques qui résultent de la diminution du facteur de *temps* qui entre dans le produit *travail*; ces avantages prennent leur source dans la nécessité de plusieurs autres dépenses, quelquefois très-considérables, qui incombent à un établissement, et qui croissent proportionnellement au temps, quelle que soit la quantité ou la qualité du produit obtenu. Sous le rapport économique la balance pencherait donc fortement en faveur des nouveaux procédés. Sous le rapport de la *qualité* des produits qu'on a cherché à obtenir, ces procédés ont aussi une supériorité évidente sur les anciens. Malheureusement on ne s'est pas mis d'accord préalablement sur la nature de la qualité à obtenir. (T)

(2) Resterait à savoir si la fusion ne mettrait pas en jeu la tendance des parties similaires vers la cristallisation, ce qui produirait ici encore l'effet fâcheux si bien décrit par l'auteur au § 295, à propos de la dissolution du salpêtre (T).

sans diminution sensible de l'effet. Même au mortier éprouvette l'effet n'est pas encore diminué d'une manière observable, lorsque toutefois la poudre est restée en repos jusqu'au moment du tir, qu'elle n'a pas formé de poussier par son frottement sur elle-même, et que durant son séjour à l'humidité elle n'a pas encore été désséchée entièrement ou partiellement, ce qui aurait produit une altération du mélange par l'efflorescence du salpêtre. Quand la poudre contient 7 p. °/₀ d'eau, la dessiccation est encore exécutable au chlorure calcique ; ont peut employer cette poudre pour les gros calibres après lui avoir enlevé quelques p. 0/0 d'eau, et lorsque la dessiccation a été complète, elle peut servir pour toutes les armes (toujours dans la supposition qu'elle ne soit pas transportée à l'état humide.) Une poudre qui a été ainsi reséchée n'est plus d'une bonne conservation dans les transports ni dans les magasins. 8 p. 0/0 d'eau produisent l'agglomération des grains (la formation des *grumeaux*) ; la poudre noircit alors les objets par contact, et par conséquent produit beaucoup de poussier. Si une poudre dans cet état doit être encore employée, il faut la radouber, par la mixtion, la condensation et la dessiccation. Lorsqu'il s'agit d'un emploi immédiat, on peut la sécher, la convertir en pulvérin dans la tonne mélangeoir, puis la consommer sans retard pour charger les gros calibres. Cette poudre, même complètement remaniée, surtout lorsqu'elle a été longtemps humide, produit moins d'effet dans les armes de moindre calibre, que la poudre neuve ; cette différence paraît devoir être attribuée à la diminution de l'inflammabilité du charbon. La poudre qui contient 13 à 15 p. 0/0 d'eau n'a déjà plus de consistance, et à 20 p. 0/0 elle est pâteuse. Dans ces états elle a toujours perdu du salpêtre, lorsque le liquide a pu s'écouler. Quand même le salpêtre se dépose, et que la poudre, étant presque désséchée, est complètement radoubée, elle ne convient tout au plus que pour les gros calibres, et si les circonstances ne commandent pas cet emploi, il est plus avantageux, sous le rapport économique, d'en extraire le salpêtre et de considérer le soufre et le charbon comme hors de service.

§ 325.

La méthode de lessivage la plus avantageuse est la suivante : on s'assure combien, pour les appareils à employer, l'eau à une température donnée perd de degrés de chaleur par un séjour d'une demi-heure sur la poudre. On calcule ensuite combien d'eau à cette température exige la dissolution du salpêtre contenu dans la matière à lessiver. On verse sur la poudre cette quantité d'eau à la température la plus élevée, et on laisse reposer une demi-heure en couvrant l'appareil. Ensuite on verse autant d'eau tiède sur la poudre, on ouvre le robinet d'écoulement, et on laisse couler une quantité égale. On obtiendra de cette manière presque toute la quantité de salpêtre en une résolution très-concentrée, qui par le refroidissement en fait cristalliser. Si l'on se sert d'une eau très-chaude, que l'appareil est mauvais conducteur de la chaleur, et qu'on refroidit fortement la dissolution, on obtient déjà sans cuite la plus grande partie du salpètre. — On lave encore le résidu avec de l'eau très-chaude.

§ 226.

On peut aussi procéder comme suit. On verse sur la poudre qu'on a comprimée préalablement, autant d'eau tiède qu'elle peut en absorber ; on laisse reposer quelques heures. Ensuite on verse de nouveau la même quantité d'eau que la première fois, et on ouvre le robinet d'écoulement ; la dissolution saturée, sera chassée par l'eau pure ajoutée, sans s'y mêler. Aussitôt qu'il a coulé autant de liquide qu'on en a ajouté en haut, on ferme, on laisse de nouveau reposer quelques heures, et on répète l'opération. Lorsqu'enfin le liquide qui s'écoule n'a plus la densité 1,02, on l'utilise comme première eau de lessivage pour une nouvelle quantité de matière. Toutes les lessives dont la densité dépasse 1,02, sont mêlées et soumises à la cuite.

EMMAGASINAGE ET CONSERVATION DE LA POUDRE.

§ 327 .

Pour conserver la poudre il faut veiller :
1) A ce qu'elle n'absorbe aucun liquide,
2) A ce qu'elle ne soit pas changée en poussier,
3) A ce qu'elle ne s'enflamme pas.

§ 328.

Lorsque la poudre est bonne, que les locaux ne sont pas très-humides, la poudre qu'on y expose à découvert pendant plusieurs semaines, n'absorbe que 1,5 à 2,2 p. °/₀ d'eau ; mais lorsque le local est humide, elle peut en absorber en 8 jours 18 p. °/₀. Moins la poudre est tassée et plus les quantités séparées sont petites, plus elle absorbe facilement l'humidité. Le papier la garantit un peu, la toile davantage ; parmi les substances organiques c'est la laine qui garantit le mieux. Le bois communique facilement de l'humidité à la poudre.

§ 329.

Lorsque la poudre n'absorbe que 1 à 2 p. °/₀ d'humidité, son volume n'en est pas augmenté, et par conséquent sa compacité n'en est pas altérée. Elle retourne à l'état où elle se trouvait à la poudrerie après le dernier condensage, avant le séchage ; et le procédé qui a été indiqué pour le séchage, suffira pour éloigner de nouveau cette eau, sans augmentation de volume. — Quand la poudre absorbe une plus forte quantité d'eau, elle augmente de volume, et une simple dessiccation ne lui restitue pas ses propriétés primitives. Pour cela il faudrait qu'elle fut d'abord dépouillée de l'excédant d'eau , condensée ensuite , puis séchée. A mesure que l'eau augmente , elle dissout plus de salpêtre ; ce dernier ne se cristallisant pas uniformément lors de la dessiccation, se porte principalement à la surface, l'intimité du mélange se trouve altérée , et le grain perd de son inflammabilité. Lorsque la quantité d'eau est de 8 p. $_0/_0$ et au dessus , ces effets deviennent déjà si sensibles , que la poudre étant séchée donne des portées diminuées dans les armes sensibles , quoique le grain soit devenu plus poreux et par conséquent plus combustible. Lors donc que la poudre est arrivée à ce degré d'humidité, la dessiccation ne produit plus qu'une amélioration passagère , et peu marquée; la poudre devenue poreuse reprendra bientôt de l'eau; celle-ci dissoudra de nouveau du salpêtre , et détruira encore davantage l'intimité du mélange , tandis que la quantité d'eau qui se trouvait d'abord dans le salpêtre était du moins déjà saturée de salpêtre, et ne pouvait plus aggraver le mal. Si l'on sèche donc au soleil la poudre qui est visiblement humide , elle reprendra bientôt l'humidité qu'on aura chassée , et son mélange sera plus altéré qu'auparavant ; cette poudre deviendra par conséquent plus mauvaise par chaque exposition au soleil, et cela d'autant plus qu'elle forme du poussier par suite du mouvement qu'elle éprouve , poussier qui ne peut être éloigné. et qui augmente le pouvoir absorbant de la masse. Le remuage cause de plus une grande perte de poudre et de barils , et constitue un travail onéreux et qui n'est nullement exempt de danger.

§ 330.

Il s'agit donc d'empêcher la poudre d'absorber de l'humidité. Les barils en bois ont toujours des fissures , le bois et le sac en coutil qu'on emploie quelquefois sont hygroscopiques, soutirent de l'humidité à l'air et la rendent par les surfaces internes aux grains de poudre qui sont encore plus hygroscopiques. Par conséquent les matières non hygroscopiques, par exemple les métaux , peuvent seules fournir des vases préservateurs.

§ 331.

Les vases métalliques deviennent chers , lorsqu'ils doivent avoir une épaisseur de parois suffisante pour résister aux chocs, aux pressions, etc. Les boîtes métalliques à minces parois, renfermées dans des coffres en bois conviennent par conséquent le mieux. Le bon fer blanc est la matière la moins coûteuse qu'on puisse employer pour ces boîtes , et la couche d'étain qui se combine difficilement avec le soufre ne décompose pas la poudre , comme le font les feuilles de cuivre, de plomb, etc., qu'on pourrait employer. Le couvercle est plat, s'ajuste exactement dans la caisse, et le bord qui entre dans la caisse , est enduit d'un mélange de cire et de suif, afin qu'après l'introduction la fermeture soit hermétique. La caisse en bois (de sapin) renferme exactement la boîte en fer blanc, et ses parois ont 2 centimètres d'épaisseur. Le couvercle est assujetti à l'aide de clous étamés. Les caisses ne coûtent que 2 ½ fois autant que les barils, lesquels exigent des réparations incessantes ; elles procurent l'avantage d'une poudre qui reste toujours la même ; on économise les pertes de poudre, le travail du remuage etc. Les caisses se chargent et se transportent du reste plus facilement que les barils, occupent moins de place, et supportent un engerbement plus élevé.

§ 332.

Pour que la poudre forme aussi peu de poussier que possible, elle doit être tassée et remplir très-exactement les caisses ; cette précaution est en même temps un préservatif contre l'absorption de l'humidité. Aussi longtemps que la poudre a été susceptible de devenir humide dans les barils, on a été obligé de lui laisser du jeu, afin qu'on pût, en roulant le baril, s'opposer à l'agglomération en grumeaux provenant de l'humidité ; de là la formation d'une grande quantité de poussier. La poudre doit donc être tassée aussi fortement que possible dans les caisses, étant complètement sèche et au sortir des ateliers ; la boîte en fer blanc pour un quintal de poudre a alors 3617,42 centimètres carrés de base, et 15,7 centimètres de hauteur (1).

§ 333.

La poudre étant ainsi hermétiquement enfermée, on n'a pas besoin de locaux parfaitement secs pour la conserver. Néanmoins il est bon de tenir les locaux aussi secs que possible. On obtient cela en rendant difficile l'accès de l'humidité, et en absorbant celle qui s'est introduite malgré les précautions.

---

(1) Ces dimensions supposent que la poudre tassée fortement a une densité relative de 0,9074. Car le quintal prussien est d'après l'aide mémoire français (1836) composé de 110 livres. La livre prussienne équivalant à 0k,4685, le poids de la poudre à renfermer dans le caisse est :

$$P = 110 \times 0^k,4685 = 51^k,535$$

Le volume en décimètres cubes est :

$$V = 36,1742 \times 1,57 = 56,7935$$

Donc la densité serait

$$\delta = \frac{P}{V} = \frac{51,535}{56,7935} = 0,9074.$$

S'il s'agissait de construire des caisses pouvant contenir 50ᵏ de la même poudre, on aurait :

$$V = \frac{50}{0,9074} = 55,1024 9$$

Volume qu'on obtiendrait en construisant les caisses à base carrée de 60 centimètres de côté, ou en général à base rectangulaire de 36 décimètres carrés de surface et d'une hauteur de 153 ½ millimètres.

(T)

§ 334.

L'humidité s'introduit de trois manières dans les locaux ; une partie monte depuis les fondations dans l'intérieur des murs, une autre partie entre avec l'air atmosphérique, dont la température, plus élevée à l'extérieur, lui a permis de dissoudre une plus grande portion de vapeur d'eau, que la température plus basse du magasin ; l'excédant de vapeur se condense donc et tombe principalement sur les murs ; enfin l'humidité pénètre encore par le toit.

§ 335.

Le meilleur moyen d'arrêter l'humidité montant par la masse de la maçonnerie consiste à couvrir les murs, lors de leur construction et à quelques pieds de terre, de feuilles de plomb débordant le mur intérieurement et extérieurement de 2,5 centimètres. Ces feuilles déborderont donc aussi la couche de mortier qu'on met plus tard sur les faces des murs. On continue la construction en maçonnant sur le plomb ; on plie obliquement vers en bas le bord en plomb qui dépasse. Le plancher du magasin doit être placé plus haut que cette feuille de plomb. En dessous de cette dernière on perce les murs, et on place dans les ouvertures des tubes qui montent et qui descendent ensuite, afin qu'un courant d'air s'établisse sous le plancher sans que cependant l'eau puisse s'introduire.

§ 336.

Pour éviter l'introduction de l'humidité contenue dans l'air, on n'ouvre les fenêtres que vers midi, et pas tant dans les journées chaudes, que quand le temps est sec, (ce qu'on reconnaît à l'aide de l'hygromètre) ; l'humidité qui se dépose néanmoins est absorbée par le chlorure de calcium qu'on étend sur des plateaux, et qu'on dessèche lorsqu'il s'est chargé d'eau. Les murs doivent être aussi mauvais conducteurs que possible ; il est bon par conséquent de les couvrir d'une boiserie. La porte du magasin doit déboucher au Sud.

§ 337.

Le toit sera couvert en métal ; par exemple en feuilles de zinc, et il sera souvent visité. Les contreforts, qui produisent de l'ombre, et qui deviennent facilement humides, doivent être évités quand c'est possible, ou placés dans l'intérieur du magasin (1).

§ 338.

Pour assurer les magasins contre les inflammations, on applique ce qui est dit relativement aux ateliers des poudreries.

_____

(1) On pourrait demander à quoi serviraient les contreforts dans *l'intérieur* du magasin, où ils se trouveraient *sous* la voûte.   (T)

ESSAI DE LA POUDRE.

§ 339.

Lorsqu'on doit juger la qualité d'une poudre sans le secours d'une éprouvette, on peut s'aider des caractères dits *empiriques* pour se former une opinion passablement exacte, tant sous le rapport des qualités en général de la poudre, que des propriétés qui peuvent la rendre spécialement convenable pour être employée dans telle ou telle arme. S'il s'agit au contraire d'une vérification plus précise de la qualité, et qu'on dispose des instruments et du temps nécessaires pour cela, alors il faut avoir égard au résultat de l'épreuve proprement dite, et à l'influence de la vapeur d'eau sur la poudre, comme données exclusivement propres à fournir quelque certitude. La mesure de la densité gravimétrique sera rarement nécessaire ; elle le deviendrait seulement si la poudre paraissait très-volumineuse, ce qui pourrait être de quelque importance sous le rapport des espaces nécessaires à la recevoir pour le transport. La recherche de la densité absolue, et celle de la composition chimique du grain, présentent de l'intérêt seulement lorsqu'il s'agit d'essais concernant la fabrication de la poudre, ou d'expliquer des phénomènes inattendus dans ses effets ; ces recherches donnent d'ailleurs des résultats peu positifs.

§ 340.

Les caractères empiriques sont les suivants :

a) Les ingrédients ont-ils été convenablement triturés et mélangés ? On met un échantillon de poudre dans l'eau chaude, on laisse les grains se ramollir et on remue fortement. Lorsque les matières ont été mal triturées, le soufre se dépose visiblement le premier. Les matières mal triturées se distinguent aussi à la loupe après qu'on a écrasé le grain. Les grains mis dans l'eau se désagrègent facilement ; (la poudre peu dense donne le même résultat).

b) Le dosage est-il convenable ? On allume une pincée de poudre sur du papier blanc ; plus il y a de charbon en excès, plus le résidu deviendra noir ; plus le charbon est en défaut, plus le papier est attaqué par la combustion. Un excès de soufre produit une fumée épaisse, et des globules blancs, roulant au loin comme résidu.

c) La poudre est-elle humide ? On en met une petite quantité dans un endroit chaud. Si alors elle n'a plus les caractères désignés sous *b)*, elle a été humide et peut être améliorée par la dessication.

d) La poudre contient-elle du poussier ? On la fait rouler transversalement sur une planche non rabotée ; le poussier s'attache à la planche.

§ 341.

La vérification de la force de la poudre au moyen d'un instrument de tir, fournit des résultats beaucoup plus positifs que l'examen empirique ; seulement il ne faut point oublier que l'effet de la poudre dans chaque espèce d'armes est différent, et que ces divers effets ne marchent pas parallèlement. Ainsi telle espèce de poudre produira plus d'effet qu'une autre dans une arme donnée, tandis que l'inverse peut avoir lieu lorsqu'on expérimente au moyen d'une autre espèce d'armes à feu. Quel que soit donc l'instrument de tir qu'on emploie, il ne pourra jamais qu'indiquer l'effet que produira la poudre essayée dans une seule espèce d'armes, et non celui qu'elle produira dans une arme quelconque. Il est pourtant possible de modifier une seule et même éprouvette de manière à lui faire produire chaque fois des résultats comparables à ceux d'une nouvelle espèce d'armes.

§ 342.

De petits mortiers à semelle qui lancent un globe pesant au moyen d'une faible charge, dont les dimensions en même temps que celles du projectile s'altèrent fort peu, dont le vent est très-minime, et qui produisent une combustion complète de la poudre, constituent les meilleures éprouvettes. Des recherches récentes ont fait voir que des mortiers en fonte à chambre conique se raccordant avec l'âme, et à globe en fonte, satisfont le mieux à ces conditions, et procurent une mesure de la force de la poudre suffisamment exacte pour la pratique. Dans ces éprouvettes, certaines petites charges mesurent par leur effet celui que produisent les forts calibres, tandis que des charges plus fortes donnent des effets correspondants à ceux des bouches à feu courtes, des armes à feu portatives, etc.

§ 343.

Une poudre de qualité intrinsèque médiocre, préparée avec des matières premières impures, mais rendue combustible par la porosité du grain et la rudesse de sa surface, par un excès de charbon, etc., peut, tant qu'elle est neuve, produire de bons effets à l'éprouvette et même dans les armes. Mais lorsque cette poudre a séjourné dans les magasins et qu'elle a été transportée, elle devient humide, le mélange s'altère, elle forme du poussier et devient mauvaise. Par conséquent, lorsqu'on éprouve la poudre il faut encore la soumettre à une opération produisant sur elle un effet analogue à celui du transport et du séjour dans les magasins. Cette seconde épreuve consiste à faire absorber à la poudre une certaine quantité d'humidité; puis on pèse cette quantité et on la compare à celle qu'a absorbée une bonne poudre placée dans les mêmes circonstances; en outre on répète l'épreuve du tir. Pour produire cette absorption d'humidité, on place la poudre à essayer à côté d'une bonne poudre, en même temps qu'une capsule contenant de l'eau, sous la cloche de la machine pneumatique; on extrait l'air, et on laisse les échantillons 10 à 12 heures dans cet état. La vapeur d'eau qui se répand dans le vide est absorbée beaucoup plus facilement par des corps poreux et

hygroscopiques, que lorsque cette vapeur est tenue en suspension dans
l'air (1).

§ 844.

L'analyse chimique ne donne exactement que la quantité de salpêtre. Plus
le charbon est roux, moins les méthodes existantes suffisent pour vérifier
exactement les quantités de soufre et de charbon, parce que le charbon roux
s'altère pendant qu'on exécute l'analyse (2). Pour constater la quantité de
salpêtre, on commence par dessécher à 50° centigrades un échantillon pulvérisé et exactement pesé de la poudre à analyser; la perte éprouvée représente la quantité d'humidité. On sèche ensuite un filtre jusqu'à ce qu'il ne
perde plus rien de son poids, qu'on annote, on y place l'échantillon en
question, et on verse de l'eau distillée chaude jusqu'à ce qu'une goutte de la
lessive qui s'écoule ne laisse plus de pellicule blanche en se vaporisant; ensuite on dessèche de nouveau le filtre jusqu'à ce qu'il n'éprouve plus aucune
perte en poids ; la différence entre les deux premiers poids et le dernier représente le poids du salpêtre entraîné par l'eau. Lorsque l'on veut évaporer
la dissolution nitrée, et, pour éloigner complètement le liquide, fondre le
salpêtre et le peser, on éprouve facilement des pertes notables par le trans-
vasement nécessaire. On recherche les chlorures dans le salpêtre au moyen
du nitrate d'argent. — Le résidu de charbon et de soufre est traité à chaud
à l'eau régale, aussi longtemps qu'il se développe encore de l'acide nitreux ;
puis on filtre. On précipite le soufre de la dissolution par du chlorure barytique ; on lave le sulfate barytique avec une grande quantité d'eau chaude
avant de filtrer, puis on filtre, on calcine et l'on pèse. 100 parties de sulfate
barytique donnent 13,797 de soufre ; ce qui manque est le poids du charbon.
Au lieu de cela on peut aussi employer une dissolution titrée contenant sur
1000 grammes d'eau 50 grammes de chlorure barytique. On verse de cette

_____

(1) Cette épreuve ne reproduit qu'une des circonstances qui réagissent défavorablement
sur la poudre dans les magasins et durant le transport, car elle ne vérifie que l'action de
l'humidité. Pour satisfaire complétement au programme posé par l'auteur, cette épreuve
devrait aussi vérifier la tendance de la poudre essayée à se transformer en poussier sous
l'action du cahot des voitures; car on n'est pas autorisé à supposer que la poudre qui
absorbe le plus d'humidité sera aussi celle qui produira le plus de poussier dans le transport.
                                                                                   (T.)

(2) On est parvenu à déterminer exactement la quantité de soufre au moyen d'un lessivage tout à fait analogue à celui à l'aide duquel on recherche la dose de salpêtre. Le liquide
employé pour exécuter ce lessivage, et qui dissout le soufre comme l'eau dissout le salpêtre,
est le sulfide carbonique. Les quantités de salpêtre et de soufre étant ainsi connues, on
obtient par une soustraction le poids du charbon. Cette analyse dont les moyens d'exécution
ont été perfectionnés par M. le professeur Chandelon, attaché à l'école de Pyrotechnie à
Liége, ne laisse plus rien à désirer comme vérification quantitative. Il est vrai qu'elle laisse
dans l'ignorance sur la nature du charbon.   (T.)

dissolution par petites portions dans le liquide ci-dessus, jusqu'à ce que s'étant clarifié il ne donne plus de précipité.

§ 345.

Si l'on veut connaître le volume de la poudre, y compris les interstices des grains, on la laisse couler dans une mesure au moyen d'un entonnoir fixé à une hauteur déterminée au-dessus de cette dernière; puis, la mesure étant pleine, on pèse la poudre qu'elle contient. Cette opération peut, lorsqu'on égalise bien les circonstances, être amenée à un degré de précision tel, que plusieurs résultats obtenus avec la même poudre ne diffèrent que d'un demi p. 0/0 entre eux. Néanmoins cette mesure de la densité est complètement arbitraire, et n'a aucun point de comparaison dans la pratique. Elle ne peut servir de base ni au calcul du volume qu'occuperont des charges données dans des bouches à feu d'un calibre déterminé, ni à la construction des mesures à poudre, devant contenir un poids de poudre indiqué, et qui sont destinées à épargner des pesées multipliées. Dans cette vérification de la densité gravimétrique, la quantité de poudre qui entre dans la mesure, varie avec l'inclinaison des génératrices, le poli des parois, et la grandeur de l'orifice de l'entonnoir, avec la hauteur de cet orifice au dessus de la mesure, et le diamètre et la hauteur de cette dernière. Ce serait donc par pur hasard que les grains de poudre ne se tasseraient ni plus ni moins dans une mesure ordinaire lors du mesurage exécuté dans la pratique, que dans celle du gravimètre. Les mesures à poudre donnent donc des résultats faux; et ceci est déjà sensible pour les plus petites mesures. Dans les cartouches finies, qu'on a secouées pour tasser la poudre autant que possible, le volume occupé doit être toujours très-différent de celui calculé d'après la densité gravimétrique. Par conséquent pour obtenir une unité plus invariable, il faudrait déterminer la densité gravimétrique de la poudre tassée autant que possible dans la mesure qu'on secouerait à cet effet jusqu'à ce que le tassement n'augmenterait plus. La densité relative ainsi mesurée est plus forte que celle qu'on obtient par l'entonnoir et la différence en plus va jusqu'à $\frac{1}{5}$. Toutefois la densité gravimétrique ne doit jamais servir de base à la mesure des charges; mais on doit peser les charges les plus fortes, (§. 374), et mesurer les petites avec des mesures réglées. (§. 394).

§ 346.

La mesure de la densité absolue, c'est-à-dire de celle du grain, donne lieu à beaucoup d'illusions. Chacun des trois ingrédients de la poudre possède une densité déterminée, qui ne peut être modifiée par le mélange et la compression. Par suite de ces opérations les parcelles peuvent seulement être plus ou moins rapprochées les unes des autres, de sorte que leur nombre est plus ou moins grand pour constituer le volume d'un grain. Les interstices contiennent de l'air. Si l'on introduit le grain dans un liquide, qui chasse cet air pour en prendre la place, chaque grain aura la même densité, quelle qu'ait été la condensation qu'il a subie, et cette densité sera la moyenne arithmétique de celles des trois ingrédients (1). Pour obtenir la densité absolue du grain, c'est-à-dire le rapport de son poids à son volume, il faudrait opérer assez rapidement pour que le liquide ne put pas avoir pénétré dans les pores, ce qui est inexécutable. Toutes les mesures du poids spécifique du grain, qui ont toujours été prises au moyen de l'alcool, sont donc plus ou moins inexactes, parce que déjà pendant l'introduction du grain dans le liquide, ce dernier pénètre partiellement la poudre. Si l'on détermine le volume du grain dans l'air, la même chose a lieu. On ne peut donc mesurer avec certitude le poids spécifique du grain de poudre, qu'en en déterminant le volume de manière que l'air qu'il renferme y reste sans être condensé ni dilaté, d'où résultera que les grains qui diffèrent par la quantité d'air qu'ils renferment auront des poids différents. Ce ne sera donc qu'en remplissant les interstices entre les grains aussi complètement que possible au moyen de quelque corps pulvérulent, qu'on pourra obtenir une estimation quelque peu exacte du véritable poids spécifique du grain. Pour remplir ce but, il n'y a rien de meilleur que la semence de lycopode qui est toujours également fine, et n'absorbe pas d'humidité. On en remplit un petit vase, dont le bord supérieur est usé, et l'on secoue jusqu'à ce qu'on ne puisse plus faire entrer de semence. On arrase, on pèse, et l'on détermine de cette manière le poids spécifique de la semence. Ensuite on pèse des grains de poudre, on les mêle à la semence, et l'on remplit de nouveau le vase comme la première fois, mais de manière que tous les grains de poudre s'y trouvent, puis on pèse. En s'exerçant un peu, on peut obtenir par cette méthode un rapport plus exact et plus certain entre le poids et le volume du grain, que par les procédés en usage jusqu'à présent, et dans lesquels les interstices que renferme le grain changent de poids, ce qui rend inexact celui du grain.

MANIPULATION DES COMPOSITIONS PROPREMENT DITES.

Mélange.

§ 347.

La composition d'artificier (§ 244) est préparée avec les mêmes qualités de matières premières qu'on emploie pour la poudre. Le mélange s'exécute dans

---

(1) C'est-à-dire la moyenne arithmétique, non pas des trois nombres indiquant les densités des trois ingrédiens, ce qui supposerait que chacun de ceux-ci entrât pour la même quantité dans le grain, mais bien la moyenne de ces trois densités multipliées chacune par le coëfficient qui exprime sa dose. (T.)

les grands tambours de la manière décrite au § 290. Plus le mélange est intime, mieux il se laisse condenser, et par conséquent plus on pourra en introduire dans une capacité donnée. La tension des gaz, la température, et le pouvoir éclairant augmenteront donc aussi. La décroissance de ces éléments si importants dans les masses impulsives, incendiaires, ou éclairantes, est remarquablement rapide, à mesure que l'intimité du mélange diminue. De plus cette décroissance continue dans les artifices conservés, parce que la composition absorbe d'autant plus d'humidité qu'elle est moins bien mélangée. Il est très-avantageux pour la condensation subséquente, que la composition ait déjà été pressée et grainée à la poudrerie, car il est d'autant plus facile d'en former des masses bien denses, qu'elle a été plus fortement comprimée primitivement. Cependant cette condition élève le prix de la composition, sans compter que sous la forme grainée elle occupe plus de volume dans le transport. Si dans des cas particuliers on est obligé d'exécuter la mixtion par d'autres moyens, c'est-à-dire à l'aide de petites tonnes, d'égrugeoirs, etc., ce qui ne permet pas de la rendre aussi intime, on devra y ajouter 8 à 10 p. % de pulvérin.

§ 348.

L'essai de la composition d'artificier venant de la poudrerie, consiste à en charger un tube de diamètre et de longueur déterminés, et à observer le temps employé par la combustion, comparativement avec celui qu'emploie celle adoptée comme type. Elle doit se pelotonner facilement sans se désagréger par son propre poids. Lentement desséchée elle ne doit perdre que 1/2 p. % de son poids au plus. On verse ensuite 500 grammes d'eau pure (distillée) sur 62 ½ grammes de la composition, on remue longtemps, on filtre, et l'on détermine la densité de la dissolution au moyen d'un petit flacon bouché, qu'on a préablement pesé plein d'eau. La dissolution doit avoir une densité de 1,42. Si les compositions impulsives sont directement préparées et livrées par la poudrerie, on en fera l'essai d'une manière analogue à celle décrite pour l'essai de la poudre.

§ 349.

Le mélange de la composition d'artificier avec le pulvérin, se fait également à la poudrerie dans les grandes tonnes, lorsqu'il s'agit de quantités considérables. Ce mélange se fait alors directement au moyen des doses convenables de matières premières. Lorsqu'il s'agit de préparer ces compositions en moindres quantités, et là où l'on ne possède pas les matières premières, on mêle en petites tonnes, à l'aide de petites balles, la mixture salpètre et soufre et la poudre grainée. La tonne ne doit être remplie qu'au tiers, doit contenir 1 ½ fois autant de gobilles que de matière à mélanger, et doit tourner deux heures avec une vitesse de 25 à 30 tours par minute.

§ 350.

Le mélange de la composition d'artificier avec les liquides de nature végétale se fait dans des vases convenablement choisis, et à l'aide des mains, parce qu'on s'assure plus facilement par le tact que par la vue de l'intimité du mélange. Le mélange au pulvérin se fait, lorsque les quantités sont petites, dans des écuelles ou mortiers en porcelaine ou en orphite, et lorsque les quantités sont plus fortes, dans la tonne.

§ 351.

Le mélange des mixtures de soufre et de nitrates divers se fait dans des mortiers. Le sel doit être préalablement réduit en poudre aussi ténue que possible, puis mélangé à sec dans les proportions indiquées, avec le résidu de la composition d'artificier dont on a enlevé le salpètre par lavage (voyez le § suivant). Ce résidu se substitue ainsi au soufre.

§ 352.

Pour préparer les compositions au chlorate potassique, on lessive sur un filtre la poudre, ou la composition d'artificier, jusqu'à ce qu'une goutte de l'eau de lessivage, reçue sur un morceau de verre, ne laisse plus de traces en se vaporisant. On dessèche, on ajoute à une partie du résidu 4 parties de chlorate de potasse trituré, et on mélange le tout dans un mortier en mouillant de 5 p. °/$_0$ d'eau. S'il faut préparer une composition de $\dot{K}, \ddot{Cl} + 2S$ et $\dot{K}, \ddot{Cl} + S + 3C$ on commencera par mélanger $\dot{K}, \ddot{N} + 2S$ et $\dot{K}, \ddot{N} + S + 3C$, dans la même proportion, et on lessivera cette composition pour substituer le chlorate au nitrate.

§ 353.

Pour mélanger le chlorate potassique avec le sulfure d'antimoine (§ 241), on triture chaque ingrédient séparément, et on les mélange en ajoutant 10 p. °/$_0$ d'eau.

§ 354.

Lorsqu'on emploie beaucoup de chlorate potassique, on peut avoir une petite tonne à triturer, dans laquelle on le pulvérise à l'aide de gobilles. Mais cette tonne ne doit pas être employée en même temps au mélange de compositions d'artifices, parce qu'il pourrait en résulter des inflammations. La trituration du chlorate de potasse isolé ne présente, de même que celle du nitrate de potasse, aucun danger. Lorsqu'on le broie très-vivement on entend seulement un petit pétillement, qui est sans inconvénient.

Condensation.

§ 355.

Les compositions d'artifice doivent être dans la plupart des cas condensées, soit en masses compactes de diverses formes, soit dans des enveloppes, et

19

dans ce dernier cas à divers degrés de dureté. Dans beaucoup de cas on peut convertir la composition en masses compactes de formes déterminées, en l'humectant d'eau gommée; mais ce moyen ne doit être employé que lorsqu'on ne dispose pas d'appareils de condensation puissants, ou lorsque la condensation n'est pas admissible, parce que la dessiccation deviendrait trop lente. Il convient d'observer d'ailleurs que l'eau gommée altère partiellement le mélange, ralentit la combustion, et modifie aussi un peu la nature de la réaction par l'introduction d'une substance organique. L'altération du mélange n'a pas lieu lorsqu'on emploie une résine dissoute dans l'alcool, surtout lorsque ce dernier est concentré. Ce dernier liant présente encore l'avantage de se dessécher rapidement. Par conséquent, lorsqu'une condensation à l'aide d'un liant liquide est indispensable, et que la modification de la flamme (qui est plus altérée par une résine que par la gomme) est considérée comme indifférente, il vaut mieux que le liant soit alcoolique qu'aqueux.

§ 356.

La condensation dans l'intérieur d'enveloppes peut, lorsqu'elle ne doit pas être forte et que les enveloppes sont spacieuses, être exécutée à la main. Souvent il suffit de comprimer ainsi la composition sèche; quelquefois on doit avoir recours à l'humectation. Toutefois les compositions impulsives ne doivent jamais être humectées, et cela parce qu'après la condensation il est difficile d'éloigner le liquide, qui nuit par sa présence à la force impulsive en absorbant, aux dépens de la tension des gaz, le calorique nécessaire à sa vaporisation. En général, la condensation de compositions impulsives et autres qui doivent brûler un temps déterminé exige plus de soins et d'attention que les autres. Lorsque l'enveloppe (§ 355) est très-résistante, et la force condensatrice faible, il n'est pas nécessaire de soutenir les parois de la première pour la faire résister à la pression intérieure; on se contente alors de la placer sur un socle qui la maintient dans la position verticale, l'ouverture en haut. Si au contraire l'enveloppe est faible relativement à la pression nécessaire à la condensation, on la place dans un chandelier ou moule, qui pour celles de faible diamètre est d'une seule pièce, et pour celles plus fortes composé de deux pièces: ces deux pièces sont fixées l'une sur l'autre au moyen de viroles tronc-coniques, ou bien au moyen de quatre oreilles latérales qu'on boulonne les unes sur les autres. Les moules les plus solides de cette espèce, surtout quand une grande pression est requise, sont en fonte de fer (1). Les deux moitiés doivent être ajustées avec précision, afin que le cartouche ne se détériore pas en s'introduisant dans le joint. Ce moule est muni d'un socle massif. Lorsque les cartouches sont très-longs et de petit

_____

(1) Voyez à la fin du volume la note 2 du capitaine Hoffmann.　　　(T.)

diamètre, et que la condensation doit avoir lieu à la main, ce qui doit faire craindre le ploiement du cartouche par une pression exercée à faux, on les renferme dans des tubes en fer blanc. Les enveloppes destinées à recevoir une masse fortement condensée sont toujours cylindriques. La matière est alors condensée à sec, à l'aide de baguettes qui s'ajustent dans le creux cylindrique, et sur lesquelles la force condensatrice agit par chocs ou par pression. Lorsque les cartouches sont longs, on doit employer plusieurs baguettes de longueurs décroissantes, parce qu'une baguette qui déborde trop le cartouche en hauteur transmet facilement la pression dans une direction oblique, d'où résulte que le cartouche est gâté. La condensation par chocs est principalement employée pour les colonnes de composition de petites dimensions, et pour autant que des coups de maillet donnés à bras d'homme suffisent. Quand la force du choc doit être plus grande, on préfère employer la pression parce que les machines qui agissent par chocs produisent beaucoup de poussier et font craindre les inflammations; de plus, il faut un grand nombre de chocs pour produire le même effet qu'une pression également facile à produire. La manipulation par séries de chocs donnés à la main, présente des avantages pour les opérations simples telles que le battage des étoupilles, en ce qu'elle exige les appareils les plus simples et qu'on peut employer un grand nombre de travailleurs à la fois; mais cette méthode produit toujours une condensation inégale, la partie supérieure de chaque dose étant plus dense que la partie inférieure. On emploie des maillets en bois; ceux en métal agissent plus énergiquement mais présentent trop de danger, quant aux inflammations de la composition.

§ 357.

On transmet la force condensatrice à l'aide de presses. Ce sont ou des presses hydrauliques ou des presses à vis ou à levier. Lorsque la pression exercée doit être très-grande, les presses hydrauliques ne produisent pas autant de danger que celles à vis, qui lorsqu'elles sont fortes doivent toujours être à balancier ou volant (1). Lorsque la pression requise est moindre, il faut préférer les presses à vis, qui dans ces dimensions sont moins coûteuses. Celles-ci consistent simplement en une cage à quatre montants, munie d'une ou deux brides transversales guidant la vis en fer, dont l'écrou en bronze est logé au

---

(1) Quelle que soit la force d'une presse à vis elle ne doit pas nécessairement être à volant; cela dépend évidemment du pas de la vis, c'est-à-dire du rapport entre le chemin parcouru verticalement par la vis et entre celui parcouru par la puissance qui agit horizontalement à l'extrémité du levier. Si pour certains ouvrages, comme par exemple pour découper des métaux, ou pour les étamper, on a trouvé de l'avantage à donner de la vitesse à l'outil, pour rapprocher son action de celle du choc, ce qui a exigé l'emploi du volant, il ne résulte pas de là qu'on ne puisse construire des presses à vis d'une puissance énorme sans employer de volant; il suffit évidemment pour cela de diminuer le pas de la vis.   (T.)

sommet de la cage. Ordinairement la bride inférieure se meut avec la vis, en glissant verticalement dans deux rainures ou glissières ménagées dans deux montants opposés. La vis est toujours à triple et même à quadruple filet, afin de monter et de descendre rapidement. La tête de la vis est munie d'un fort levier transversal chargé à ses bouts pour agir comme volant. On peut remplacer ce mouvement violent, par le mouvement régulier communiqué au balancier par un poids lui faisant chaque fois parcourir le même angle. Il y a certains petits travaux qui n'exigent qu'une action peu puissante mais souvent renouvelée ; pour ceux-là on se sert de presses à levier ou à arbre coudé : dans ces machines le piston est fixé à la presse même, parce qu'on comprime des colonnes de composition de hauteur constante ; on substitue alors pour chaque pression un autre cartouche qu'on place exactement dans une cavité ménagée à cet effet (1).

§ 358.

Quelle que soit la méthode de condensation suivie, les doses supérieures restent moins denses que les autres si l'on exerce sur chaque dose la même pression. Il convient donc de recouvrir, lorsque cela est possible, la dernière dose de composition d'une couche d'argile, de presser celle-ci également et de la recouper ensuite si cela est nécessaire. L'argile étant moins élastique que la composition, transmet la pression à une grande profondeur. Si l'on

---

(1) La multiplicité de presses dont l'auteur parle dans ce paragraphe n'est pas indispensable. On peut d'une seule forte presse convenablement construite tirer la force condensatrice nécessaire pour tous les artifices qu'on peut avoir à faire. En effet on peut d'abord faire varier entre certaines limites la pression exercée par la machine, soit en modifiant la puissance qui peut être mesurée par des poids, ou par la soupape de sûreté dans la presse hydraulique, soit en limitant la résistance, en rendant mobile la pièce sur laquelle les objets à presser sont disposés. Quant aux presses à faible pression et à mouvement fréquent, elles sont complétement inutiles ; car les objets devant recevoir une faible pression, peuvent être rangés dans des plaques trouées, les pistons placés dans une autre pièce portative de manière à correspondre aux trous de la première, et la grande presse, pressera ainsi en un seul coup de piston un grand nombre de couches de composition, avec une force représentée par la pression totale divisée par le nombre de couches pressées. Il suffit évidemment pour cela que la pression soit répartie uniformément, ce qui n'est plus un problème, beaucoup de presses satisfaisant depuis longtemps à cette condition. La méthode de presser à la fois un grand nombre de couches de composition dans autant de cartouches, ou récipients quelconques, de mêmes dimensions, est certainement beaucoup plus expéditive, pour produire un grand nombre d'artifices de petites dimensions, que celle des petites presses ne pressant chaque fois qu'un seul individu, qu'on doit placer avec beaucoup de précision sous le piston porté par la presse même. Cette dernière disposition paraît d'ailleurs mauvaise, comme ne pouvant procurer guère d'avantages, et exigeant une précision difficile à imaginer, tant dans la construction des éléments à presser que dans le placement si souvent répété de chaque élément.   (T.)

doit craindre que la composition ne s'égrène ou se détache à une extrémité de la colonne, il faut autant que possible tourner ce côté de manière qu'il reçoive les premières doses. L'introduction des doses dans les petits cartouches, et pour les artifices qui n'exigent pas une très-grande uniformité dans leur densité, se fait à l'aide de petites cuillers ou lanternes ouvertes qui donnent des portions très-inégales même quand on a soin d'arraser. Lorsqu'on vise à l'égalité des doses, on les mesure à l'aide de mesurettes cylindriques peu hautes, fixées au bout de longs manches lorsque les cartouches à charger sont longs. Quand les couches de composition sont très-minces, on les moule à l'état humide dans des plaques trouées, d'où on les fait tomber lorsqu'elles se sont détachées des bords des trous par suite de la dessiccation. Cette méthode donne des disques de composition très-uniformes.

§ 359.

On doit chercher à obtenir la plus grande densité possible de même que pour la poudre; une grande densité rend les temps de combustion plus uniformes, et l'influence atmosphérique moins sensible. La densité n'est pas encore arrivée au plus haut degré possible, lorsque la baguette rend un son clair en tombant sur la composition. Plus les doses pressées chaque fois sont faibles, plus la masse sera dense. Le battage à la main des colonnes de 5 à 7 millimètres de diamètre produit une densité de 1,947, la densité calculée d'après celle des ingrédients étant 2,21. Une composition d'une densité absolue de 2,16 acquiert étant moyennement battue 1,904, et par un battage longtemps continué 1,927; par conséquent environ $\frac{1}{-}$ du volume reste rempli d'air.

§ 360.

Dans les masses motrices, les fusées volantes, etc., où la production d'une force motrice considérable exige le développement rapide d'une grande masse gazeuse dans un cylindre étroit de composition, il est nécessaire de rétrécir l'orifice de fuite, et de creuser la masse impulsive. On peut produire ce creux lors du chargement au moyen d'un modèle (la broche) fixé sur le socle du moule, en se servant de la baguette creusée à cet effet, ou bien en forant la masse, condensée d'abord à l'aide de baguettes massives. La première méthode, qui réduit la quantité de composition à condenser, n'est employée que dans le cas où l'on dispose d'une force peu considérable; la seconde, au contraire, est toujours employée lorsqu'on peut exercer une force suffisante pour produire un cylindre massif de la densité désirée. La broche doit être conique afin qu'on puisse la retirer après le chargement : de là résulte une inégalité des dimensions des volumes occupés par les doses successives, inégalité qui rend impraticable leur condensation uniforme. Le chargement sur la broche ne produit donc jamais des combustions aussi uniformes que l'autre méthode, et cette dernière doit être préférée toutes les fois que la force disponible le permet. Le chargement massif est encore employé lorsqu'à raison du faible diamètre du creux à produire, la broche devrait être très-mince comparativement à la force condensatrice à employer, ce qui pourrait faire craindre la rupture de cette pièce. Les creux produits par le chargement sur la broche présentent d'abord une surface lisse qui cependant devient bientôt rugueuse, parce que dans chaque dose la partie inférieure qui est moins dense absorbe plus d'humidité que la partie supérieure qui est plus condensée ; il résulte de là une détérioration plus prompte que dans les colonnes forées (1). Les baguettes creuses, qui sont chères et faciles à détériorer, causent encore du danger en pinçant la broche ; la déperdition de la composition par la production du poussier étant considérable, on doit souvent dégager la composition qui s'introduit dans le creux de ces baguettes, de sorte que le travail, en apparence plus compliqué, du chargement massif suivi du forage est en définitive préférable.

§ 361.

Les forets peuvent avoir la position horizontale, ou verticale ; cette dernière exige un appareil un peu plus compliqué, mais doit être préférée parce qu'elle débarrasse des buchilles qui tombent dans une caisse placée en-dessous, d'où résulte aussi une moindre production de poussier. Le foret ne fait pas plus de 15 à 20 révolutions par minute ; le mouvement en est réglé à l'aide d'un volant. Le foret présente une tête cylindrique pour les âmes cylindriques, et consiste en un cone tronqué arrondi par la petite base pour les âmes coniques ; il est en acier trempé et bien poli. On n'a pas besoin d'un forage préparatoire. Le cartouche est fixé l'orifice en bas au-dessus du foret, dans un châssis qui descend de lui-même et presse ainsi sur le tranchant du foret. Un arrêtoir limite convenablement ce mouvement du châssis. Le banc à forer se trouve dans une place spéciale dont les manœuvres qui font tourner la machine sont séparées par une cloison (2).

(1) Si dans les fusées chargées sur la broche la densité n'est pas uniforme aux divers points de la hauteur de chaque dose, il doit en être de même pour les fusées massives. Cette circonstance ne peut donc pas constituer une différence favorable à ces dernières. Mais la véritable raison de la prompte détérioration des fusées chargées sur la broche conique, consiste en ce qu'il est impossible qu'une baguette à condenser comprime la composition qui touche à la broche, si ce n'est en un seul point de la longueur de la colonne, et ce point est celui où le diamètre de la section transversale de la broche conique est le même que celui du creux de la baguette à condenser. Comme on emploie ordinairement trois baguettes pour achever la condensation, il peut y avoir trois de ces points ; à toutes les hauteurs intermédiaires la composition ne peut être que très imparfaitement et irrégulièrement condensée. (T.)

(2) Voyez la note 3 du capitaine Hoffmann, à la fin du volume. (T.)

§ 362.

Dans les diverses opérations de la condensation, du forage, etc., le danger de l'inflammation spontanée est d'autant plus grand que la température et la sécheresse de l'air et des outils sont plus considérables. Lorsque la composition est vive et causerait du danger en s'enflammant, on emploie souvent, afin de diminuer l'imminence des inflammations, des baguettes munies d'un sabot en bronze dur à la partie qui agit sur la composition. Mais comme ces sabots se plient et se refoulent facilement, il est bon d'en éviter l'emploi autant que possible.

MUNITIONS COMPOSÉES.

I. CHARGES.

a) *Sabots pour boulets et obus.*

§ 363.

Les sabots sont des disques en bois de forme cylindrique ou troncconique, qui sont placés dans les bouches à feu entre la poudre et le projectile; ce dernier y entre pour une certaine partie de son diamètre, et y est assujetti; ils ont l'utilité suivante:

1) Ils garantissent l'âme de la pièce contre la formation du logement, et en partie aussi contre les battements.

2) Ils modèrent l'action de la charge sur le projectile.

3) Ils maintiennent dans la position voulue le projectile qu'on glisse le long de l'âme.

Leurs inconvénients sont:

1) D'occuper beaucoup de place, ce qui gêne surtout dans le transport des munitions pour bouches à feu de campagne.

2) Ils se brisent par l'effet de la charge, et blessent les troupes amies en avant de la batterie.

3) Les fentes qui se forment durant leur dessiccation augmentent parfois tellement leur diamètre, qu'ils empêchent l'introduction du projectile dans la pièce.

4) Si on les attache au bout ou dans l'intérieur des sachets, ils usent ces derniers par le frottement durant le transport.

§ 364.

L'avantage que possèdent les sabots de garantir l'âme des bouches à feu s'efface quand ces dernières sont en fonte de fer; on peut donc s'en passer entièrement dans ce cas, ainsi que dans les bouches à feu à chambre qui ne sont que très-rarement dégradées par leurs projectiles. Ils sont nécessaires dans les bouches à feu longues à chambre, ou dans celles qui demandent une position déterminée de la fusée, et même dans les bouches à feu courtes quand le projectile est fragile. Dans ce dernier cas, le sabot ne peut remplir sa destination que pour autant que le projectile est en même temps léger et cède par conséquent facilement à l'action de la charge ; si au contraire le projectile est lourd, le sabot est brisé avant que le mouvement soit communiqué au projectile, qui est ensuite exposé directement à l'action de la charge et ne peut plus être garanti par le sabot. — Dans les canons de petit calibre, par exemple ceux de campagne, les avantages et les inconvénients des sabots se compensent à peu près. Dans les forts calibres, au contraire, l'avantage est prépondérant.

§ 365.

Le bois, même quand il est bien sec, présente l'inconvénient de se fendre beaucoup, d'être hygroscopique, d'augmenter et de diminuer alternativement en poids et en volume, et de céder de l'humidité à la poudre ; les morceaux peuvent devenir dangereux pour les troupes amies en avant ; aux endroits où les fibres sont coupées transversalement, ces dernières forment des angles vifs qui usent les sachets durant le transport. Il est donc plus avantageux de presser les sabots d'une masse semblable au papier mâché, formée d'étoupes foulées ou de sciure de bois reliée à la colle. Ces sabots ne sont pas beaucoup plus chers que ceux en bois. Dans les places, où ils sont consommés promptement, rien n'empêche de conserver ceux en bois.

§ 366.

Les rainures qui entourent le sabot, et qui servent à fixer le sachet, ne doivent jamais présenter d'angles vifs, mais il faut au contraire les arrondir et enlever les aspérités. Si les sabots sont en bois, on leur donnera une couche de vernis à l'huile de lin afin de les rendre moins hygroscopiques. Cette précaution est surtout nécessaire quand les sabots doivent rester longtemps en contact immédiat avec les charges, car ils absorbent sans cela des quantités considérables d'eau qu'ils transmettent à la poudre.

§ 367.

La forme la plus convenable est extérieurement un peu conique, et intérieurement elle présente le logement du projectile un peu plus qu'hémisphérique. Il résulte de cette forme du creux que le sabot se meut avant le déplacement du projectile, de sorte que ses bords annulent le vent et maintiennent le projectile dans l'axe de l'âme, ce qui empêche le logement de se former. De cette manière ils peuvent exercer une action très-préservatrice, surtout dans les bouches à feu longues de gros calibre. Un sabot en bois de cette forme ne se fendille ni se voile facilement, étant déjà fixé sur le projectile.

b) *Charges.*

§ 368.

On renferme les charges dans des sachets pour faciliter le chargement. Cette distribution de la poudre en petites quantités en augmente l'action hygroscopique et occasionne la formation d'une plus grande quantité de poussier par l'augmentation des surfaces frottantes. Par conséquent, la poudre, longtemps conservée et transportée en cartouches, perd beaucoup plus de ses qualités que si elle l'avait été en masses plus considérables. Lorsque les sachets sont en outre sujets à s'élargir ou à laisser tamiser le poussier, ou sont eux-mêmes hygroscopiques, la poudre souffre encore davantage, son poids diminue considérablement, les cartouches ne peuvent souvent plus entrer dans l'âme. De là vient que l'effet des coups de canon tirés avec des munitions longtemps transportées, est loin d'être aussi favorable que dans les expériences de paix, où l'on emploie des munitions fraîches. Pour les obusiers ces effets se sont réduits jusqu'au tiers. Le tamisage du poussier à travers l'étoffe des sachets rehausse les dangers du transport; la combustibilité toujours insuffisante de ces enveloppes, et les débris en ignition qu'elles laissent, augmentent le danger pour les servants. D'après cela, les conditions que doit remplir un bon sachet, sont de renfermer la poudre aussi hermétiquement que possible, et de laisser le moins possible de débris incandescents dans la bouche à feu.

§ 369.

Les tissus en matière animale sont les plus convenables, parce que le charbon azoté et globuleux qu'ils donnent est d'une combustion difficile, d'où résulte qu'il ne reste pas en ignition dès que la flamme produite par la poudre a disparu. Les étoffes de laine sont donc les meilleures. Lorsque le tir doit être lent, on peut faire usage aussi de la fibre de lin qui laisse un charbon plus inflammable et plus sujet à conserver le feu. — Il ne conviendrait pas de chercher à rehausser la combustibilité de l'étoffe, parce que cette combustibilité ne pouvant jamais égaler celle de la poudre, on n'en rendrait que plus certaine la conservation du feu dans les débris qui restent inévitablement dans la pièce; il est plus avantageux de diminuer la combustibilité du sachet, mais seulement lorsque le tir ne doit pas être précipité, car l'extraction des grands lambeaux, qui obstruent facilement la lumière, fait perdre du temps. D'un autre côté, l'utilité de ce préservatif disparaît en grande partie dans un tir lent.

§ 370.

L'étoffe du sachet doit être très-tenace et peu extensible; en employant la fibre animale on ne peut remplir cette condition qu'au moyen de tissus dont

20

les éléments sont des fils, toute autre liaison présentant trop peu de résistance. Si le feutrage seul devait former la liaison, l'étoffe devrait être très-épaisse. — Dans les tissus les interstices sont inévitables; il s'agit donc de rendre ces derniers aussi petits que possibles. Pour voir si l'étoffe est entièrement en laine, on en trempe un échantillon dans l'eau de chlore qui blanchit le lin et le coton et fait jaunir la laine (1).

§ 371.

Plus les fils dont l'étoffe est tissée sont fins, plus celle-ci sera tenace, moins elle sera extensible, plus les interstices seront petits et plus sa combustion sera complète. Les fils formant la chaîne sont toujours moins extensibles que ceux de la trame, et cela parce que les premiers sont tendus durant le tissage, tandis que les seconds ne peuvent pas l'être fortement. Or, comme l'extensibilité du sachet dans le sens de la circonférence est la plus nuisible, il convient de couper l'étoffe de manière à ce que dans les sachets la chaîne soit dirigée transversalement et la trame longitudinalement. La colle de farine employée dans le tissage diminue la combustibilité; il convient donc d'éloigner cette matière par le lavage. Pour examiner la qualité du tissu on en extrait des fils isolés dont la rupture doit produire un son audible; sans cela ils n'ont pas la ténacité convenable. Tout blanchissage ou teinturage affaiblit la ténacité; c'est pourquoi la laine doit être employée avec sa nuance naturelle. Le foulage bouche les mailles avec certitude. La couche laineuse dans les étoffes velues d'un seul côté rend le même office, lorsque ce côté est tourné vers l'intérieur. Parmi les étoffes lisses les tissus croisés sont plus serrés que ceux ordinaires. L'étoffe doit être uniformément tissée dans toute la longueur de la pièce. Les tissus aplatis sont cassants. Plus les charges sont petites, plus le choix du tissu exige de soins. Les tissus épais participent visiblement à la combustion des charges très-faibles. Pour les fortes charges on peut, afin de boucher les mailles, tremper l'étoffe dans l'eau d'amidon.

§ 372.

Moins on emploie d'étoffe pour renfermer une charge, moins les inconvénients s'en font sentir. De même la couture doit avoir aussi peu de développement que possible, parce qu'elle exige le doublement de l'étoffe et qu'elle se relâche facilement, ce qui donne lieu à des jours. Le sachet sans culot est donc sous un double point de vue préférable à celui avec culot circulaire. Le fond du sachet se forme le plus avantageusement de deux moitiés taillées d'une pièce avec la partie qui doit former le cylindre.

---

(1) Voyez la note 4 du capitaine Hoffman à la fin du volume.   (T.)

§ 373.

La couture mérite beaucoup de soins, afin qu'elle ne cède pas et ne produise ainsi des interstices plus grands que ceux que présente le tissu. Afin de produire une couture bien unie, on commence par faufiler l'une sur l'autre les deux parties à coudre. Comme le fil employé pour la couture doit être également de nature animale, pour ne pas conserver des étincelles ou s'altérer par le contact du salpêtre, que d'ailleurs le fil de laine cède trop facilement, il convient d'employer de la soie, qui de plus ne doit avoir été ni blanchie ni teinte. Parmi les diverses coutures, celle rabattue est la plus hermétique et la plus solide. Le cousage doit être exécuté par des personnes qui s'y entendent bien. Quand le sachet est cousu, on le chausse sur un mandrin juste, afin de s'assurer qu'il ne présente pas des solutions de continuité, des déchirures, etc.

§ 374.

Les mesures à poudre qui ont été en usage jusqu'à présent conviennent peu; elles donnent des charges de poids différents avec des poudres de densités relatives différentes; elles sont facilement bosselées, et doivent être nombreuses. Lorsqu'on a le temps, il convient de peser les charges; quand il faut recourir au mesurage, il est bon d'employer une mesure d'une dimension telle qu'elle puisse contenir la plus grande charge qui se présente dans les munitions de campagne. Cette mesure cylindrique est ouverte aux deux bouts; à une extrémité elle est munie d'une bride transversale traversée par une tige qu'on peut fixer au moyen d'une vis; cette tige est fixée au centre d'un disque formant le fond mobile de la mesure. Chaque fois qu'on emploie une nouvelle espèce de poudre, on en pèse exactement une charge qu'on verse dans la mesure, puis on remonte le fond mobile jusqu'à ce que la charge affleure. On fixe alors le fond au moyen de la vis de pression, et l'on continue à mesurer les charges avec l'instrument ainsi réglé. Les très-grandes charges destinées aux pièces de gros calibre peuvent être mesurées en deux fois.

§ 375.

Avant d'être introduite dans les sachets, la poudre doit être époussetée, quand même elle ne contiendrait que peu de poussier. On peut exécuter cette opération en la secouant dans des sacs en toile, ou à l'aide d'un soufflet.

§ 376.

La poudre doit être tassée autant que possible dans les cartouches; mais il faut éviter avec soin la formation du poussier qui aurait lieu si l'on secouait, frappait ou comprimait avec violence la cartouche. On introduit la charge en trois fois, saisissant chaque fois le sachet par le bord supérieur et le laissant tomber 40 à 50 fois de quelques centimètres de hauteur, par son fond, sur un corps mou. Ensuite on place sur la poudre un lourd disque en plomb, qu'on enlève avec précaution; puis, sans déranger la cartouche de sa position verticale, on introduit le sabot avec le boulet et on les pousse à fond. Le boulet doit être couvert d'un enduit oxifuge ; s'il rouille par suite d'un long transport, il use facilement le sachet par le frottement, parce que la rouille est rude, et qu'en pénétrant dans l'étoffe elle en altère la souplesse. On reconnaît au son d'un coup de marteau donné sur le sabot, si le boulet pose à fond dans ce dernier. Le sachet ne recouvre pas entièrement le boulet ; il est bordé d'un ourlet traversé d'une forte ficelle au moyen de laquelle on rapproche fortement les bords sur le boulet, et on le fixe par un nœud. Le sachet étant ainsi fortement tendu, est encore étranglé dans les deux rainures du sabot au moyen de ficelles : pour tendre fortement la ficelle, on fait cette ligature à l'aide de bâtons à ligature en bois. On enduit ensuite les ficelles de bonne colle forte, ce qui les empêche de garder le feu, les préserve de l'humidité et les fixe sur le sachet, qui par là ne peut pas glisser.

§ 377.

On introduit la cartouche dans une chemise confectionnée en papier gris trempé dans le vernis à l'huile de lin. C'est dans cet état qu'on la conserve et qu'on la transporte. Cette chemise en papier est tellement imperméable qu'on peut la mettre sans inconvénient avec le cartouche dans l'eau ; en outre elle s'oppose à l'élargissement du sachet en serge.

§ 378.

Il est extrêmement nuisible à la conservation de la poudre, d'empaqueter les cartouches en plusieurs couches superposées. On doit donc chercher à les paqueter toujours debout, et ne les coucher que quand il le faut, en les mettant alors en une seule couche en cases. Les étoupes ordinaires dont on se sert pour le paquetage sont très-hygroscopiques et gâtent la poudre. Elles perdent cette propriété lorsqu'on les trempe dans le vernis à l'huile de lin et qu'on les dessèche lentement. On peut employer aussi des chiffons en laine ou de la laine brute. Il ne faut dépaqueter les munitions que dans les cas les plus urgents, enrouler les cartouches au lieu d'étouper à l'aide de la spatule, opération qui fait souffrir les sachets et qui écrase la poudre.

§ 379.

Pour les charges qui doivent être bientôt employées, et pour un tir lent, on emploie par économie du papier ou de la toile. Toutefois cela ne doit pas avoir lieu pour les petites charges, parce qu'elles laissent facilement des débris incandescents. Lorsqu'au contraire les charges sont très-fortes, et qu'on pourrait craindre qu'elles ne fissent crever la gargousse par leur poids, on peut sans danger faire ces dernières en papier double. Lorsqu'on conserve pendant quelque temps les charges dans ces sachets, la fibre végétale de ces derniers, qui absorbe avidement l'eau et la transmet à la poudre, perd tellement sa ténacité que le papier ou le tissu tombe en lambeaux sous le moindre effort. On ne doit donc introduire la poudre dans ces deux espèces de gargousses que peu de temps avant son emploi.

§ 380.

La visite du papier tombe sous l'application de ce qui est dit au paragraphe 288.

§ 381.

Comme la fibre végétale est d'une combustion facile, et que par conséquent elle conserve le feu, il est avantageux de rendre le papier moins hygroscopique et moins combustible en le trempant successivement dans l'alun et dans la colle forte. Relativement à l'incombustibilité, le borax et le sel ammoniac(1) sont encore plus à conseiller. On s'assure que le papier soit suffisamment combustible en en allumant un morceau, puis en soufflant dessus pour l'éteindre, après quoi il ne doit plus rester d'étincelles.

§ 382.

Le collage doit se faire plutôt à la gomme ou à la colle forte qu'à l'amidon, ce dernier étant plus sujet à conserver le feu que les deux autres. La gomme à employer à cet usage doit être parfaitement pure, ce qu'on reconnaît à ce qu'elle forme une dissolution claire avec l'eau, et devient ensuite visqueuse et filante. Étant desséchée elle doit donner une masse luisante, fragile et transparente.

§ 383.

La gargousse en papier laisse ordinairement son culot en ignition au fond de l'âme, ou le chasse dans la lumière. C'est pour cette raison qu'on emploie volontiers le culot en serge, qu'on coud au cylindre en papier, et dont on empêche l'arrachement par le poids de la charge en le soutenant au moyen de deux brins de laine qui se croisent par-dessous.

§ 384.

Après le remplissage la gargousse reçoit une rondelle en carton, et le bord est replié sur celle-ci.

§ 385.

On vide toutes les cartouches dans des boîtes en fer-blanc.

§ 386.

Lorsque les sachets en serge doivent être conservés vides, il faut beaucoup de soins pour les garantir des mites. A cet effet on les trempe dans une dis-

---

(1) Chlorhydrate ammonique.

solution de carbonate de soude. On enferme ensuite les sachets (sans les mêler avec des vieux) dans des caisses solides dont on colle les joints hermétiquement. Il est avantageux de lier les sachets dans un sac en toile bien serrée, et de les introduire avec celui-ci dans la caisse.

c. *Charges pour les armes à feu portatives.*

§ 387.

L'introduction d'une nouvelle méthode d'inflammation de la charge des armes portatives demande aussi une modification des munitions destinées à ces armes. Il ne s'agira donc ici que des cartouches pour armes munies de platines à silex, ou de platines à percussion entièrement analogues à ces dernières.

§ 388.

Le papier à cartouches doit être fin ; les feuilles ouvertes contre le jour ne doivent pas laisser voir des places épaisses, des soufflures ou des déchirures ; de plus, elles doivent être lisses, pas filamenteuses, exemptes de grumeaux, tenaces, ne pas sentir le moisi ni le chlore, avoir les dimensions nécessaires et peser, réunies en un certain nombre, un poids déterminé. Si l'on emploie des papiers colorés pour distinguer différentes espèces de cartouches, il faut vérifier avec un soin particulier la ténacité des papiers de couleur. Si le papier doit être longtemps conservé, il faut l'aérer souvent afin qu'il ne moisisse pas. On doit encore confectionner une cartouche et voir si elle a les dimensions exactes à la hauteur de la balle.

§ 389.

Pour rendre le papier imperméable à l'humidité, on le trempe dans un vernis à l'huile de lin et on le laisse sécher. Ensuite on en coupe les rectangles pour les cartouches.

§ 390.

Le rectangle a pour longueur $2\frac{1}{4}$ fois celle de la charge de poudre, et 3 fois la circonférence de la cartouche pour largeur.

§ 391.

Le roulage s'exécute au moyen de mandrins en bois de même diamètre que la balle ; à l'un des bouts le mandrin est creusé en portion de sphère, de manière que la balle puisse y plonger de $\frac{1}{4}$ de son diamètre. Le roulage est plus facile si le mandrin est muni d'un manche.

§ 392.

L'amidon qu'on emploie pour coller les cartouches afin d'empêcher les pertes de poudre, ne doit pas sentir le moisi ; quand on le remue dans l'eau,

il ne faut pas qu'il se dépose une poudre lourde (du plâtre, de la craie); il
ne doit pas se former d'écume à la surface, sans cela il est sujet à pourrir.
Pour empêcher les souris de dévorer l'amidon, on mêle à la farine d'amidon
$\frac{1}{5}$ de poivre pulvérisé, et on ajoute de l'absinthe pendant l'ébullition. En
ajoutant un peu d'alun on donne à la colle la propriété de se conserver plus
longtemps sans se putréfier. L'amidon qu'on fait bouillir dans l'eau de colle
forte, colle mieux que quand il est pur. Cette colle est composée de 16 parties
de farine d'amidon sur une de colle forte.

§ 393.

Lorsqu'on roule, on enduit la face intérieure vers le bord externe, et la face
extérieure au bord interne d'une mince couche de colle sur une largeur de
4 à 5 millimètres, et on roule aussi fortement que possible. On place ensuite
la balle dans le mandrin, qu'on retire dans l'intérieur de manière que le
papier dépasse la balle d'un diamètre de celle-ci. On enduit de colle ce bout
saillant du papier, on le pince par-dessus la balle, et on presse le bout ainsi
fermé de la cartouche, dans un creux hémisphérique légèrement enduit d'a-
midon. Lorsqu'on ligature la cartouche par-dessus la balle, cette ligature se
détache souvent, ce qui fait que la balle s'échappe, et même la poudre lorsqu'il n'y a pas de ligature entre la balle et la poudre. On étrangle la cartouche
au-dessus de la balle du côté où la charge de poudre doit venir. Pour cela on
l'entoure d'un tour d'une ficelle mince de 0^m,30 de longueur fixée à un bout,
et tenant la cartouche au moyen du mandrin dans la main gauche, on tend
de la droite la ficelle de manière à rétrécir la cartouche au-dessus de la balle;
afin que l'étranglure soit située dans l'axe on tourne la cartouche pendant
l'opération. On ôte ensuite l'étrangloir, et on ligature avec du bon fil écru
imprégné de cire. Cette ligature empêche la poudre de s'introduire entre le
papier et la balle, ce qui rendrait la cartouche de rebut au calibre.

§ 394.

On mesure la charge de poudre; les mesures sont des cônes tronqués dont
la petite base forme l'ouverture; ces mesures donnent des charges plus uniformes que les cylindriques, parce que la surface d'affleurement est moindre.
Les mesures sont plus grandes qu'il ne faut. Chaque fois qu'on emploie une
nouvelle espèce de poudre, on pèse exactement quelques charges, on les
verse dans les mesures; si elles ne remplissent pas exactement celles-ci, on
les vide et on place sur le fond de la mesure un ou plusieurs disques en papier, jusqu'à ce que la capacité soit réduite de manière que les charges pesées
affleurent. Par ce moyen des poudres de densités gravimétriques différentes
donnent toujours des charges de poids égaux (1); il est vrai qu'on n'obtient

---

(1) Il est douteux qu'on obtienne des résultats plus uniformes dans les effets des petites

pas encore par là exactement le même effet de diverses espèces de poudre, car des poids égaux d'espèces de poudre différentes donnent des résultats différents. Comme les effets de la poudre dans les armes portatives et dans le mortier éprouvette marchent à peu près parallèlement, on peut régler d'après les portées de ce dernier instrument, les charges correspondantes aux diverses espèces de poudre, et corriger ensuite les mesures de la manière indiquée.

§ 395.

La fermeture de la cartouche doit être faite de manière à empêcher tout mouvement de la part de la poudre, pour prévenir la formation du poussier, s'opposer à l'introduction de l'humidité, et procurer une forme bien cylindrique à la cartouche, ce qui consolide sa position dans les paquets. Par conséquent on doit tasser fortement la poudre, soit en secouant légèrement, ou en la pressant doucement au moyen d'une lourde baguette.

§ 396.

Lorsqu'on doit travailler rapidement, il faut se contenter de ligaturer la cartouche juste au-dessus de la poudre, et de replier l'excédant de papier le long de la cartouche. Mais lorsqu'on mord la cartouche fermée par une ligature il se présente facilement des pertes de poudre. La fermeture à employer à l'ordinaire, est le pli russo-suédo-saxon; car il ferme le mieux la cartouche, et maintient le plus solidement la charge. Plus les plis sont vifs, et mieux ils sont comprimés plus la fermeture est forte. On se sert à cet effet d'une réglette en laiton, à l'aide de laquelle on commence par plier la cartouche tout contre la poudre à angle droit, on applatit sur la table la partie vide, puis on en relève les deux bords qu'on plie par-dessus sur une largeur de 4 millimètres, et on fixe bien les plis en les comprimant. Ensuite on replie à l'aide de la réglette le bout vide le long de la cartouche.

§ 397.

On calibre ces cartouches avec des bouts de canon de calibre, et on les empaquète par 10 ou 15. La feuille d'enveloppe doit également être imperméable, et la ficelle doit être cirée. Lorsque le soldat coud ses munitions dans une étoffe pour les longues marches, il vaut mieux choisir pour cela un tissu de laine que de la toile.

---

armes, en cherchant à égaliser les poids plutôt que les volumes des charges. Car comme, toutes choses égales, la combustibilité augmente à mesure que la densité diminue, il en résulte que la poudre la moins dense donnera à poids constants des effets supérieurs dans ces armes. Si au contraire on mesure les charges de manière à en prendre des volumes constants, la charge de poudre la plus combustible, qui est la moins dense, et qui par conséquent occupe le plus de volume, pèsera moins, ce qui tend vers une compensation, laquelle ne peut avoir lieu quand on prend une charge de poids constant.   (T.)

§ 398.

Pour les cartouches destinées aux armes rayées, on coupe les calpins en futaine au moyen d'emporte-pièces. On place le calpin sur la balle de manière que le côté velu se trouve en dehors. On réunit les bords au moyen d'un fil sur la partie postérieure de la balle; cette ganse est ligaturée dans la partie antérieure de la cartouche; on trempe le calpin dans le suif, et on y coupe deux fentes en croix sur le devant de la balle.

II. PROJECTILES ET ARTIFICES.

a. Fusées pour projectiles creux.

§ 399.

L'expérience a montré que les projectiles creux, lorsqu'en tombant ils pénètrent même peu dans le terrain, perdent une grande partie de leur effet explosif, et qu'en éclatant au contraire dans l'air, même à petite distance devant le but, ils n'atteignent ce dernier que rarement et par peu d'éclats. De là résulte qu'on y attache depuis quelques temps moins d'importance comme arme contre des troupes, et il pourrait en résulter que l'obus à balles les remplaçât peu à peu entièrement dans cette destination. L'effet réel du projectile creux comme boulet, et l'impression morale qu'il produit par le jet de flamme menaçant de sa fusée, impression qui d'ailleurs est singulièrement diminuée chez les vieux soldats qui ont vu plusieurs fois l'effet produit, ne peuvent être considérés comme des motifs suffisants pour le comprendre simultanément avec l'obus à balles dans les approvisionnements à conduire en campagne. Toutefois aussi longtemps qu'on voudra encore l'employer, il faudra qu'on porte beaucoup plus d'attention qu'on ne l'a fait jusqu'à présent, sur la fusée, sous le rapport de l'uniformité de la combustion, de la résistance au choc de la charge, et à ceux du projectile dans les ricochets, ainsi que sur les moyens d'empêcher le projectile d'éclater au sortir de la bouche à feu ou au milieu de son trajet. Quant aux fusées qui mettent le feu à la charge, lorsque le projectile tombe ou ricoche, elles ne peuvent servir que dans le cas où le projectile doit atteindre du premier bond, et frapper des corps durs en arrivant.

§ 400.

Les fusées des projectiles creux qu'on transporte ou qu'on conserve longtemps, qu'on tire à fortes charges, ou qui doivent faire leur effet même après plusieurs ricochets, doivent jouir d'une grande solidité, afin de ne pas être rompues par le choc de la charge, ou par le ricochet; de plus, le trans-

21

port et la conservation de ces fusées ne doivent pas en altérer la composition sous le rapport de la vitesse de combustion. Ces conditions ne peuvent être satisfaites qu'à l'aide de tubes métalliques ; car les fusées en bois varient trop facilement de volume, se fendillent, se rompent dans l'œil, et laissent passer le feu entre la colonne de composition et le bois ; elles cèdent de l'eau à la composition, et troublent la combustion en y participant. Les fusées métalliques deviennent encore plus indispensables pour les obus à balles, parceque ceux-ci exigent la plus grande précision dans la proportionnalité des temps de combustion avec la longueur des colonnes de composition, et surtout parceque il faut en outre qu'on puisse régler le temps de la combustion quoique le projectile soit déjà armé de sa fusée. On peut conserver la fusée en bois pour les bombes, tirées à faibles charges et sous des angles considérables, pour lesquelles on emploie la fusée peu de temps après sa fabrication. Elles suffisent aussi pour les projectiles incendiaires ou éclairants.

§ 401.

La construction des fusées doit, lorsque le projectile n'est pas pourvu d'un œil de chargement, être telle qu'on puisse les retirer facilement, afin d'éviter le danger inhérent à l'extraction de celles employées actuellement. La fusée en bois doit donc recevoir une tête formant saillie, laquelle pourra, si elle ne doit plus servir à contenir la mèche de communication, être beaucoup plus solide que celles des anciennes qui s'écrasaient souvent sous les mordaches du tire-fusée. Avant de procéder au déchargement, on placera le projectile creux pendant plusieurs jours dans un local sec ; alors la fusée, en se contractant par la sécheresse, sera beaucoup plus facile à retirer.

§ 402.

Quelle que soit la forme extérieure de la fusée, on observera en la chargeant, outre ce qui a été dit dans la section *condensation*, les règles suivantes :

1) Il est inutile d'amorcer la fusée avec de la mèche de communication (coton trempé dans une pâte de pulvérin). Cette mèche a l'inconvénient de détruire la dureté de la partie supérieure de la colonne de composition, d'où résulte quelquefois que cette partie est chassée par suite du choc exercé par la charge sur le projectile, et que celui-ci n'éclate pas. Il ne faut pas davantage une amorce de pulvérin humecté d'alcool. Pour être utile elle ne devrait pas être composée de p. n. pur $(\text{K}\ddot{\text{N}} + \text{S} + 3\text{C})$, ($\S\S$ 201 et 203)‚ mais d'un mélange de p. n. et de 10 pour cent de la mixture s. n. $(\text{K}\ddot{\text{N}} + 2\text{S})$, qui, ne brûlant pas si rapidement, enflamme plus sûrement.

2) Plus le diamètre de la colonne de composition est grand plus elle s'enflamme facilement, et moins elle est sujette à l'extinction.

3) Plus la proportion de p. n. est grande relativement à celle de la mix-

ture s. n. plus l'inflammation et la combustion continue sont certaines, mais aussi plus la condensation est difficile.

4) Une composition vive, qui contient par conséquent beaucoup de p. n., possède encore cet avantage pour les projectiles qui doivent ricocher, que bientôt la section en combustion de la colonne de composition se trouve précédée d'une partie vide du canal de la fusée, qui la garantit, et fait que même dans un ricochet prématuré sur la terre ou dans l'eau, ces matières arrivent moins facilement en contact avec la section de la colonne qui est en combustion. De plus l'intensité de la chaleur qui est supérieure dans la composition plus riche en p. n., s'oppose mieux à l'extinction par refroidissement qu'opèrent la terre et l'eau.

5) De 2, 3 et 4 résulte que les fusées répondront d'autant mieux à leur destination qu'on disposera d'une plus grande force condensatrice.

A) Fusées métalliques servant à régler l'explosion des obus à balles munis d'un œil de chargement.

§ 403.

La fusée entièrement en laiton se compose de deux parties, dont l'une est fixée dans le projectile, et l'autre mobile dans la première. La première consiste en une vis métallique, percée suivant son axe, et qu'on visse dans l'œil du projectile taraudé à cet effet. Dans cette vis est fixée la douille exactement alésée de la fusée, et qui porte intérieurement une rainure de la largeur de $0^m,0021$ parallèle à l'axe. Lorsque la vis est fixée dans l'œil, on trace sur la surface du projectile, à partir de l'œil, une portion de la circonférence du méridien passant par le milieu de la rainure, et qui par conséquent indique exactement la position de celle-ci.

§ 404.

La seconde partie, qui est mobile dans la douille, consiste en un tube tourné, pouvant être introduit dans la douille et laissant fort peu de jeu. A une extrémité de ce tube est soudé un tenon extérieur pouvant glisser dans la rainure de la douille. L'autre extrémité porte un disque en fer blanc de $0^m,05$ de diamètre faisant ressort. La longueur du tube est réglée d'après le temps maximum de combustion nécessaire; et la vitesse de combustion, due au diamètre, au dosage et à la densité de la colonne de composition, se règle de manière que la hauteur de la colonne dont la combustion correspond à la plus courte distance, c'est-à-dire au temps minimum, soit égale aux $\frac{3}{4}$ de l'épaisseur du métal à l'œil. La douille est un peu plus courte que le tube mobile, afin que ce dernier y étant introduit et tourné autour de son axe de manière que le tenon se trouve contre le bord inférieur de la douille, le disque s'applique fortement contre la surface du projectile autour de l'œil, et que par son élasticité il maintienne le tenon en le pressant contre le bord inférieur de la douille.

§ 405.

Le tube est divisé sur toute la longueur destinée à sa charge en autant de parties égales qu'il y a de centaines de pas dans le maximum de la distance que le projectile doit franchir avant d'éclater. Ces points de division sont marqués, et on perce le tube de lumières d'un millimètre de diamètre depuis le point qui correspond à la distance minimum jusqu'à celui qui correspond à celle maximum. On ne perce pas de lumières aux points de division qui se trouvent en deçà de celle correspondant à la distance minimum. Les lumières ne sont pas disposées suivant une seule génératrice rectiligne du cylindre, mais chacune sur une génératrice différente, et cela de manière à former une hélice autour du tube. Aucune des lumières ne doit correspondre à la génératrice rectiligne passant par le tenon. Pour charger ce tube on l'introduit dans un chandelier composé de deux parties, et qui sert en même temps à obturer les lumières du tube au moyen de goujons (1) correspondants.

§ 406.

Lorsque la fusée est chargée, on fore la composition suivant les diamètres normaux (2) passant par les diverses lumières, et jusqu'à la paroi opposée du tube.

§ 407.

Le disque supérieur porte des divisions tracées suivant des rayons correspondant exactement chacun à la position de l'une des lumières, c'est-à-dire situés chacun dans le plan passant par l'axe de la fusée et par le centre de l'une des lumières. A côté de ces divisions sont marquées les distances auxquelles correspondent les longueurs de la fusée jusqu'aux lumières qu'elles indiquent. Le disque est percé de deux trous dans lesquels on peut introduire une clef.

§ 408.

La fusée mobile est frottée extérieurement d'enduit graphitique puis introduite dans la douille, le tenon glissant dans la rainure de celle-ci ; lorsque

---

(1) Ces goujons doivent être mobiles dans le sens de leurs axes, sans cela, comme ils sont situés sur des normales différentes, on ne pourrait pas les introduire dans les lumières correspondantes. (T.)

(2) On emploie ici le mot diamètre dans son sens général, comme désignant toute droite passant par un point de l'axe de la surface cylindrique et s'arrêtant de part et d'autre à la surface. Par conséquent les diamètres *normaux* sont ceux situés dans des plans perpendiculaires à l'axe. Un diamètre normal d'une surface cylindrique est donc ce qu'on a l'habitude de désigner simplement en disant diamètre. Si l'on forait suivant un diamètre différent du normal l'instant de l'explosion se trouverait déplacé. (T.)

le disque est venu en contact avec la surface du projectile, on doit pousser la fusée avec une certaine force, pour amener le tenon hors de la rainure, et quand on sent à la main qu'il est dégagé, on tourne la fusée d'une fraction de tour autour de son axe, ce qui amène le tenon sous le bord de la douille, et assujettit la fusée dans cette position. On couvre ensuite avec du papier la couche supérieure de la composition.

§ 409.

Lorsqu'on veut régler la fusée pour une distance donnée, on tourne le disque à l'aide de la clef, de manière à en faire correspondre la division voulue avec le trait repère qui indique la position de la rainure. Alors la lumière percée pour la distance donnée correspond à la rainure de la douille, et le feu sortant par cette lumière peut par conséquent agir librement sur la charge du projectile.

B. *Fusées métalliques pour projectiles creux de campagne.*

§ 410.

Régler les fusées des projectiles creux ordinaires d'après les diverses distances, serait introduire une complication tout à fait inutile, parceque même ceux qui éclatent précisément à point ne font pas beaucoup plus d'effet que ceux qui sont à terre, et que d'ailleurs le réglage est beaucoup plus difficile lorsqu'il s'agit de différences de 40 à 50 pas, que pour des obus à balles où des déplacements assez considérables du point d'explosion ne sont pas essentiellement nuisibles. Par conséquent les fusées pour les projectiles creux de campagne peuvent être toutes de même longueur et fixées invariablement.

§ 411.

La fusée est confectionnée de laiton de la meilleure qualité ; la forme extérieure en est cylindrique. Le diamètre de l'âme forme le tiers du diamètre extérieur, et les deux autres tiers l'épaisseur du métal. Les parois ne doivent jamais avoir moins de $\frac{1}{5}$ du diamètre extérieur, parce que sans cela elles s'échauffent trop fortement et peuvent par conséquent enflammer prématurément la charge du projectile. Pour éviter une action chimique du laiton sur la charge de la fusée, il est bon de tapisser l'âme du tube en y collant du papier. La fusée n'a pas de tête, mais porte une partie taraudée au moyen de laquelle on la visse dans l'œil. Dans la section qui la termine par le haut se trouvent deux trous dans lesquels on peut introduire une clef pour dévisser la fusée. On frotte la partie taraudée d'un enduit oxifuge afin qu'elle ne puisse se fixer par la rouille. L'âme est fermée par en bas afin qu'on puisse plus facilement condenser la composition, mais elle communique à deux ouvertures latérales. En haut on coiffe la fusée par un disque en papier collé (V. § 408). On peut aussi tarauder, malgré sa dureté, l'œil des anciens projectiles.

C. *Fusées en bois pour siège.*

§ 412.

Ces fusées ont la même forme que celles ci-dessus, excepté qu'elles sont renforcées coniquement à la tête. On les règle en y vrillant latéralement un trou traversant le bois et la composition. Elles doivent être construites de manière à dépasser l'œil d'environ 0,013 et qu'en même temps la partie inférieure ne vienne pas toucher au fond du projectile. On les chasse dans l'œil au moyen d'une forte presse à vis.

Pour retirer la fusée on se sert des machines connues; au lieu des vis qui servaient à la saisir, on emploie deux mordaches formant un anneau en deux parties portant intérieurement des pointes; au moyen de vis on. peut les rapprocher de manière que les pointes entrent dans le bois et que les demi-anneaux s'appliquent fortement autour du bois. Ensuite l'anneau est soulevé à l'aide de la vis.

§ 413.

La condensation de la composition ne se fait pas par le battage, afin qu'il ne se forme pas des fentes fines dans le bois, mais par la pression, la fusée étant bien serrée dans un chandelier. La fusée, d'abord trop longue, reçoit sur sa dernière dose de composition une couche d'argile; après cela elle est coupée à fleur de la composition.

D. *Chargement des projectiles creux.*

§ 414.

L'effet des projectiles creux de campagne est beaucoup moindre à la guerre que les expériences faites en temps de paix ne pourraient le faire croire. Cet effet est également beaucoup moindre que celui produit dans l'attaque et la défense des places. On trouve sur les champs de bataille un grand nombre de projectiles creux dont la fusée n'a pas pris feu ou s'est éteinte, et un plus grand nombre dont la fusée, ayant brûlé, a été chassée hors de l'œil par la charge sans que l'explosion du projectile en soit résultée (1). Si l'on décharge

---

(1) Sous ce rapport les fusées métalliques, lorsqu'elles seront assez solidement fixées dans l'œil, par exemple au moyen d'une partie fortement filetée, auront un avantage considérable sur celles en bois; car elles ne pourront pas être expulsées de l'œil et éventer la charge comme ces dernières, lorsque la poudre, convertie en pulverin par le transport, fusera et produira par conséquent dans l'intérieur du projectile une pression augmentant progressivement et non un effort brusque très grand comme la poudre grainée. Elles ne livreront passage aux gaz que par le canal qui contenait la composition fusante, et la section de celui-ci étant beau-

des projectiles de campagne qui ont beaucoup voyagé, on découvre la raison de l'affaiblissement de l'effet de la charge explosive. La poudre est convertie en poussier, soit par suite de son mouvement dans l'intérieur du projectile qui n'est qu'à moitié rempli, soit par le frottement des morceaux de roche à feu. Le poussier mélangé avec les parties détachées par le frottement des morceaux de roche à feu forme une masse dont le mélange est altéré, le salpêtre s'étant porté vers les couches inférieures à raison de son poids spécifique plus grand que celui du charbon, lequel domine dans les couches supérieures. Une partie de ce poussier se masse avec la poix dont on a enduit la paroi intérieure du projectile. La charge ainsi détériorée brûle comme une composition impulsive lente.

§ 415.

Des essais faits concernant l'utilité d'enduire la surface intérieure des projectiles d'une couche résineuse pour garantir de l'humidité la charge de poudre de ceux destinés à être conservés longtemps, ont démontré l'efficacité de cette précaution, qui doit par conséquent être employée, quoique le but primitif, qui était d'empêcher la poudre de se mêler avec la terre provenant du noyau de moulage, n'existe plus depuis l'adoption de la nouvelle méthode de moulage. Mais il faut employer pour cet enduit une résine qui ne se ramollit pas aux plus hautes températures qui se présentent en été. Parmi les résines du pin la colophane seule répond à cette condition, et il est avantageux d'ajouter encore un peu de laque en écailles (shell-lac) lorsqu'on la fond, afin qu'elle résiste encore mieux à la chaleur. La poix noire employée jusqu'à présent à cet usage se ramollit déjà lorsque les projectiles acquièrent la température de la main.

§ 416.

La charge explosive doit avoir aussi peu que possible la liberté de se mouvoir, afin qu'elle ne se convertisse en poussier; il convient donc de charger le projectile complétement plein de poudre, tassée autant que possible. Un œil de chargement est avantageux pour cela, cependant on peut s'en passer. Lorsque le projectile sera chargé de manière à ce qu'on ait encore précisément la facilité de placer la fusée, le frottement de la poudre sur elle-même se réduira au point de n'être plus nuisible.

§ 417.

Il ne convient pas d'introduire dans la charge, quand même elle n'a que

---

coup moindre que celle de l'œil, il est très probable qu'aucune charge même complétement pulvérisée ne pourra plus être éventée, et que même les projectiles, d'ailleurs en mauvais état par suite d'un long transport, éclateront dès que le feu sera transmis à leur charge explosive.

peu de liberté pour se mouvoir, des corps durs ni des matières d'une combustion lente, par conséquent pas de roche à feu. Parmi les projectiles creux de campagne il n'y en a peut-être que cinq p. 0/0 tirés dans le but d'incendier. De bons projectiles incendiaires à longue portée atteindront mieux ce but, et il n'est pas rationnel de nuire à l'objet principal du projectile creux en cherchant à obtenir l'effet accessoire.

§ 418.

Toutes les considérations précédentes ne trouvent plus d'application lorsqu'il s'agit de projectiles qui sont tirés peu de temps après qu'ils ont été apprêtés, ainsi que cela a lieu dans la guerre des siéges.

E. *Éclairage.*

§ 419.

Les projectiles éclairants sont de peu d'utilité; comme leur enveloppe doit être percée d'ouvertures nombreuses afin de livrer passage à la flamme éclairante, cette enveloppe n'est toujours que peu résistante, d'où résulte qu'on ne peut les tirer qu'à petites charges et par conséquent ne les lancer qu'à de courtes distances: de faibles plis de terrain annulent souvent leur effet; lorsqu'ils tombent devant l'objet à éclairer ils éblouissent, et cela d'autant plus que la flamme en est plus blanche, de sorte qu'en apparence un projectile brûlant avec une flamme moins vive éclaire mieux; mais cette impression disparaît lorsqu'on porte la main devant les yeux de manière à les garantir de l'effet direct du foyer lumineux. Ils ont encore l'inconvénient d'être faciles à enlever, ce qu'on ne peut pas toujours empêcher en tirant à balles; les grenades placées dans leur intérieur les détruisent trop tôt. Leur effet est encore le plus avantageux quand ils se brisent en tombant et que leurs parties enflammées sont dispersées en tous sens.

§ 420.

Il est beaucoup plus avantageux de se procurer un éclairage d'en haut à l'aide de garnitures de fusées, d'obus à balles, etc. La balle éclairante portée par un parachute a trop peu de surface lumineuse, et lorsque le vent est défavorable, elle peut porter sa lumière de manière à éclairer pour l'ennemi. Mais plusieurs gros morceaux procurent une lumière de peu de durée, il est vrai, mais complète et très-étendue, et lorsqu'on se sert de l'obus à balles, on peut porter cette lumière sur chaque point désiré et à des distances considérables. Lorsqu'on a deux à trois bouches à feu de fort calibre, et que l'on tire successivement et à courts intervalles un de ces projectiles de chacune d'elles, on peut se procurer une lumière semblable au clair de lune et qui n'éblouit pas l'observateur.

§ 421.

Lorsqu'on veut avoir un projectile éclairant pour bouches à feu de jet, on emploie une carcasse en fer forgé de forme sphérique. Les côtes de cette carcasse sont plates extérieurement et diminuent de largeur intérieurement, de sorte que leur section transversale forme un trapèze. La carcasse porte aux deux pôles des calottes en tôle, dont l'une est munie de deux à trois lumières de 6 à 8 centimètres de diamètre. On tire sur cette carcasse un sac en toile très-juste; on l'enduit d'une forte dissolution de colle, et on le ferme par la ganse par-dessus la calotte inférieure non trouée. On charge la balle avec la composition, on ferme le sac par-dessus et on l'enduit de colle forte, dont on imprègne bien l'étoffe. On place ensuite sur chaque calotte un anneau en fer de 6 centimètres de diamètre, et on ligature la balle avec du fil de laiton ou de forte ficelle, qu'on fait passer par les anneaux en descendant et remontant alternativement, et de manière que les brins successifs soient distants de 2 à 3 centimètres sur l'équateur; ensuite on fait aussi quelques tours suivant des parallèles, en fixant la corde ou le fil de laiton par des nœuds. On donne un nouvel enduit de colle, puis on assujettit le projectile sur un sabot ou plateau au moyen de bandes de toile. Dans l'œil on place une fusée, et on fait communiquer avec celle-ci les trous d'amorce au moyen de bouts de lance à feu qu'on introduit en perçant le sac aux endroits convenables, ainsi que cela est indiqué à propos de la confection des projectiles incendiaires.

§ 422.

Les projectiles éclairants de fort calibre sont loin de donner une sphère de lumière proportionnelle à leur prix plus élevé; ils sont aussi plus sujets à se briser que les petits; il est donc plus avantageux de tirer successivement plusieurs balles de petit calibre au lieu d'une grande. Le seul avantage qu'ont les grandes c'est de brûler plus longtemps, ce qui est inutile sous le rapport militaire. Dès qu'un projectile éclairant agit pendant deux minutes, on a le temps de s'orienter et de pointer les pièces.

§ 423.

La sphère de lumière qui permet de voir distinctement les objets lorsqu'il n'y a pas de brouillard est de 20 pas de diamètre environ pour la distance de 600 pas. Lorsque le vent souffle perpendiculairement à la direction du tir, la partie éclairée du côté du vent est à peu près double de l'autre, à cause de la fumée. Le temps de combustion varie de $\frac{1}{6}$ à $\frac{1}{4}$ d'heure.

§ 424.

Pour éclairer les brèches, etc., on fait brûler dans des coupes ou plateaux de quelque matière de la composition d'artifice (§ 244), qu'on renouvelle par portions. Comme elle brûle tranquillement sans jeter d'étincelles, elle est sans

22

danger pour les munitions; elle n'est pas facilement éteinte non plus par la pluie. Au moyen de réflecteurs peints en blanc, on peut beaucoup augmenter l'intensité de la lumière dans la direction désirée.

F.   CORPS INCENDIAIRES.

§ 425.

Le projectile incendiaire en usage jusqu'à ce jour n'a été que peu employé à cause de ses effets insignifiants. S'il possédait les qualités qu'on peut lui donner, il constituerait une arme formidable de plus, pouvant être employée soit dans les bouches à feu de campagne soit dans celles qu'on emploie à l'attaque et à la défense des places ; car il sera plus dangereux que l'obus pour les voitures à munitions et même pour les troupes. Ce projectile pourrait alors, en remplaçant entièrement le boulet rouge dont l'emploi est toujours dangereux et compliqué, devenir important pour la marine et pour la défense des côtes.

§ 426.

Le projectile incendiaire doit pouvoir être tiré avec autant de justesse que le projectile creux, et doit renfermer la plus grande masse possible de composition ; celle-ci doit donner une flamme grande et large, et laisser la coquille à l'état incandescent.

§ 427.

Pour satisfaire à ces conditions, il convient le mieux d'employer des projectiles creux en fer battu de 5 à 6 millimètres d'épaisseur, ayant assez de solidité pour résister au choc d'un poids de 281^k tombant d'une hauteur de $1^m,57$, et la composition décrite § 236 et suivants.

On bat la plus grande quantité possible de cette composition dans le boulet creux ; alors la masse de composition pèsera environ $\frac{1}{7}$ du poids du boulet vide. Dans l'œil on place une fusée, dans les trous incendiaires on met des bouts de lances à feu qui ont été chargés d'une composition de 50 p. n. et 50 s. n., (v. § 198), et qui doivent communiquer avec la fusée. On ferme les trous incendiaires avec des rondelles en toile cirée. Les trous incendiaires doivent être assez grands, d'environ 5 cent. de diamètre, afin que la flamme puisse se développer tranquillement, sans bruissement. Lorsque la fusée achève sa combustion elle communique le feu aux quatre bouts de lance à feu, lesquels enflamment la composition, brûlent les coiffes de toile cirée, et dégagent les trous incendiaires. Sous la fusée on met une petite quantité non battue de la même composition de laquelle les bouts de lances ont été chargés.

§ 428.

D'après Congrève (brevet de 1822), il paraît qu'un petit projectile, en guise de fusée, tiré dans les armes portatives, produit un bon effet incendiaire.

§ 429.

Un projectile destiné à incendier ne doit jamais contenir une charge explosive ; de plus on doit éviter en le confectionnant tout ce qui pourrait lors de l'emploi produire des détonnations (p. ex. des chambres dans l'intérieur de la composition), et cela parce que les détonnations produisent une agitation violente dans l'atmosphère, d'où résulte l'extinction du feu par l'effet de la réaction qui amène une grande masse d'air froid sur la flamme.

§ 430.

Quand on peut s'approcher de l'objet à incendier et qu'on a le temps nécessaire , on entrelace certaines parties de petits branchages , de paille, etc. qu'on arrose abondamment de goudron saupoudré de pulvérin. Si l'on agit, à la hâte on remplit des sacs avec la composition incendiaire, et on les couche ou on les lie sur les parties à incendier. Il est toujours avantageux d'entailler de quelques coups de hache les pièces de bois à incendier, de manière à les fendiller.

VI. Boulets puants.

§ 431.

Les boulets puants n'ont pas été employés jusqu'à présent comme projectiles, mais on les brûlait seulement dans les mines sous forme de sacs remplis de composition , dans le but de chasser le mineur ennemi. Mais lorsque la composition développe une grande quantité de gaz irrespirable (§ 239), on peut aussi employer avec beaucoup d'avantage des projectiles creux remplis de cette composition, et qu'on lance dans les casemates défensives pour en chasser l'ennemi. Si l'on a érigé des batteries contre des ouvrages de ce genre, on les rendra certainement intenables en y lançant par les embrasures des projectiles creux forgés très-minces, ou même des obus ordinaires tirés au moyen du canon.

§. 432.

Partout où il s'agit de déposer seulement un boulet puant, une balle à éclairer rend le même service, car elle renferme la même composition (§ 239 et § 228); il ne faut donc pas d'artifice spécial pour cet usage.

H. Feux de signaux.

§ 433.

Les signaux doivent être visibles de jour et de nuit. Pendant le jour on devra se contenter d'un signal simple ; la nuit il est possible de transmettre des signaux télégraphiques. Les signaux doivent être à l'abri de tous les accidents extrinsèques, tels que l'incendie, les éclairs, l'imprévoyance, la malveillance, les patrouilles embusquées ; ils doivent produire un résultat certain, ne pas pouvoir être confondus avec d'autres phénomènes semblables ; ils doivent toujours être prêts et ne pas se gâter durant le transport.

§ 434.

Les fusées à baguettes de 25 à 50 millimètres de diamètre conviennent le mieux pour les signaux. On leur donne des boîtes mobiles comme garniture. Pour les signaux de jour une garniture explosive et très-avantageuse, parce qu'on entend à une très-grande distance une détonnation qui a lieu à une grande hauteur. Une grenade fortement chargée convient le mieux pour cet objet. On peut employer aussi une fusée à parachûte portant une boîte chargée d'une composition impulsive lente, mélangée de fraisil, de poils, etc, et qui produit en brûlant une fumée très-épaisse et très-considérable.

[§ 435.

Pour les signaux de nuit il ne convient pas d'employer des boîtes supportées par des parachûtes, parce qu'elles présentent une surface lumineuse trop petite qu'on ne voit pas assez loin, surtout quand on emploie des feux colorés, dont la lumière est peu intense. Des boules de couleur de 5 centimètres de diamètre et qui brûlent par toute leur surface, sont beaucoup plus avantageuses. Si l'on a des boules blanches, vertes, bleues rouges et jaunes, formées des compositions (§ 229 à 235) humectées d'eau gommée, préparées à l'avance et renfermées dans des boîtes en fer blanc, on peut mettre dans la boîte expulsive dont la fusée est armée, 1, 2, 3, 4 ou 5 couleurs, ce qui donne les 29 combinaisons suivantes :

BLANC (a)	VERT (b)	BLEU (c)	ROUGE (d)	JAUNE (e)
ab	bc	cd	de	
ac	bd	ce		
ad	be			
ae		cde		
abc	bcd			
abd	bce			
abe	bde			
acd				
ace	bcde			
ade				
abcd				
acde				
abcde				

On peut attacher à ces 29 combinaisons 29 idées, et donner encore des sens différents aux combinaisons de 2, 3, 4 fusées à garnitures de couleur. Avant de commencer le signal télégraphique on lance chaque fois une fusée à détonnation comme avertissement.

§ 436.

Une fusée d'ascension de 25^{mm} montant verticalement peut être vue par un temps clair à une distance de 50 à 60 kilomètres, (10 à 12 lieues), et par conséquent 3 à 4 fois aussi grande que les intervalles qui séparent les télégraphes. Cependant on ne voit pas les flammes colorées aussi loin que les blanches. On entend le bruissement et l'explosion, même des petites fusées, plus loin que la détonnation du canon de 12. La fumée d'une boîte à fumée se voit distinctement à 20 kilomètres (4 lieues). Une gerbe de feu qu'on obtient en mélangeant la composition d'une substance produisant des étincelles (§ 223) n'est visible qu'à de petites distances ; ce mélange rend d'ailleurs la composition spongieuse et hygroscopique, d'où résulte qu'elle se gâte facilement dans les magasins et durant le transport.

I. *La fusée volante.*

§ 437.

La fusée volante est un cartouche chargé d'une composition impulsive sèche et très-condensée (§ 217 etc.), ayant une longueur de 12 à 18 fois son diamètre, et dont la colonne de composition porte à sa partie postérieure un évidement (l'âme) foré suivant son axe. (§ 361). La fusée sert en partie comme projectile elle-même, et alors elle est fermée à sa partie antérieure par un demi boulet en fer, ou comme véhicule d'un projectile ou d'un corps destiné à produire un signal, lesquels sont également fixés à sa partie antérieure.

§ 438.

Le mouvement de la fusée est engendré par le développement d'une masse gazeuse fortement tendue, résultant de l'inflammation de la surface de la composition dans l'intérieur de l'âme, masse dont la tension est égale dans tous les sens, et qui ne trouve d'issue que par l'ouverture inférieure de l'âme ; dans ce sens donc la pression est anullée, et ne peut plus par conséquent compenser celle qui a lieu dans la direction diamétralement opposée, d'où résulte le mouvement suivant celle-ci. Cet effet n'a pas lieu instantanément comme celui que produisent les charges de poudre grainée, dont le temps de combustion peut être considéré comme nul pour la pratique ; dans la fusée la combustion continue encore après que l'élan est donné, d'où résulte que le mouvement de ce corps est d'une tout autre nature que celui du projectile qui se meut en vertu de l'impulsion qu'il a reçue avant de quitter la bouche à feu. Plus la surface de première inflammation est petite, ou plus la masse fusante est pauvre en charbon, ou dense, plus elle brûle lentement, et plus les additions successives de force impulsive se prolongent. Parce que le développement des gaz moteurs n'est pas instantané, mais successif, le récipient de la charge peut présenter une résistance, et par conséquent un poids beaucoup moindre que la bouche à feu destinée à communiquer au projectile une impulsion subite. De là résulte la possibilité de lancer des projectiles de points où il serait impossible d'amener les récipients plus lourds du moteur à action brusque. Il est vrai que ces enveloppes individuellement légères, pèsent ensemble, lorsque le nombre de projectiles à tirer est grand, autant et plus, que la bouche à feu unique mais lourde pouvant servir successivement pour toutes les charges. Lorsque le nombre des projectiles atteint 70 à 100 ces poids deviennent déjà égaux; toutefois le poids de chaque fusée se divise en deux ou trois parties qu'on transporte séparément. Si déjà dans la combustion si courte de la charge de poudre d'une bouche à feu, il se rencontre des effets si différents, on conçoit que ces différences doivent ressortir d'une manière encore plus sensible dans la combustion de 2 à 4 secondes de la charge motrice de la fusée (1); aux anomalies qui en résultent s'ajoutent celles produites par la forme plus irrégulière du mobile; on doit supposer d'après cela que jamais la fusée ne pourra atteindre la précision du tir du boulet de canon; mais il n'en est pas moins vrai qu'elle remplacera certainement avec avantage les bouches à feu dans plusieurs circonstances, par exemple dans la guerre de montagne, d'autant plus que couchée sur le sol elle donne un tir beaucoup plus rasant que le boulet, qui rencontre toujours le terrain sous un certain angle de chute.

§ 439.

Le poids de la fusée, la composition, et la densité étant donnés, la vitesse initiale (2) sera d'autant plus grande, que la masse gazeuse provenant de la

---

(1) La durée de l'action d'une force sur un mobile ne peut pas par elle-même être considérée comme une cause directe d'anomalies, mais le devient d'une manière indirecte parce que les circonstances indépendantes de la nature de la force, et qui influent sur le résultat, se modifient pendant cette action; c'est là probablement ce que l'auteur sous-entend. Mais dans le cas particulier de la fusée la cause dominante des irrégularités du mouvement consiste en ce que la principale partie des impulsions qu'elle reçoit agit sur elle lorsqu'elle est abandonnée à l'action de la pesanteur variant d'après sa construction plus ou moins parfaite, et du milieu souvent agité qu'elle doit traverser; cette circonstance aggrave les perturbations; en d'autres termes, lorsque la fusée acquiert son maximum de vitesse, elle se trouve dans des circonstances moins favorables que le boulet, qui dans ce moment là est guidé par le canon.

(T.)

(2) L'auteur emploie ici le terme *vitesse initiale*, sans y attacher le sens d'une grandeur déterminée; on ne peut pas dire que ce soit la vitesse au commencement du mouvement, car cette vitesse serait nulle; lorsqu'on parle de la *vitesse initiale* d'un projectile lancé par

première inflammation sera plus considérable et plus chaude, c'est-à-dire que la surface de première inflammation sera plus grande à l'égard de l'orifice de fuite situé à la partie postérieure du cartouche; ce résultat est indépendant de la forme de ces surfaces. Le maximum de l'aire de l'orifice de fuite correspond à la section droite du cartouche. On peut diminuer cette aire à volonté au moyen d'un disque ou culot troué fixé dans le cartouche. Le maximum de la surface de l'âme correspondrait à une couche de composition très-mince tapissant les parois intérieures du cartouche. — Si la *forme* de la surface enflammée, et par conséquent celle de l'âme, est indifférente en ce qui concerne la vitesse initiale, celle-ci ne dépendant que de la *grandeur* de cette surface, elle a cependant de l'influence sur les accroissements successifs de la force motrice qui se développe durant le mouvement. La combustion progresse par couches; si l'âme était cylindrique, la surface d'inflammation croîtrait constamment depuis l'origine jusqu'à l'achèvement de la combustion correspondant au maximum de cette surface, et par conséquent de la tension gazeuse, qui cesserait ensuite subitement. L'âme est-elle au contraire conique, le cône traversant toute la longueur de la colonne, et sa plus grande section étant moindre que celle du cartouche, la surface d'inflammation et la tension des gaz augmenteront jusqu'à ce que la base du cône ait atteint les parois du cartouche, instant qui correspondra au maximum de la force motrice, et après lequel elle décroîtra uniformément jusqu'à l'achèvement de la combustion. D'après cela des fusées de même poids, de même composition également condensée, de même surface de fuite et de première inflammation peuvent se mouvoir suivant des lois très-différentes. Le mouvement de la fusée se modifie encore si l'aire de fuite ne reste pas constante durant la combustion, c'est-à-dire si elle croît progressivement avec celle-ci, pour atteindre soit la grandeur de la section droite du cartouche, soit des dimensions intermédiaires entre ce maximum et son étendue primitive.

---

une bouche à feu, on désigne une grandeur complètement définie, parce qu'on est convenu de l'instant, ou du point de la trajectoire où cette vitesse est acquise. Il faudrait donc, pour pouvoir attacher un sens clair à l'expression *vitesse initiale* quand on parle du mouvement de la fusée volante, convenir de prendre la vitesse à un point plus ou moins éloigné de l'origine du mouvement; car quoique la vitesse d'une fusée acquière très-rapidement une grandeur assez considérable, cette vitesse n'en passe pas moins par toutes les grandeurs depuis zéro jusqu'à son maximum, après quoi elle est détruite d'après une loi différente, mais satisfaisant à la continuité. On pourrait convenir de prendre pour vitesse initiale de la fusée, celle qu'elle a acquise au moment où sa culasse abandonne le chevalet qui la soutenait pendant le temps que la force motrice a employée pour lui communiquer cette vitesse. Cette définition de la vitesse initiale ne serait plus applicable aux fusées qu'on place sur le sol pour les tirer, et présente en outre l'inconvénient d'être basée sur une chose variable, savoir la longueur des auges ou tubes qui servent à lancer des fusées. (T.)

§ 440.

La tension des gaz croît le plus rapidement lorsque l'âme est cylindrique et que l'aire de fuite reste constante ; la vitesse de cet accroissement est au contraire la moindre lorsque l'âme est conique et que l'orifice de fuite s'agrandit ; par conséquent dans le premier cas il faut employer les cartouches les plus, et dans le second, les moins résistants.

§ 441.

A condensation égale, plus la composition est charbonneuse (ainsi plus la proportion de p. n. est grande à l'égard de celle de la mixture s. n. § 198), plus elle fournit de gaz. Plus la condensation est grande plus il entre de masse dans un même volume, et plus il faut de temps à la combustion de portions égales en poids ; par conséquent le temps total de la combustion croit en raison composée de ces deux facteurs. Plus la fusée est grande moins la composition doit être charbonneuse, parce que la résistance du cartouche diminue considérablement à mesure qu'il devient plus grand, et que le dosage restant le même, la tension des gaz croît avec les masses absolues comburées dans le même temps.

§ 442.

L'orifice de fuite, et le dosage ainsi que la densité de la masse fusante étant donnés, il existe un minimum pour la surface de première inflammation dépendant de la résistance que la fusée offre au mouvement, soit par son poids ou son inertie, soit par le frottement qu'elle éprouve de la part du corps sur lequel elle repose. A mesure que cette résistance croît, que la composition est moins charbonneuse ou plus condensée, la surface de première inflammation doit être augmentée ; si cette surface est trop petite la fusée reste en repos jusqu'à ce que le progrès de la combustion ait amené une surface de combustion ayant la proportion voulue à l'égard de l'aire de l'orifice de fuite, c'est-à-dire jusqu'à ce que la tension nécessaire des gaz ait lieu ; si la constitution de la fusée est telle que la surface de combustion ne puisse pas atteindre cette grandeur, le mouvement n'a pas lieu ; c'est ce qui arriverait par exemple si l'on mettait le feu à une fusée massive, la combustion se propageant alors par couches planes perpendiculaires à l'axe, et la surface de combustion restant par conséquent toujours la même.

§ 443.

La tension des gaz n'est pas toutefois la seule condition nécessaire au mouvement, mais la quantité des gaz tendus doit atteindre une certaine valeur, de sorte qu'il ne faut pas simplement un rapport donné entre la surface de l'orifice de fuite et celle de combustion, indépendamment de la grandeur absolue de cette dernière ; car cette dernière grandeur a aussi un minimum pour chaque fusée donnée (1).

§ 444.

Plus les minima de tension et de masse gazeuse sont dépassés dans le premier moment de la combustion, plus la vitesse initiale est grande, plus la durée des accroissements successifs de la force motrice est courte, et plus le mouvement de la fusée ressemble à celui d'un projectile chassé par l'explosion d'une charge de poudre, à part les modifications dépendant de la forme cylindrique particulière au mobile. Comme les causes des différences de portée doivent s'accroître avec la durée de la combustion de la charge motrice, de même ces différences doivent décroître avec cette durée ; (2) d'un autre côté la portée et la force de percussion pourraient bien croître avec la durée de la combustion. La plus grande vitesse de la fusée ne correspond pas au commencement de son mouvement, mais, suivant la forme et la grandeur de l'âme, ce maximum flotte entre le premier tiers et le milieu du vol. Cette vitesse qui ne paraît pas excéder 220^m par seconde, a lieu pour les fusées cylindriques à l'instant où la combustion cesse, et pour celles coniques un peu plus tôt. La vitesse moyenne du vol total est de 125^m à 150^m par seconde. Plus le maximum de vitesse est rapproché de l'origine du vol, plus l'amplitude est grande lorsqu'on approche de l'angle de 45°; plus le maximum de vitesse est éloigné de l'origine, plus le vol est irrégulier, et alors les plus grandes amplitudes correspondent environ à 55° d'élévation. Pour les fusées lancées sous des élévations sensibles, une trajectoire semblable à celle des projectiles ordinaires, et par conséquent une grande vitesse initiale conviennent ; quant à celles qui doivent raser le sol, la vitesse initiale faible et une action prolongée de la force motrice sont avantageuses. Les angles de chûte des fusées sont comparativement plus grands que ceux des projectiles ordinaires relativement aux angles de départ, ce qui est avantageux pour les feux verticaux. Le vol des fusées est d'autant plus régulier que l'élévation employée est plus grande, et il est d'autant moins influencé par l'action du vent que la vitesse initiale est plus considérable.

----

(1) La force qui agit pour mouvoir la fusée peut être représentée par le produit de la tension et de la surface de l'orifice ; mais il faut observer que l'un des facteurs, la tension, est une certaine fonction de l'autre et de la surface de combustion, fonction qui diminue de valeur à mesure que la surface de l'orifice augmente, de sorte que le produit ci-dessus dépend de la valeur *absolue* des deux grandeurs, surface de combustion et aire de l'orifice de fuite, quoique la grandeur *relative* seule de ces quantités détermine la valeur de la tension, ou la plus grande partie de cette valeur, qui peut dépendre aussi jusqu'à un certain point de la grandeur absolue de la surface de première inflammation, et cela parce que la quantité de calorique développé réagissant sur la tension pourrait croître plus rapidement que les volumes de gaz produits.   (T.)

(2) Voyez la note du § 438.

§ 445.

Comme le mouvement résulte de la pression non contrebalancée des gaz
contre la partie antérieure de l'âme, la fusée doit être très-résistante, surtout
lorsque la tension initiale des gaz est considérable, et agit par conséquent
par choc. Il serait difficile d'obtenir cette résistance par une fermeture solide
de la partie antérieure du cartouche, parce que cette partie devrait être
percée pour communiquer à la fin de la combustion de la charge motrice, le
feu au projectile creux ou incendiaire, ou au signal dont on a armé la tête
de la fusée. On atteint aisément ce but en opposant en ce point à la
pression des gaz, une force analogue quoique moins grande, qui agissant
comme ressort, modère la violence du choc; on obtient ce résultat en ne con-
duisant pas l'âme à travers toute la longueur de la colonne de masse fusante.
Alors la surface antérieure de l'âme s'enflammant dès le commencement,
développe du gaz qui agit en sens inverse de la force motrice (agissant d'arrière en avant), et qui en offrant quelque résistance empêche la partie antérieure formant la fusée d'être expulsée(1). Cette couche de composition qu'on
ménage devant le sommet de l'âme s'appelle le massif. Il ne doit pas brûler

---

(1) Il est impossible d'admettre l'exactitude de la théorie que l'auteur avance dans ce paragraphe relativement à l'effet du massif comme empêchant la tête de la fusée de s'ouvrir sous
l'effort du choc des gaz développés par la combustion dans l'âme de la masse fusante. En
effet pour supposer qu'il puisse y avoir choc des gaz contre le sommet de l'âme il faudrait
admettre que les gaz développés d'abord à la partie postérieure de l'âme s'élancent vers le
sommet avec une certaine vitesse due à leur tension, et y arrivent avant que la partie de
l'âme adjacente à ce sommet ait commencé sa combustion; or, si l'on suppose que les
choses se passent ainsi dans ce premier temps très-court qui s'écoule entre l'instant de la
communication du feu et celui où le mouvement commence, le choc aura encore évidemment lieu aussi quand même le sommet de l'âme présenterait une couche de composition au
lieu d'un corps incombustible. Suppose-t-on, au contraire, que la combustion commence
par le sommet de l'âme ou que la communication du feu de proche en proche par la surface
de l'âme a lieu avec une rapidité plus grande que la formation d'une masse gazeuse pouvant
exercer un choc en s'élançant vers le sommet, alors il est évident qu'il ne peut plus y avoir
de choc puisque les gaz se formeront à l'extrémité de la paroi concave de l'âme quand même
elle serait terminée par une section incombustible. Il est vrai que lorsque la fusée est enflammée il se forme avec une grande rapidité une pression considérable tendant à vaincre
son inertie pour la mettre en mouvement; et il faut que la solidarité entre la tête de la fusée
qui reçoit cette pression et la partie postérieure qu'elle doit entraîner soit assez grande pour
résister à cette action brusque; mais certes le massif ne peut augmenter cette solidarité que
par son frottement le long des parois du cartouche, car sans cela il transmettrait intégra-
lement la pression qu'il reçoit aux corps qui se trouvent devant lui, après avoir même agrandi
cette pression en augmentant la quantité de gaz par sa propre combustion. Le massif a l'a-
vantage d'augmenter beaucoup la force motrice, en faisant croître la combustion par couches
concentriques formées par le sommet, tandis que sans massif ces couches ne consisteraient
que dans les portions convexes coniques ou cylindriques ouvertes par deux bouts.   (T.)

plus longtemps que la partie de la masse fusante qui forme les parois de l'âme, car cette prolongation de la combustion produirait des irrégularités dans le vol sans pouvoir augmenter la force de percussion de la fusée.

§ 446.

On donne le plus souvent à l'orifice de fuite $\frac{1}{8}$ du diamètre du cylindre de composition; l'âme reçoit 10 à 12 fois ce diamètre, et la hauteur du massif est égale à l'épaisseur de la paroi de masse fusante conservée près de l'orifice de fuite. Le maximum de hauteur du massif est un demi diamètre. Moins la vitesse initiale doit être grande, plus l'âme doit être courte.

§ 447.

Le cartouche de la fusée est fait de la tôle la plus douce (environ $\frac{1}{50}$ de diamètre d'épaisseur). La confection en est pareille à celle des boîtes à balles. Pour le garantir intérieurement de la rouille on l'enduit d'une couche de vernis et de charbon pulvérisé. Les cartouches brasés doivent être très-forts, ce qui les rend lourds et chers, sans compter qu'on les brûle facilement en les brasant. Ceux en papier doivent être très-épais, d'où résulte un fort diamètre, et une grande résistance atmosphérique; ils sont hygrométriques, participent à la combustion qu'ils troublent; l'orifice de fuite y croît irrégulièrement, ils offrent peu de solidité, et sont difficiles à fabriquer.

§ 448.

La longueur du cartouche se règle sur la longueur de l'âme et du massif; on ajoute un calibre pour la longueur du tampon d'argile (§ 358), et 1 à 1 $\frac{1}{2}$ calibre pour servir à fixer l'armature de la fusée. Comme on fixe le culot en repliant par-dessus le bord du cylindre, il faut encore compter 8 à 12 millimètres pour ce rebord. Le culot est en fer. Les fusées incendiaires n'ont pas de tampon d'argile; il y est remplacé par une colonne de composition incendiaire de 5 à 6 calibres de hauteur. Le cartouche doit donc avoir dans ce cas cette longueur en sus, sans compter la longueur ci-dessus indiquée nécessaire pour l'assujettissement du projectile par-dessus la composition incendiaire. Sur toute la longueur de la charge incendiaire le cartouche est percé de trous de 6 à 12 millimètres. Le calibre des fusées s'exprime le plus convenablement en mesure linéaire. Pour les fusées de signaux le diamètre de 25 à 50 millimètres suffit; la fusée devant agir comme projectile reçoit les mêmes dimensions; comme véhicule d'un projectile elle reçoit jusqu'à 15 centimètres de diamètre. Comme toutefois les difficultés de la confection croissent suivant une progression très-rapide avec chaque centimètre d'augmentation du calibre, on n'en confectionne de la première espèce que jusqu'au diamètre de 10 centimètres. Les projectiles portés varient depuis le boulet plein de 0,065 (2℔) jusqu'à l'obus de 20 centimètres. La fusée avec ses accessoires pèse au moins environ deux fois autant que le projectile qu'elle porte. Le poids spécifique de tout le système doit être d'au moins 3,0; plus il est faible, plus les circonstances extérieures gagnent d'influence.

§ 449.

Le projectile porté par la fusée est ou du même diamètre que la fusée ou d'un diamètre plus grand. Le premier cas a généralement lieu lorsque la fusée doit servir de projectile elle-même. Le projectile porté peut être plein ou creux. Les projectiles pleins sont hémisphériques, et portent un téton cylindrique au moyen duquel on peut les river au cartouche pardessus le tampon d'argile. Les projectiles creux sont sphériques et sont assujettis au cartouche au moyen de bandes de toile collées ou de bandelettes en fer blanc ou en tôle. Les projectiles chargés de composition incendiaire sont ouverts du côté par lequel ils entrent dans le cartouche, afin que la charge incendiaire du cartouche s'enflamme en même temps; ils sont percés latéralement de lumières incendiaires. Les pots, boîtes à par-à-chûte, etc., destinés à être expulsés, sont placés librement sur le cartouche, qu'ils embrassent par une douille recouvrante. Cette disposition permet de les échanger facilement.

§ 450.

Pour communiquer le feu aux charges explosives ou expulsives des armatures, on les munit d'une fusée de communication; de plus on perce, suivant l'axe, le tampon d'argile qui recouvre le massif, et on charge cette lumière d'une composition plus ou moins vive qu'on y condense. En perçant le tampon d'argile on doit avoir soin de ne pas entamer le massif, parcequ'il pourrait en résulter une pression qui expulserait le tampon avec l'armature.

§ 451.

La fusée avec son armature ne peut jamais être confectionnée avec assez de précision pour que le centre de gravité se trouve sur l'axe et y reste en se déplaçant par suite de la combustion; plus la vitesse initiale est faible, plus cet effet devient sensible; par conséquent on doit avoir soin que, malgré ces irrégularités, la fusée conserve sa direction; elle tend, du reste, à plonger immédiatement après qu'elle a abandonné le support sur lequel elle reposait d'abord. Si, afin de se débarrasser de cet inconvénient, on la couche sur le sol, elle peut, par suite d'un choc violent qu'elle reçoit pendant que la force impulsive se développe encore, non-seulement bondir vers en haut ou latéralement comme tout autre projectile, mais même être ramenée en arrière si la source de sa force motrice n'est pas encore épuisée. C'est encore un résultat à éviter.

§ 452.

Si la fusée doit servir au tir courbe, ou à l'ascension verticale, la méthode la plus avantageuse pour remédier à ses déviations, consiste à lui communiquer un mouvement de rotation autour de son axe longitudinal. Il n'est pas avantageux de produire ce mouvement par des ailes saillantes extérieurement, des spirales, etc., parce que ces moyens augmentent trop la résistance atmosphérique (1). Il vaut mieux d'obtenir le résultat désiré en fixant devant

---

(1) Le moyen proposé par l'auteur n'économise pas la force motrice; la force dépensée pour communiquer à la fusée un mouvement de rotation autour de son axe longitudinal, l'est, dans les deux cas, aux dépens de la force impulsive qui produit le mouvement dans le sens de cet axe. En effet, la composante que l'auteur emploie pour faire tourner les ailes de sa roue, fait équilibre à une portion précisément égale de la force impulsive, force qui ne consiste que dans la partie de la tension non équilibrée à raison de la fuite qui a lieu en sens inverse. D'après cela, que les gaz moteurs produisent la rotation, soit en poussant une spirale inclinée contre l'air, soit en poussant eux-mêmes les ailes de la roue attachée derrière l'orifice de fuite, cela ne paraît pouvoir faire de différence sensible quant à la partie de la force motrice consommée pour produire le résultat désiré.

Mais quel que soit le moyen employé pour produire un mouvement de rotation suivant l'axe, ce mouvement ne peut pas remplacer la baguette; car celle-ci n'agit pas seulement comme régulateur ou gouvernail, mais principalement comme lest, en portant le centre de gravité dans une position favorable. La position du centre de gravité relativement au point d'application de la force motrice est une cause prépondérante de la déviation des fusées.

En effet, les forces qui s'opposent au mouvement sont la pesanteur et la résistance de l'air. Le poids du mobile peut être considéré comme une force toujours verticale appliquée au centre de gravité. La résistance de l'air agit suivant l'axe d'une fusée bien construite et ne produit sur son mouvement d'autre effet que celui de diminuer la force motrice d'une certaine quantité qu'elle détruit. Quant au centre de gravité il peut être situé:

1° Dans l'axe de la fusée *au dessous* du point d'application de la force motrice, et dans la verticale passant par ce dernier point. Alors l'axe de la fusée se trouve évidemment dans les conditions d'un équilibre *stable*, la somme des résistances d'un côté, et de l'autre la partie de la force motrice qu'elles détruisent, pouvant être considérées comme deux forces *directement* opposées, appliquées aux extrémités d'une droite matérielle et *tirant* sur cette droite. Dans cette position les forces tendent à rétablir la direction primitive de l'axe si une cause accidentelle l'a dérangé.

2° Dans l'axe de la fusée, mais *au dessus* du point d'application de la force motrice, et dans la verticale passant par ce point. Dans ce cas les forces peuvent être considérées comme appliquées aux extrémités d'une droite rigide, et *directement* opposées, mais *poussant* l'une vers l'autre. L'axe se trouve alors dans la position d'équilibre *instable*, et du moment où par une cause quelconque, la direction de l'axe s'écarte de la verticale quelque peu que ce soit, la pesanteur tend à augmenter l'angle de l'écart, et son effet croît comme le sinus de cet angle.

3° Le centre de gravité peut être situé dans l'axe, mais hors de la verticale passant par le point d'application de la force motrice, ce qui arrive quand la fusée est mal posée avant son départ, si en même temps ce point est situé *au dessus* du point d'application de la force motrice; le cas est ramené au précédent avec une condition défavorable de plus.

4° Enfin le centre de gravité peut être situé hors de l'axe, ce qui est toujours un vice de construction grave; si avec cela il se trouve en même temps au dessus du point d'appli-

l'orifice une roue en tôle munie de quatre ailes obliques, semblable à celles qu'on place comme ventilateurs aux croisées. La roue doit être éloignée de 5 à 8 centimètres de l'orifice de fuite, avoir un diamètre plus grand que le cartouche, et être ajustée hermétiquement dans un cylindre en tôle, de manière que les gaz ne puissent s'échapper qu'entre les ailes. Les ailes dirigées obliquement étant frappées par les gaz, cèdent latéralement et font par conséquent tourner la fusée autour de son axe longitudinal. Comme la boîte qui renferme la roue a un diamètre plus fort que la fusée, il est avantageux de munir celle-ci d'une armature de même diamètre que celui de la boîte, et de recouvrir le tout par un cartouche en tôle, ce qui évite le choc de l'air par les parties saillantes.

§ 453.

Quant aux fusées destinées à ricocher durant leur combustion, cette disposition ne suffit plus pour les empêcher de culbuter. On les munit d'une baguette de direction longue de 20 à 25 calibres. Cette baguette n'agit que par son poids dans le vol courbe tant que la fusée conserve sa direction et qu'elle l'entraîne par conséquent suivant son axe longitudinal; mais dès que la fusée fait quelque mouvement brusque pour changer la direction de cet axe, la baguette agit par une de ses faces contre l'air atmosphérique, et em-

---

cation de la force motrice, il est impossible que le mouvement de la fusée jouisse d'aucune régularité.

Supposant la pression égale sur tous les points de la surface de combustion conique ou cylindrique, le point d'application de la force motrice devra être situé au centre de gravité de la partie de cette surface qui reçoit une pression non contrebalancée. Lorsque l'âme est conique, cette partie de la surface consiste dans la portion supérieure du cône prise jusqu'à la hauteur où la section transversale est égale au cercle de l'orifice. Le centre de gravité de cette partie est situé au tiers de sa hauteur et sur l'axe. D'après cela, comme l'âme ne traverse pas ordinairement toute la longueur de la masse fusante, mais qu'elle est surmontée d'un massif, puis d'un projectile ou d'une armature, le centre de gravité doit se trouver toujours au commencement de la combustion, et souvent pendant la plus grande partie du vol, *au-dessus* du point d'application de la force motrice, lorsque l'âme est conique. Lorsque l'âme est cylindrique, le point d'application de la force motrice se trouve au centre du fond contre le massif, et il peut arriver que le centre de gravité ne se trouve pas alors au dessus du point d'application de la force motrice, mais il est toujours avantageux de le reporter plus en arrière, parce que le bras de levier du poids, qui agit alors favorablement à la direction verticale du mouvement, en est augmenté.

Il est à remarquer que le mouvement de rotation ne peut rien contre la déviation qui provient de ce que le centre de gravité est situé trop haut quoique dans l'axe. Ce mouvement ne peut servir qu'à corriger l'effet des forces qui n'agissent pas symétriquement sur l'axe et qui changent de direction avec la fusée; telle est la *résistance de l'air* sur une fusée mal construite, et la force motrice lorsqu'elle prend une mauvaise direction. Si le centre de gravité est situé hors de l'axe, le mouvement de rotation est encore utile pour corriger les effets de cette irrégularité.   (T.)

pêche la déviation. Dans les ricochets, elle empêche la culbute, lorsque toutefois elle est assez solide pour ne pas se rompre par l'effet du choc. Le secours de la baguette, comme en général de toute espèce de gouvernails, ne conservant d'importance que pour autant qu'il se développe encore de la force motrice dans le mobile, c'est-à-dire tant que la fusée brûle, la baguette peut sans inconvénient se détacher après; elle continuera même alors son mouvement en avant en vertu de la vitesse acquise, et agira comme projectile. Comme cet appendice allonge considérablement la fusée, il en augmente aussi la force de percussion; car, lorsque les parties antérieures ont transmis au corps choqué leur quantité de mouvement, les éléments en arrière qui sont encore en mouvement continuent à pousser le système en avant jusqu'à ce que tous les points de la ligne soient en repos. La fusée à baguette de direction agit donc, tout en possédant une vitesse moindre que le boulet, avec une force de percussion beaucoup supérieure à celle de ce dernier, même lorsqu'il a été tiré avec la plus grande vitesse initiale. Sous ce rapport, la fusée volante surpasse tout autre projectile. La baguette de direction est donc le gouvernail le plus convenable pour les fusées devant agir comme armes. Elle doit être parfaitement droite, et, par conséquent, confectionnée en bois entièrement sec, afin de ne pas se déjeter.

§ 454.

La baguette peut être fixée soit dans l'axe de la fusée, soit sur le côté et parallèlement à cet axe. La première position est plus avantageuse, parce que la baguette attachée sur le côté et se plaçant en haut pendant le vol produit une résistance excentrique de l'atmosphère, qui fait monter la fusée (1). D'un autre côté, le placement de la baguette dans l'axe exige l'emploi d'un culot épais, et, afin que celui-ci ne cède pas à la pression, un cartouche fort, et par conséquent plus cher et plus difficile à confectionner. Lorsque cette disposition est adoptée, l'orifice de fuite ne peut se trouver au centre, mais on le partage en plusieurs ouvertures rangées symétriquement autour de la baguette. Ce genre de fusées astreint aussi à certaines dimensions de l'âme.

-----

(1) Ce n'est pas seulement dans l'action de la fusée contre l'air que la baguette excentrique agit d'une manière désavantageuse, mais bien dans tout choc quelconque que le mobile exercera sur les corps extérieurs. Ainsi cette position de la baguette nuira à l'action percutante, elle tendra à faire culbuter la fusée lors d'un ricochet, etc. Il semble que des considérations relatives aux difficultés d'exécution devraient céder devant un vice de construction aussi radical. Les Anglais ont adopté la fusée à baguette centrale, avec un fort culot à six ouvertures de fuite; au centre le culot porte un écrou, dans lequel la baguette se visse par un bout taraudé dont elle est armée. Mais la même idée peut être exécutée d'une infinité de manières, et les moyens d'exécution ne sont pas aussi restreints que l'auteur l'indique.   (T.)

§ 455.

Moins la vitesse initiale de la fusée est grande, plus longtemps elle doit être supportée avant son départ. Les fusées dont l'âme est petite, comme celles à baguette centrale, exigent donc pour le tir courbe un soutien plus prolongé ; c'est pourquoi on les lance au moyen de tubes de 2 à 3 mètres de longueur, munis de pieds à charnières aux deux extrémités. Les fusées à baguette latérale ne peuvent être tirées dans des tubes ; on doit donc leur donner une grande vitesse initiale afin de n'avoir pas besoin de les soutenir longtemps. Alors on peut employer des espèces de chevalets armés d'un auget court auquel on peut donner l'élévation nécessaire au moyen d'un arc gradué, et qu'on peut facilement tourner dans diverses directions ; dans cet auget la baguette n'est soutenue qu'en un point et devient libre dès que les tourniquets qui la saisissent s'ouvrent d'eux-mêmes par suite du mouvement en avant. Ces chevalets pèsent 6 à 9 kilogrammes. Si des fusées destinées à être tirées sur le sol, et qui par conséquent ont une vitesse initiale faible, doivent être lancées exceptionellement au moyen de chevalets, ceux-ci doivent être munis de ressorts offrant une résistance déterminée au mouvement de la fusée et ne la laissant partir que quand la force motrice a atteint l'intensité nécessaire.

§ 456.

La position du centre de gravité du système dans les fusées sans baguettes de direction n'est considérée que pour autant qu'elle doit coïncider avec l'axe longitudinal. D'après cela, on centre exactement le cartouche vide, et si les dispositions à l'aide desquelles on le charge sont bonnes, la fusée chargée aura également son centre de gravité sur l'axe. A mesure que la masse fusante se consume, le centre de gravité se déplace dans l'axe, et il paraît avantageux de le maintenir autant que possible dans la même position, en calculant le centre de gravité du cylindre de composition y compris l'âme, marquant la hauteur de ce point sur le cartouche vide et amenant le centre de gravité de ce dernier au même point au moyen d'un lest distribué symétriquement à l'extrémité, soit antérieure, soit postérieure. — Dans la fusée à baguette de direction le centre de gravité doit être autrement placé. Lorsque la baguette est centrale on le placera dans tout cas sur l'axe longitudinal ; mais quand la baguette est adaptée sur le côté il faut, pour ramener le centre de gravité sur cette ligne, lester le cartouche du côté opposé. Maintenant il s'agirait de savoir encore en quel point de l'axe longitudinal il convient de placer le centre de gravité ; il paraît même, d'après quelques essais de Garnerin, qu'il est avantageux de placer à dessein le centre de gravité sous l'axe longitudinal. La fusée à baguette de direction est très-exposée à l'influence du vent à cause de la grande surface latérale qu'elle offre à l'action de ce dernier, et il est important de contrebalancer autant que possible cette influence. A cet effet son centre de gravité doit être situé quelques centimètres en avant de celui de sa coupe par l'axe ; on cherche donc ce point en dessinant cette section , et on le marque sur la fusée ; il est alors facile de lui comparer la position du centre de gravité du système. Lorsque le vent venant de gauche agit sur une fusée ainsi construite pour la pousser à droite, la résultante passant par le centre de la coupe placé en arrière du centre de masse du corps, fera tourner légèrement ce point d'application autour de ce dernier centre, d'où résultera que la tête de la fusée se dirigera un peu plus à gauche contre le vent. Il est même possible de déterminer la position du centre de gravité tellement que ce mouvement de rotation contre le vent compense exactement la translation que le système a subie en sens contraire, de sorte que la fusée se maintienne dans sa direction quel que soit le vent. Dans tous les cas le centre de gravité tombe en arrière de l'orifice.

§ 457.

L'amplitude du vol de la fusée destinée aux feux courbes, se modifie avec beaucoup de précision par le choix de l'angle d'élévation , en rapport avec le poids du mobile.

§ 458.

La manière dont on communique le feu a une influence considérable sur la vitesse initiale , suivant que la surface de l'âme se trouve enflammée simultanément ou plus ou moins successivement en ses divers points. L'inflammation la plus complète est la meilleure et donne les moindres différences de portée. Lorsque l'inflammation s'obtient à l'aide d'appareils à percussion adaptés au chevalet , et qui communiquent le feu à la fusée par une lumière latérale , on peut tirer jusqu'à 16 fois par minute avec le même chevalet.

§ 459.

La fusée à parachute reçoit un étui expulsif à faible charge surmonté d'une boîte en tôle remplie de la composition voulue, et fermée en tout sens, excepté en dessous où elle repose sur la charge expulsive. A la partie supérieure de la boîte se trouve un anneau , auquel sont attachées par leurs bouts quatre chaînettes en laiton de $1^m,25$ de longueur, fixées par leurs autres extrémités aux quatre coins d'une toile carrée de $0^m,63$ de côté , repliée par dessus la boîte. Dès que la combustion de la masse fusante est achevée , la charge expulsive chasse la boîte avec son parachute hors du cartouche. La boîte avec sa face inférieure enflammée commence par tomber rapidement, mais bientôt la toile s'étend et le système paraît immobile pendant quelque temps, puis il descend vers la terre lentement et en se balançant un peu.

§ 460.

Si la boîte d'expulsion doit être chargée de morceaux de composition , on lui donnera une faible charge de poudre ; sur laquelle on placera les mor-

24

ceaux qui se trouvent tout préparés dans les approvisionnements; on remplira les interstices d'une mixture impulsive de combustion lente, et on fermera la boîte en la recouvrant d'un disque de papier qu'on fixe par une ligature, et sur lequel on a collé un cône en carton, qui rend la résistance atmosphérique plus faible que si l'on terminait la fusée par une face plane.

III. MOYENS D'INFLAMMATION DES CHARGES.

a) Mèche.

§ 461.

Lorsque l'inflammation des charges des bouches à feu doit se faire à l'aide d'un corps en ignition, l'artillerie doit avoir des substances dont l'incandescence est de longue durée, parce qu'elle perdrait trop de temps si elle devait allumer le moyen d'inflammation au moment où il doit être employé. On se sert à cet effet de la fibre du lin et du chanvre, qui par le rouissage préalable est plus disposée à subir la décomposition par la chaleur. Les gaz combustibles qui se dégagent durant cette décomposition s'éloignent en quantités si minimes, que l'atmosphère les refroidit trop, pour qu'ils puissent s'enflammer par le contact du charbon incandescent; le charbon se trouvant en excès dans la fibre est donc seul comburé, et cela par ignition lente sans flamme. La fibre est encore recouverte d'un restant d'une pellicule gommoïde qui se décompose difficilement, pellicule qui l'enveloppe entièrement dans la plante, et qui n'a pu être complètement éloignée par le rouissage (la fermentation). Ce restant peut être détruit totalement par la continuation de la fermentation, par l'eau bouillante, ou par une solution de potasse. Par la chaleur, on peut aussi le rendre friable, et le faire tomber.

§ 462.

Les fibres qu'on veut employer à l'ignition doivent être réunies en mèche. Plus elles se trouvent rapprochées par cette opération, plus l'accès de l'air, ainsi que l'ignition, deviennent difficiles. On commet donc à cet effet, avec des filaments déjà entortillés (étoupes), ou bien avec des fils très-fins, quelques brins peu serrés, et l'on détruit, afin de rendre la fibre combustible, la pellicule gommoïde; ou l'on prend de la mèche plus fortement commise (la légère étant trop hygroscopique), et on donne à la fibre l'augmentation de combustibilité, nécessaire dans ces cas, en la trempant dans des dissolutions de sels qui se décomposent facilement par la chaleur rouge. Plus les fils sont fortement commis, plus la mèche doit être mince, et plus la fibre doit être combustible, et par conséquent plus elle doit recevoir de sels en question.

§ 463.

Comme l'accès de l'air atmosphérique non décomposé vers la fibre devient d'autant plus difficile, que cette dernière est située plus près de l'axe de la mèche, les fibres situées vers l'extérieur doivent brûler plus rapidement. Cette circonstance et la contraction centripète des fibres incandescentes, résultant de la diminution de leur volume, convertissent en cône le bout incandescent qui était d'abord cylindrique. Plus la combustion est rapide, plus ce cône incandescent s'allonge, plus il fournit de surface ardente pour communiquer le feu, mieux il résiste à un vent fort très-refroidissant, aussi bien qu'à la pluie, mieux la mèche conserve le feu sous l'explosion produite par la charge, explosion qui fait craindre l'extinction par rupture du charbon, ou par l'effet du souffle violent sortant de la lumière. Le cône ardent a dans les meilleurs mèches environ 33 millimètres. Une grande combustibilité est en général avantageuse, mais seulement jusqu'à une certaine limite, parce que sans cela la conservation du feu durant un temps déterminé exige une consommation de matière trop considérable. La combustibilité qui a été obtenue au moyen des solutions salines dont on a imprégné la mèche, est trop considérable; cette combustibilité est encore rehaussée quand l'opération a été faite après que les fibres étaient déjà commises; car les fibres se détachent les unes des autres par l'introduction du liquide, la mèche se gonfle et devient par là plus poreuse. On peut corriger en partie cet effet lorsque cela est nécessaire, en commettant de nouveau la mèche. La combustibilité trop grande à la surface de la mèche peut devenir particulièrement nuisible, en ce que la flamme qui sort par la lumière l'enflamme partout. On y remédie en lissant la mèche; par suite de cette opération les fils à la surface se rapprochent, et les pointes isolées debout qui prennent si facilement feu, sont éloignées ou couchées. La mèche brûle d'autant plus rapidement que la solution du sel qui sert à exciter la combustion est plus concentrée. Mais cette rapidité de la combustion ne croît pas proportionnellement avec la quantité du sel. Lorsqu'on double la dose saline, la vitesse de combustion n'augmente que de $\frac{1}{5}$. La mèche trempée à chaud brûle un peu plus rapidement que celle qui l'a été à froid. Lorsque la mèche devient humide (contenant 5 p. 0/0 d'eau), il n'en brûle que la cinquième partie, de ce qui aurait été comburé à l'état sec dans le même temps. Il est nécessaire que, même en temps de pluie, la combustion de la mèche soit certaine; mais les couvre-mèche par lesquels on la garantit, doivent toujours en laisser, outre la pointe incandescente, un petit bout libre, qui, lorsque la mèche n'est pas très-fortement commise, peut absorber des gouttes de pluie, lesquelles produisent plus tard l'extinction; il est avantageux d'après cela de lisser la surface de la mèche à la cire jaune, ce qui empêche l'absorption des gouttes de pluie, et augmente la lissure avantageuse de la surface extérieure (V. plus haut).

§ 464.

Il est plus avantageux d'employer pour la mèche des fibres fines et droites, que les fibres tortes (les étoupes) choisies par économie. Le lin mérite la préférence sur le chanvre, parce que la fibre du premier est très-inflammable et a un duvet très-fin qui favorise la combustion. Plus le lin employé est fin, plus la combustion sera certaine dans les circonstances défavorables. Plus les fibres ont été légèrement commises, plus la mèche peut être grosse; une grosse mèche peu dense et une autre mince mais compacte, ayant chacune le même nombre de fibres, possèdent au même degré la propriété de communiquer le feu; mais il faut pour cela que la combustibilité de la fibre de la mèche mince soit telle que les deux mèches se consument avec une rapidité égale. La mèche mince a l'avantage d'occuper moins de place, de donner un charbon plus résistant, quoique plus mince, elle ne s'altère pas si facilement par l'humidité absorbée que la mèche légère, enfin elle est plus difficilement incendiée par le feu de la lumière, et la pluie la pénètre moins promptement.

§ 465.

La matière première doit être en tous cas parfaitement conservée, parce qu'une fibre moisie ne conserve le feu que d'une manière incertaine; et une mèche préparée avec des fibres pareilles s'éteint souvent spontanément.

§ 466.

Même dans la mèche la moins fortement commise, la fibre qui retient de la pellicule gommoïde est trop peu combustible. Pour détruire cette matière, sans nuire à la qualité et à la conservation de la mèche, on ne peut que la traiter à l'eau chaude, ou par une dissolution de potasse. Comme l'eau bouillante n'agit pas assez infailliblement, on est conduit à la dissolution de potasse. On obtient cette dissolution en lessivant des cendres, ou en dissolvant du carbonate de potasse (du commerce) et en ajoutant de la chaux brûlée. Les sels qui favorisent l'incandescence, en se décomposant plus facilement que la fibre, sont l'acétate de plomb et le chromate de potasse. Le salpêtre et le chlorate de potasse agissent défavorablement parce qu'ils ne favorisent pas le commencement de l'ignition, et la précipitent ensuite, ce qui rend le charbon court et léger; il résulte de là que celui-ci se détache facilement et répand des étincelles dangereuses. L'acétate de plomb et le chromate de potasse produisent en dissolutions également concentrées des mèches de qualités égales. Le premier sel mérite la préférence pour les cas ordinaires à cause de son bas prix et de la facilité avec laquelle on se le procure. Mais comme la mèche qui en est imprégnée développe des vapeurs de plomb, elle pourrait devenir dangereuse dans les casemates etc.; on pourrait donc dans ce cas préférer le chromate de potasse. La mèche, suivant que par son diamètre et par sa densité elle exige un plus haut degré de combustibilité de la fibre, est trempée dans une dissolution de potasse, ou d'acétate de plomb, ou de chromate de potasse, et y séjourne étant maintenue immergée à l'aide de pierres, jusqu'à ce qu'elle soit complètement imprégnée, ce qu'on reconnaît à ce qu'il ne monte plus de bulles (d'air atmosphérique) à la surface du liquide, lorsqu'on remue. Si l'on échauffe les liquides, le but est rempli plus rapidement. L'immersion de la mèche dans une dissolution bouillante est toujours préférable, parce que l'air contenu dans l'intérieur de la corde à mèche s'éloigne d'autant plus difficilement que celle-ci est plus dense, c'est-à-dire plus commise; et si l'on employait les dissolutions froides on ne parviendrait pas à chasser cet air hors d'une mèche grosse ou dense, quelque longtemps qu'on laissât agir le liquide. — Comme, même par suite d'un très-long séjour de la mèche dans la dissolution, les fibres internes ne sont pas atteintes par le liquide, on obtient la meilleure mèche, en imprégnant la matière première avant de la commettre; on la fait sécher ensuite et l'on file. — Le carbonate de potasse ne peut pas comme les deux autres sels favoriser la combustion par sa décomposition; il doit seulement dissoudre la pellicule gommeuse; d'ailleurs ce sel est déliquescent et ne peut que rendre la mèche légère encore plus hygroscopique que ne l'est déjà par lui-même un faisceau de fibres peu compact; il faut par conséquent bien laver avant de la sécher, la mèche qui a été trempée dans la dissolution de carbonate de potasse. On reconnaît que la mèche est suffisamment lavée, à ce que le liquide qui s'en écoule ne bleuit plus le papier de tournesol. La mèche qui a été trempée dans les dissolutions des autres sels ne doit pas être lavée. Si l'on trempe dans l'acide nitrique étendu la mèche préparée au carbonate de potasse, il se forme du nitrate de potasse, qui n'agit pas favorablement. (§ 466) La solution potassique ne doit avoir que la force nécessaire pour dissoudre la gomme sans pouvoir attaquer la fibre même, parce que sans cela celle-ci agirait d'une manière trop hygroscopique et serait bientôt gâtée. Les solutions des sels excitants doivent être d'autant plus concentrées, que la corde à rendre combustible est plus grosse et plus compacte. Il faut déterminer par des essais le degré de concentration nécessaire pour chaque espèce de cordage. On peut admettre comme règle qu'il doit en brûler 24 centimètres par heure.

§ 467.

La mèche obtenue au moyen des dissolutions, est tendue, séchée, et lissée extérieurement. Ce lissage s'exécute au moyen d'un morceau de cuir garni de clous fins, ou bien une première fois avec de la grosse toile, puis avec des chiffons plus fins, ou du feutre ou du crin. Si la mèche brûle trop rapidement, on la remet à la corderie pour la tordre plus fort avant de la cirer. On finit par la frotter légèrement à la cire.

§ 468.

Le lissage de la mèche a pour résultat de coucher toutes les fibres extérieures dans une même direction, La mèche doit être allumée à l'extrémité d'où l'on est parti en frottant ; alors les fibres s'allument par où elles sortent de l'intérieur, le feu se propage facilement d'une extrémité à l'autre, et la surface est ainsi beaucoup plus combustible que les parties intérieures. Si l'on allume la mèche d'une manière inverse, le feu gagne difficilement les bouts des filaments qui ne s'appliquent pas exactement contre la surface, d'où résulte que le charbon ne devient pas si long que dans le premier cas.

§ 469.

Le meilleur essai de la mèche consiste à l'employer pour faire feu après qu'elle a été humide, et à observer la vitesse de combustion, l'inflammabilité de la surface et la manière dont le charbon se comporte sous la réaction de la charge par la lumière de la pièce. Si l'on n'a pas le temps ni l'occasion de faire cet essai, il faut que l'aspect extérieur, la grosseur modérée, l'espèce et la qualité de la matière, la lissure de la surface, et le déroulement des torons, fournissent la certitude, que la mèche est suffisamment commise, entièrement de la même matière et exempte d'impuretés. L'odeur de la mèche devra prouver qu'elle n'est pas moisie. On doit en tous cas en mesurer la vitesse de combustion en en faisant brûler quelques décimètres. La meilleure mèche brûle en plein air et par un temps calme à raison de 21 centimètres par heure, et dans un appartement, à raison de $10 \frac{1}{3}$ centimètres. Le charbon incandescent a 13 millimètres de longueur. On s'assure que lorsque l'on bat fortement la mèche sur la partie non allumée, le charbon ne tombe pas et ne jette point d'étincelles. Si cela arrivait, se serait un signe que la ténacité de la fibre serait détruite, et que la mèche serait éteinte par le tir.

§ 470.

Pour transporter la mèche il est bon de la couper immédiatement en morceaux de la longueur convenable pour être attachés au boute-feu. On amorce l'une des extrémités avec de la pâte de composition de fusées pour qu'on puisse l'allumer facilement. La mèche doit être conservée dans des locaux très-secs.

§ 471.

A défaut d'une mèche régulièrement commise, chaque ficelle ou corde (au-dessous de 7 millimètres de diamètre) peut servir de mèche après avoir été immergée dans une dissolution d'un des sels excitant la combustion. Comme il ne s'agit ici que de tremper la corde et de la faire sécher, on peut en quelques heures préparer de la mèche lorsque les circonstances sont favorables. La mèche avariée peut être radoubée par immersion dans des solutions salines étendues. Le coton fournit également de bonne mèche à défaut de lin ou de chanvre ; mais la mèche de coton brûle rapidement. Du papier fort et du liber trempés dans ces dissolutions desséchés, puis roulés fortement sur eux-mêmes en forme de cylindres de 7 millimètres de diamètre, qu'on fixe avec un peu de colle pour qu'ils ne se déroulent pas, remplacent également bien la mèche. En cas de besoin des bandes de bois provenant de la fabrication des boîtes, peuvent également servir après avoir été bouillies dans une dissolution d'acétate de plomb ou de chromate de potasse.

b. *Lances à feu.*

§ 472.

La lance à feu remplace la mèche ordinaire en temps de pluie, ou même en tout temps, comme produisant une inflammation plus sûre et plus prompte de la charge. Elle consiste en un cartouche en papier rempli de composition. Elle doit satisfaire aux conditions suivantes :

1° La lance doit donner une flamme longue de 5 à 7 centimètres.

2° Cette flamme ne doit pas être très-éclairante afin de n'être pas aperçue de loin pendant la nuit.

3° La flamme doit consumer uniformément le cartouche, car quand celui-ci laisse des débris qu'on est obligé de détacher, on produit beaucoup d'étincelles dangereuses.

4° Le résidu ne doit pas se former et tomber en goûtelettes incandescentes, mais il doit être uniformément entraîné par la flamme.

5° La lance doit brûler aussi longtemps que possible.

6° La pluie tombant sur le cartouche ne doit pas pouvoir l'éteindre.

7° On doit pouvoir la couper facilement en un point quelconque, et une section nette doit être rallumée aisément au moyen de la mèche.

§ 473.

Lorsque le cartouche de la lance est d'un petit diamètre, elle se rompt facilement, mais aussi on la coupe aisément ; comme ce cartouche ne permet pas de condenser fortement la composition, ces lances brûlent un peu plus rapidement. On peut rouler à la main les cartouches des lances minces au moyen d'un mandrin, tandis que ceux d'un fort diamètre exigent l'emploi d'une planche à rouler. Pour charger les lances minces on n'a pas besoin d'un fort chandelier ; on peut se contenter d'introduire le cartouche dans un cylindre en fer blanc et d'employer une baguette en bois pour les charger ; les grosses lances au contraire exigent l'emploi d'une baguette à condenser en métal. En général les lances minces se préparent avec plus de facilité et plus économiquement que les grosses, elles sont aussi plus faciles à allumer que ces dernières, et on en voit la flamme de moins loin. Le jet de feu en est aussi long que celui des grosses, et celles-ci sont plus sujettes à couler. La combustion du cartouche a lieu également dans les deux espèces, lorsque la composition ne contient aucune matière végétale, car alors le papier est en-

traîné dans la combustion ; le papier enlève à la flamme sa lumière blanche
éblouissante et la rend rougeâtre, d'où résulte qu'on aperçoit celle-ci de
moins loin. Si l'on vernit le cartouche des lances minces, on préservera la
composition de la pluie aussi bien que par les forts cartouches des grosses lances.
Résumant le tout on doit accorder la préférence aux lances minces.

§ 474.

Le pulvérin d'artifice pur (§ 244), convient dans tout cas le mieux pour
former le chargement de la lance à feu. Cette composition donne une flamme
suffisamment longue, et combure le cartouche d'une manière plus sûre
que toute autre plus vive. Elle est d'ailleurs suffisamment inflammable.

§ 475.

Une lance qui consume mal son cartouche, brûle d'autant plus sûrement
lorsqu'on la plonge verticalement dans l'eau ou dans la terre, mais elle répond aussi d'autant moins bien à sa véritable destination.

§ 476.

Le roulage des cartouches de petit diamètre se fait à la main sur un mandrin, le papier formant environ deux tours. Ceux des grosses, doivent après
avoir été roulés sur un mandrin en fer, être condensés à l'aide de la planche
à rouler ; de plus, après leur avoir donné à dessein un diamètre un peu plus
fort en les roulant, on les colle, et on doit les chasser avec force avec le mandrin dans le chandelier, ce qui condense encore et durcit le cartouche. La
paroi a un peu plus de 1 millimètre d'épaisseur. Pour charger le cartouche
immédiatement après le roulage, lorsqu'on est en hâte, on emploie pour
coller le cartouche un mélange de 2 parties de colophane et une de cire.
Dès que ce mastic est refroidi, ce qui a lieu en peu de secondes, on peut
déjà charger le cartouche, soit qu'on le bourre simplement soit qu'il doive
être battu. L'emploi de ce mastic fait éviter en même temps la déformation
du cartouche par contraction résultant de l'emploi d'une colle aqueuse (1).

c.   *Étoupilles.*

§ 477.

Pour transmettre à la charge à travers la lumière l'étincelle du moyen
extérieur et primitif d'inflammation, on emploie comme on sait de petits car-

---

(1) Ce mastic présente plusieurs inconvénients ; pour le tenir liquide on est obligé de le
conserver sur le feu, ce qui ne convient pas dans tous les locaux d'un laboratoire; mais l'inconvénient principal c'est qu'il ne colle pas. Quand on l'applique sur une surface à coller,
il congèle d'abord immédiatement, et l'on n'a pas le temps d'appliquer la partie à fixer ; on
est donc obligé de rechauffer. Mais de quelque manière qu'on s'y prenne, les deux parties
collées se détachent ensuite sous le moindre effort.   (T)

touches chargés de poudre grainée ou non grainée. Lorsque ces artifices doivent subir un long transport, comme par exemple, ceux destinés à l'emploi en campagne, on doit les confectionner plus solidement que ceux destinés à être employés sur les lieux. On distingue donc les étoupilles en deux espèces, les étoupilles vives (Schlagröhren) et les étoupiles ordinaires (Stoppinen) ; les premières agissent plus énergiquement, parcequ'elles doivent percer le sachet en serge qui est d'une combustion difficile.

§ 478.

Il faut employer pour les cartouches des étoupilles vives une matière résistante pouvant garantir la poudre , et ne pouvant être attaquée par elle lorsqu'elle devient humide. Les tuyaux de plume remplissent le mieux ces conditions après les tubes tirés ou brasés. Ces derniers sont chers. Le roseau ou le papier permettent facilement les pertes particles de composition, lorsqu'ils se trouvent foulés ; les tubes en fer blanc soudés à l'étain, se désoudent facilement , obstruent la lumière, et sont sujets à rouiller fortement par le contact de la poudre humide. L'emploi du bois suppose des lumières larges, parce que le tube en bois doit avoir des parois épaisses pour posséder la solidité nécessaire ; d'ailleurs il se fendille aisément , reste en ignition , et les débris lancés en tous sens peuvent causer des inflammations.

§ 479.

Des étoupilles qui seraient chargées massives, brûleraient très-lentement par couches horizontales ; on perce donc les étoupilles vives suivant leur axe. Lorsque la composition est condensée à l'état sec , on les charge à cet effet sur une broche ; lorsqu'on y bourre ou coule de la composition humide, on perfore celle-ci à l'aide d'un fil métallique.

§ 480.

Pour rendre la surface d'inflammation plus grande que la section droite du petit tube, on le munit d'un petit calice à sa partie supérieure, qu'on remplit d'une amorce (pulvérin humecté d'alcool) ; on peut aussi fixer à la partie supérieure quelques franges de fil de lin enduit d'amorce, ou bien de mèche de communication (fil de coton imprégné d'amorce). La première méthode est préférable , parce que les substances végétales mélangées au pulvérin brûlent avec flamme et sont lancés au loin , ce qui peut causer des explosions.

§ 481.

La vivacité de la combustion de l'amorce ou de la mèche de communication, fait que le jet de feu sortant par la lumière peut atteindre, briser ou lancer au loin le moyen primitif d'inflammation ; pour obvier à cet inconvénient on saupoudre de pulvérin les environs de la lumière, de sorte qu'on peut pro-

25

duire l'inflammation à une certaine distance de celle-ci. Ce moyen allonge le temps nécessaire pour amorcer, rend plus sensible l'influence du mauvais temps, et la boîte à pulvérin fait souvent explosion, lorsqu'il est resté des débris incandescents sur la pièce. Il est donc plus avantageux, de ne percer l'étoupille vive que sur une partie de sa longueur; le petit massif qui reste près de la tête donne alors le temps d'éloigner un peu la lance ou le boute-feu, avant l'explosion.

§ 482.

Quant aux moyens d'inflammation à employer sur les lieux, et qui, à cause de l'emploi des gargousses en papier, n'ont pas besoin d'un jet énergique pour percer, on peut se servir de forts tuyaux de paille qu'on ferme en bas à la laque, qu'on remplit de poudre grainée, et qu'on bouche avec de l'amorce. Ils sont faciles à confectionner et se détériorent peu par la conservation.

d). *Inflammation par percussion.*
α. *Pour les bouches à feu.*

§ 483.

Les inconvénients qu'entraîne l'emploi de corps incandescents ou enflammés comme moyens de communiquer le feu aux charges des bouches à feu, sont nombreux; tantôt ces artifices s'éteignent à la pluie, tantôt ils causent des accidents par des inflammations; comme ils doivent d'ailleurs brûler continuellement pendant de longs espaces de temps, on doit les transporter en quantités considérables, ce qui occupe beaucoup de place. On a donc cherché aujourd'hui à se débarasser de cette sujétion, en profitant de la propriété que possède le chlorate potassique de se décomposer et d'admettre la combustion à des températures au-dessous de la rouge, et même à une température très-basse, sous l'influence d'un agent chimique. Si l'on emploie les méthodes les plus simples possibles, on peut en outre diminuer considérablement, sinon éloigner complètement, les ratés, qui n'étaient pas rares avec l'ancienne méthode d'inflammation par l'étincelle ou la flamme. — Que l'effet de la charge soit augmenté par ces moyens nouveaux d'inflammation, c'est ce qui n'a pas encore pu être démontré; en tout cas cette augmentation est assez petite, pour ne se manifester en aucune façon dans l'effet du projectile.

§ 484.

La température nécessaire à la décomposition, indépendamment d'agents chimiques, a été obtenue jusqu'à présent de deux manières, c'est-à-dire par le choc et par le frottement; la décomposition chimique s'obtient par l'acide sulfurique. Ces divers moyens d'inflammation se divisent donc en

-           Inflammation par percussion.
- —   par friction.
- —   par l'acide sulfurique.

I). *Inflammation par percussion.*

§ 485.

On peut admettre comme démontré, quant aux dispositions à adopter à la pièce :

a). Que la percussion ne doit pas agir immédiatement sur la lumière percée dans le grain en cuivre rouge, parce que ce dernier se refoule et rétrécit l'orifice ; la même chose a lieu lorsqu'il n'y a qu'un corps mince et peu élastique interposé entre le marteau et la lumière.

b). La percussion ne peut être exercée à bras d'homme.

c). Les appareils à percussion dans lesquels il entre des ressorts ne résistent pas longtemps.

d). Les appareils à marteaux basculants d'environ $0^k,300$ sont les plus avantageux.

§ 486.

Le moyen d'inflammation qui contient le chlorate potassique, peut enflammer la charge directement, ou communique le feu à un autre artifice. La dernière méthode qui présente le plus de variantes, conduit à beaucoup de complications, et à des dangers assez marqués durant le transport, lorsque les deux éléments d'inflammation ne sont pas réunis seulement au moment de l'emploi, ce qui n'est praticable que pour quelques-uns des modes d'exécution adoptés.

§ 487.

L'amorce proprement dite forme ou une petite boule, ou un disque, et elle est dans tous les cas garantie contre l'humidité par une enveloppe métallique ou résineuse. Le choc enflamme l'amorce avec d'autant plus de certitude, que cette dernière a été préalablement mieux comprimée dans son enveloppe ; le disque sera donc plus inflammable que la sphère, parce que le premier est plus facile que la dernière à condenser fortement. Le disque de matière fulminante doit reposer sur un support exactement parallèle à la surface percutante ; sans cela la composition cède, et l'inflammation devient incertaine ; la meilleure enveloppe pour recevoir la composition consiste donc en une capsule métallique cylindrique ; comme cette capsule doit être mince afin de ne pas amortir le choc, et en même temps ne doit pas plier trop facilement, il est avantageux de la confectionner en cuivre. Dans cette capsule on introduit les disques de matière fulminante et on les y comprime à l'aide d'une presse. Les disques ont été préparés à l'avance avec la composition humectée de la plus petite quantité possible de vernis à l'alcool peu épais, moulés dans des plaques métalliques à trous circulaires, et desséchés. Pour employer ces capsules on les place sur une cheminée en acier de 8 à 9 millimètres de hauteur et de diamètre, percée d'un canal de 3 milli-

mètres de diamètre et vissée dans le grain; puis on fait agir le marteau bas-
culant en tendant la courroie qui le fait jouer. Cette méthode qui a été d'abord
introduite en Saxe constitue le système à percussion le plus simple et le plus
recommandable.

§ 488.

La capsule est déchirée et les débris sont dispersés par l'explosion de la
composition fulminante, lorsque la percussion porte sur toute la surface du
disque. La tête du marteau, qui par elle-même est légère, ne doit donc frapper qu'environ la moitié de la table de la cheminée en laissant libre aussi la
lumière de cette dernière, afin que les gaz qui sont lancés avec force à travers celle-ci ne réagissent pas trop violemment sur l'appareil.

§ 489.

La composition qui brûle ainsi plus lentement mais qui doit être en quantité assez forte pour transmettre le feu à travers le canal de lumière de la
pièce, briserait encore la capsule si elle consistait seulement en $\overset{.}{K},\overset{..}{El}+S+3C$,
ou en un mélange de cette mixture et de $\overset{.}{K},\overset{..}{El}+2S$; il est donc préférable
de mélanger cette dernière avec $\overset{.}{K},\overset{..}{El}+S+6C$, ce qui produit l'inflammabilité suffisante, une longue flamme, et en même temps une tension
gazeuse qui n'est pas trop grande. Une charge de $4^{gr},88$, (1) suffit pour une
capsule de $6^{mm},5$ de hauteur et de largeur; on préserve la surface de la
composition au moyen d'un disque en papier ou en métal. Les conditions
d'inflammation de cet artifice, qui exigent une certaine position déterminée
de la surface d'appui, et de celle qui percute font que le transport des capsules est complètement exempt de danger, tant que la composition ne se
répand pas.

2. *Inflammation par friction.*

§ 490.

L'appareil à percussion nécessaire qui se dérange facilement, l'emploi de
la cheminée qu'exige d'ailleurs le système à percussion le plus simple de
tous, augmentent le prix et la difficulté de l'introduction de l'inflammation
par choc. Si au lieu de la percussion la friction peut fournir la chaleur nécessaire, tout appareil spécial devient inutile.

---

(1) Il y a erreur manifeste ici; il est évidemment impossible d'introduire près de 5 grammes
de poudre dans une capsule de dimension indiquée. L'auteur dit 6 grains : or le grain prussien
est $\frac{1}{576}$ de la livre qui équivaut à $0^k,4685$; ce qui donne

$$4^{gr},88 = \tfrac{6}{576} + 468,5.$$

Il est probable que c'est la *centième* partie de cette charge qui entre dans la capsule.

§ 491.

Le moyen d'inflammation par friction, consiste en une étoupille vive quelconque munie à sa partie supérieure d'un auget transversal, rempli de l'amorce fulminante; dans cette amorce est plongé un fricteur, consistant en un fil métallique, qui a été trempé dans une résine et roulé encore chaud dans l'éméri pulvérisé; une ganse formée au bout de ce fricteur dépasse l'extrémité de l'auget. Tout le tube avec le fricteur est enveloppé de papier verni, puis ficelé fortement à la tension constante de $1^k,87$; toute cette tête est ensuite de nouveau enveloppée de papier verni. Pour faire feu, on introduit l'étoupille dans la lumière, on passe dans la ganse un crochet fixé au bout d'une courroie, et on arrache vivement le fricteur. Lorsque ces étoupilles sont confectionnées avec précision l'inflammation est certaine.

§ 492.

La composition fulminante la meilleure se compose de $\ddot{3K,Cl} + \overset{\shortmid}{S}b$ (§ 214). On la triture avec une dissolution faible de colophane dans l'alcool.

§ 493.

Ces étoupilles ont l'inconvénient de causer facilement des inflammations durant le transport ou la conservation.

3) *Inflammation par l'acide sulfurique.*

§ 494.

Pour obvier à l'inconvénient signalé au § précédent, on peut au lieu de la friction se servir de la réaction de l'acide sulfurique sur l'amorce fulminante. Toute la disposition reste la même, sauf que le fricteur n'est pas enduit de résine et d'éméri; il reste lisse et on lui donne une longueur double de celle de l'auget, de manière que l'étoupille étant finie la ganse seule dépasse d'un côté, et de l'autre un bout égal à la moitié de la longueur totale. Cette dernière partie est recouverte d'un petit garde pluie en papier verni raide, qu'on peut relever en le pliant vers en haut. A l'affut est fixé un petit flacon contenant de l'acide sulfurique, dont la profondeur est moindre que la saillie du bout libre du fricteur, et qui n'est rempli qu'à moitié. Avant d'introduire l'étoupille dans la lumière, on prend dans le flacon une goutte d'acide au moyen de l'extrémité du fricteur, et l'on agit ensuite comme avec l'étoupille à friction ordinaire.

B) *Amorce à percussion des armes à feu portatives.*

§ 495.

Parmi le grand nombre d'amorces à percussion qu'on a essayées pour le fusil afin de se rendre indépendant de l'influence atmosphérique, du bris de la pierre à feu, de l'altération de la face de la batterie, les capsules seules (les mêmes en petit que celles décrites § 489) ont continué de donner à la longue des résultats favorables. Leur emploi ne présente pas de danger (on les suppose chargées de compositions au chlorate de potasse et non au fulminante de mercure, ces dernières donnant lieu à des inflammations spontanées). Elles sont faciles à fabriquer et à manier, et produisent l'inflammation certaine. Il y a peu à faire pour les perfectionner d'avantage, tant que l'arme à feu portative elle-même ne subit pas des changements essentiels dans sa construction.

§ 496.

On emploie pour composition fulminante un mélange de parties égales de $\dot{K}\ddot{E}\ddot{i}+2S$ et $\dot{K}\ddot{E}\ddot{i}+2S+3C$, parce que par une construction spéciale du chien le crachement est ici rendu moins nuisible qu'aux bouches à feu. Le premier mélange procure l'inflammabilité suffisante, et le second produit le long jet de feu nécessaire (§ 352). Le mélange est trituré avec un liant consistant en une dissolution étendue d'une résine dans l'alcool; puis au moyen de plaques trouées on moule de petits disques $0^{\text{gr}},20$ à $0_{\text{gr}}\,26$, qu'on laisse dessécher et qu'on fixe ensuite dans les capsules au moyen d'une forte pression. Plus la condensation est forte, plus l'inflammation est certaine; c'est pourquoi il n'est pas avantageux de faire la couche de composition plus épaisse que la longueur du jet de feu désiré ne l'exige.

§ 497.

Le disque de matière fulminante a besoin d'un préservatif contre l'humidité sur sa face découverte. A cet effet on presse sur la charge une rondelle mince en cuivre ou en alliage, un peu forte de diamètre pour bien fermer à la circonférence; ou bien on donne une couche de vernis à l'alcool concentré. — La première méthode mérite la préférence; le vernis laisse un résidu charbonneux pyrophore sur la cheminée et dans le canal; la rondelle métallique, au contraire, ne permet pas même le contact entre la cheminée et le résidu de la composition. Le vernis remonte quelquefois le long des parois intérieures de la capsule, la rétrécit et l'empêche d'entrer à fond sur la cheminée, d'où résulte qu'il faut abattre le chien deux fois pour faire partir le coup.

APPENDICE.

OBSERVATIONS DE L'ÉDITEUR.

1) Le moulin à pilons servant à la fabrication de la poudre.

Lorsque l'arbre de la roue hydraulique est muni directement de cames, la position de celles-ci est ordinairement telle que le pilon est soulevé deux fois à chaque révolution de la roue. Cependant on a dans certains moulins à pilons adopté un arbre à cames indépendant qui reçoit son mouvement de celui de la roue, ce qui rend possible de modifier à volonté le nombre de coups de pilon correspondant à une révolution de la roue. On peut arrêter les pilons à une certaine hauteur au moyen de clefs, lorsqu'on a des manipulations à exécuter dans les mortiers.

Les dimensions des pilons sont en général de $3^m,75$ à $4^m,40$ de hauteur, sur $0^m,15$ d'équarrissage. Le poids y compris la boîte en bronze est de 37 k. à 47 k.; la levée est de $0^m,39$ à $0^m,52$; et ils donnent 28 à 50 coups par minute, en battant lentement pour exécuter la trituration, et rapidement lorsque la condensation doit avoir lieu.

Pour donner aux mortiers une position aussi stable et aussi sûre que possible, on n'en assemble généralement pas plus de dix dans la même batterie.

Cependant ce nombre est quelquefois dépassé: ainsi il paraît qu'à Frédérikswaern on en a assemblé jusqu'à 72.

On triture aussi séparément le charbon, parce qu'il s'enflamme sous les chocs des pilons.

2) Relativement à la condensation des compositions dans des cartouches, l'auteur regarde la fonte comme la matière la plus avantageuse pour construire les chandeliers ou moules nécessaires à cet effet; si sous le rapport de la solidité on ne peut se refuser à reconnaître à cette matière plusieurs avantages sur beaucoup d'autres, il n'en est pas moins vrai qu'elle présente, dans les moules formés de deux moitiés désignés par l'auteur § 356, le grand inconvénient de s'égréner ou s'ébrécher facilement sur les angles formés au joint; il résulte de là des cavités dans lesquelles le cartouche s'introduit par suite de la compression, et où il se déchire la plupart du temps. C'est là la raison qui force à employer pour les moules de deux pièces une matière première très-tenace et moins sujette que la fonte aux égrénements sur les angles, quoique l'avantage reste à la fonte sous le rapport de l'extensibilité,

en vertu de laquelle les **autres moules** s'élargissent bien plus rapidement. Mais lorsque le moule n'a pas besoin d'être assemblé de deux moitiés, c'est-à-dire quand on peut le confectionner d'un seul bloc percé d'un trou cylindrique suivant l'axe longitudinal, la fonte mérite la préférence parce qu'elle donne des moules qui durent beaucoup plus longtemps que ceux des divers alliages, et qui surtout ne s'élargissent pas aussi promptement.

3) Les principes fondamentaux, § 361, de construction d'une machine à forer, devant servir à forer des âmes dans des colonnes de composition, ne présentent pas dans la pratique les avantages que l'auteur parait s'en promettre. Ainsi la vitesse de rotation du foret parait beaucoup trop faible ; de plus, un forage préparatoire est indispensable, nommément lorsqu'il s'agit des longues âmes coniques, nécessité que l'expérience a abondamment démontrée déjà à l'occasion du forage des fusées de signaux ; enfin il est très-utile de construire le banc à forer vertical, de manière que l'objet à forer reçoive le mouvement de rotation autour de son axe, tandis que le foret ne fait qu'avancer de bas en haut ; on obtient ainsi le grand avantage, surtout lorsqu'on fore les âmes longues comme celles des fusées de guerre, que l'âme ne sort jamais de l'axe. Ces diverses observations sont appuyées sur des expériences multipliées et étendues, et sont en outre complètement confirmées par leur application générale dans les meilleurs établissements techniques.

4) La méthode pour vérifier si les étoffes de laine ne contiennent pas du coton, indiquée brièvement à la fin du § 370, ne mène à aucun résultat; il est nécessaire de faire *bouillir* l'étoffe dans l'eau de chlore, et cela au moins durant 15 minutes; il ne suffit pas de la tremper pour blanchir le côton ou le lin et en général la fibre végétale: or il est nécessaire de la blanchir parce que généralement l'étoffe n'est pas entièrement blanche mais ordinairement d'une couleur jaunâtre uniforme.

5) Quant aux préservatifs destinés à garantir les sachets en serge contre les attaques des mites, celui qui jusqu'à présent a été reconnu le plus sûr consiste dans beaucoup de soins et d'attention consacrés à leur conservation ; il importe principalement de passer une ou deux revues annuelles des sachets en les battant et en les faisant nettoyer à la brosse. Récemment on a proposé le poivre comme préservatif contre les mites.

6) Sur les artifices incendiaires.

On ne peut nier qu'un projectile incendiaire dont l'enveloppe métallique devient incandescente par la combustion de la composition qu'elle renferme, ne gagne par là une augmentation notable dans ses effets; mais il n'en est pas moins nécessaire de choisir la composition incendiaire pour ces projectiles de manière qu'elle ne remplisse pas seulement le but partiel de rougir l'enveloppe, mais il faut aussi que la flamme produite soit en état d'enflammer du bois, etc. ; car on peut prévoir bien des cas où la flamme seule pourra produire quelque effet. Cette considération détermine le dosage de la com-

position; et il est résulté d'essais nombreux exécutés comparativement avec
le système de l'auteur, consistant à ne former la composition incendiaire
qu'au moyen des mêmes ingrédients qui entrent dans la poudre, et qu'il
exécuta d'abord complètement et d'une manière très-conséquente, que le but
est le mieux atteint au moyen d'une composition de

100 parties de la mixture salpètre et soufre ;
7 id. de pulvérin,

et sur chaque kilogramme de ce mélange 250 à 300 grammes de colophane.
Après une longue résistance, l'auteur a fini par admettre également la nécessité de mêler à la composition d'artifice une huile essentielle, ou une résine
quelconque, pour en faire une matière incendiaire efficace. La composition
ci-dessus indiquée développe par sa combustion assez de chaleur pour porter
au rouge l'enveloppe en fer forgé d'un globe de 15 cent. de diamètre extérieur et d'une épaisseur de parois qui ne dépasse pas 6 à 7 millimètres. La
flamme a assez d'énergie pour enflammer de fortes pièces de bois de pin,
dont le projectile est éloigné de 10 à 15 centimètres, à moins que des circonstances extraordinairement défavorables n'influent sur le résultat. Par ces
motifs on doit considérer la composition incendiaire ci-dessus comme convenablement dosée.

Mais deux autres points sont encore d'une plus grande importance dans la
confection des projectiles incendiaires, savoir :

a) Le mode de préparation de la composition
b) La fabrication de la coquille.

Relativement au premier point il existe en général deux méthodes dis-
tinctes, la manipulation à froid et celle à chaud. Les deux méthodes ont
trouvé d'ardents défenseurs; l'auteur entre autres est resté jusqu'à sa mort
partisan fidèle et défenseur zélé de la manipulation à froid, tandis que
l'éditeur doit avouer, que jusqu'à ce moment, et après des essais de plusieurs
années il se voit toujours forcé de considérer la préparation à chaud de la
composition incendiaire comme préférable. On a insisté essentiellement sur
deux points comme constituant les avantages principaux de la manipulation
à froid; si ces deux avantages appartenaient réellement et exclusivement à
cette méthode, ils seraient assez importants, savoir :

Absence de danger et simplicité dans la manipulation et dans les ustensiles.

Quant à l'absence du danger *dans la préparation de la composition*, on est
forcé de l'admettre, car il est difficile de se représenter des circonstances
dans lesquelles une composition préparée à froid peut s'enflammer pendant
le mélange, à moins que la plus grande négligence ne préside au travail. Dans
la préparation à chaud une inflammation de la composition est sans doute
possible, mais si peu probable, si l'on considère le dosage ci-dessus indiqué,

26

que dans ce cas également ce n'est qu'une négligence extrême qui peut conduire à une inflammation ; car les températures nécessaires pour amollir la composition au point que l'on puisse en faire le mélange intime, n'atteignent pas encore le tiers de celle qui rend possible l'inflammation du mélange. — Jusqu'à présent on a beaucoup redouté, et cela avec raison, l'inflammation des compositions préparées sur le feu ; car toutes les compositions de ce genre en usage jusqu'ici contenaient de la poudre à canon, même en partie grainée et en grande quantité ; cette poudre était brassée dans un bain résineux chauffé le plus possible ; et l'on se servait même pour cela le plus souvent de chaudrons en tôle de cuivre ; lorsque, durant ce travail, une inflammation avait lieu, elle devait naturellement être accompagnée d'une explosion, par l'effet de laquelle la composition brûlante était lancée avec force dans tous les sens ; les malheureux ouvriers ne pouvaient donc pas manquer d'être blessés, et presque toujours très-dangereusement. Ces accidents déplorables se sont présentés assez fréquemment, mais il paraît que l'inflammation, au lieu d'avoir eu son origine dans le chaudron même, est toujours provenue des traînées de poudre qu'on formait entre le feu et le chaudron en mélangeant cet ingrédient aux résines ; dans beaucoup de cas on a acquis la preuve de cette circonstance, dans d'autres il n'y a eu aucune raison pour en douter ; on doit donc admettre ici encore que c'est une grande négligence qui a amené l'inflammation dans la plupart, pour ne pas dire dans *tous* les cas. Quoi qu'il en soit, on ne peut s'empêcher d'avouer avec les adversaires de la préparation à chaud, que tant que la vie des hommes est mise en danger par suite d'une explosion dont la *possibilité* ne peut être niée (quoiqu'elle ne puisse provenir que d'un grossier oubli des instructions reçues), ce genre de préparation doit être complètement rejeté. Si l'on ne pouvait prouver que réellement ce danger n'existe pas dans la préparation à chaud, on devrait, sans aucune hésitation, donner la préférence à la manipulation à froid, quand même on risquerait d'altérer un peu les qualités du produit sous d'autres rapports, par exemple sous celui de l'effet incendiaire. Mais nous nous sommes convaincus que le danger pour les ouvriers d'être blessés durant la préparation à chaud, est beaucoup moins à craindre, que durant l'emploi de la composition préparée à froid. Voici les motifs de cette conviction :

Abstraction faite du peu de probabilité d'une inflammation durant la préparation de la composition indiquée ci-dessus avec son dosage, admettons pour le moment que cette inflammation ait réellement lieu ; — on peut demander, quelles seront les relations dans lesquelles les travailleurs pourront se trouver placés ? — La composition mélangée dans la tonne, savoir : de

100 mixture salpêtre et soufre

7 pulvérin

enflammée seule, brûle d'abord avec une flamme très-exiguë, qui ne gagne de l'extension que peu à peu, tout en restant toujours calme, sans lancer d'étincelles, et bien moins encore produire des explosions. Étendue en traînées minces, elle ne brûle qu'à la place enflammée sans propager le feu, à moins que le corps sur lequel elle repose n'ait été chauffé, ou ne participe à la combustion. Si l'on mêle de la colophane ou quelqu'autre résine à ce mélange, la flamme s'étend considérablement, il est vrai, mais elle reste toujours tranquille et ne jette pas d'étincelles, etc., de sorte qu'il n'y a que les corps qui se trouvent dans l'intérieur de l'espace que tend à occuper cette flamme, qui soient exposés à ses effets. — Ceci sont des faits, que d'abord on peut déduire directement des considérations que l'auteur fait valoir dans cet ouvrage, mais qui sont en outre constatés par un grand nombre d'expériences.

La composition incendiaire dosée d'après la proportion ci-dessus, ne brûle avec une grande intensité qu'à travers les lumières étroites des boulets incendiaires, ainsi que celle indiquée par l'auteur pour cet usage. Si en s'appuyant sur ces faits, on recherche quel est le danger auquel seraient exposés les travailleurs dans le cas réel d'une inflammation, on trouvera bientôt, que si l'on ne veut pas se brûler avec intention, en tendant ses membres comme un Scévola dans la flamme d'abord faible mais gagnant progressivement en intensité, il ne peut pas y avoir de brûlures produites, parce qu'on a toujours le temps de s'éloigner du chaudron, soit que l'inflammation provienne d'une traînée, soit qu'elle provienne d'un échauffement excessif du chaudron. Ce dernier doit du reste avoir des parois très-épaisses. La composition ne peut jamais être lancée hors du chaudron (1). Le seul inconvénient qui accompagnerait un accident de ce genre, du reste si complètement impro-

_____

(1) Cette conclusion me paraît très-hasardée; et tout en étant d'accord avec l'éditeur pour préférer la préparation à chaud, je ne peux pas m'empêcher de relever l'inexactitude qu'il me paraît commettre ici, entraîné par le désir de faire prévaloir son opinion. En effet, on ne peut faire aucune comparaison entre une portion de composition froide à laquelle on met le feu avec intention pour observer la manière dont elle brûle, et la composition renfermée dans une chaudière, qui s'enflamme étant échauffée dans toute la masse jusqu'à un certain degré de température; il est évident que l'élévation de la température d'une grande masse de composition propagerait singulièrement la réaction chimique, c'est-à-dire la combustion si elle commençait sur un point; il est même impossible de dire à l'avance ce qui arriverait, et pour pouvoir assurer que la composition enflammée dans ces circonstances ne serait jamais projetée hors du chaudron, il faudrait en faire préalablement l'épreuve, en enflammant avec intention, *et au fond du chaudron*, la composition arrivée à la température nécessaire à la manipulation; il me semble qu'il serait toujours prudent de la part de l'expérimentateur de se trouver hors du local au moment de l'inflammation, car les gaz produits au point où la combustion commencerait pourraient bien, à raison de l'échauffement de toute la masse de matière, l'être assez rapidement pour lancer la composition incendiaire hors du chaudron, tout comme une petite charge de poudre grainée.

bable, consisterait dans la perte de la composition; — perte qui est facile à supporter.

Il résulte de là que le danger si redouté durant la préparation à chaud, quoiqu'il puisse avoir eu de réel avec les anciennes compositions, n'existe plus aujourd'hui. Cette crainte du danger ne prend sa source que dans la tradition, et ne s'est maintenue que parce qu'on n'a pas réfléchi aux changements apportés dans les circonstances par là modification du dosage dont tous les éléments dangereux ont été écartés.

Dans la manipulation subséquente que subit la composition préparée à chaud pour être introduite dans les projectiles, aucun danger ne peut exister, parce que la composition perd elle-même peu à peu sa température élevée, et qu'elle n'est soumise à aucun battage pour être condensée dans les projectiles, une simple compression suffisant pour qu'après le refroidissement la masse possède la densité requise.

Il en est tout autrement lorsqu'il s'agit de charger les projectiles avec la composition préparée à froid. Cette dernière a besoin pour acquérir le liant nécessaire, d'être humectée; et pour que le moyen d'humectation ne porte pas préjudice à la combustibilité, ce doit être une *huile essentielle*. Ensuite on doit chercher au moyen de coups violents à condenser la matière incendiaire autant que possible dans l'intérieur du projectile; sans cette précaution, c'est-à-dire la masse n'étant pas suffisamment condensée, la combustion serait trop vive, d'où pourrait résulter une tension des gaz par suite de laquelle le projectile ferait explosion, et se trouverait divisé en parcelles longtemps avant d'arriver au but, c'est-à-dire qu'il deviendrait inefficace. Ce cas s'est du reste présenté jusqu'ici avec une fréquence remarquable dans tous les essais sur la composition préparée à froid, et malgré tous les soins qu'on a portés à la fabrication. — Mais ce battage de la composition qui, lorsque les boulets creux sont présque remplis, est exercé constamment presque sur la même place, peut produire une élévation de température suffisante pour que l'huile essentielle se volatilise et s'enflamme, ce qui s'est déjà réellement présenté, et c'est alors que le danger devient imminent pour les travailleurs, car le projectile s'enflamme entre leurs mains, et les flammes lancées par les lumières étroites sont excessivement intenses; de plus, si au moment de l'inflammation la composition n'était pas encore suffisamment condensée dans certaines parties, une explosion subite et l'éclatement du projectile ne seraient nullement improbables. — Ces considérations appuyées sur des faits de ce genre qui ont eu lieu, motiveront suffisamment notre assertion, *que le danger qui accompagne l'emploi de la composition préparée à froid est plus grand pour les travailleurs que celui auquel ils sont exposés durant la préparation à chaud.* De là un premier motif, et c'est le plus essentiel, en faveur de la préparation à chaud.

La simplicité du travail et des ustensiles.

Dans la préparation à froid les ingrédients doivent être mélangés et pétris à la main dans un vase quelconque, jusqu'à ce que le mélange soit suffisamment intime ; on ne doit pas en mêler une trop grande quantité à la fois, parce que sans cela le mélange ne peut devenir intime. L'emploi subséquent est à peu près le même que celui de la composition chaude, seulement le bourrage et le battage de la composition froide dans les projectiles, demandent presque deux fois autant de temps, que l'introduction de la composition chaude ; d'un autre côté les moyens d'inflammation sont très-difficiles à fixer d'une manière sûre dans les lumières des projectiles à composition froide, tandis que cette opération s'exécute avec facilité pour ceux à composition chaude. Ces derniers n'exigent d'ailleurs que quelques heures de repos après leur fabrication pour pouvoir être employés, tandis que les premiers ont besoin de plusieurs jours, avant que la vaporisation du moyen d'humectation employé permette d'en faire usage.

La préparation de la composition chaude demande certes plus de temps lors de la première fusion que celle d'une composition froide ; mais cette différence est doublement compensée, d'abord en ce qu'on peut préparer de la première 3 à 4 fois autant en une fois que de la seconde, et ensuite parce qu'en faisant plusieurs opérations successives, on profite de la chaleur que conserve la chaudière, ce qui abrège tellement le temps nécessaire, que les deux méthodes sont bientôt égalisées sous ce rapport ; c'est là la raison pour laquelle en général, lorsque la fabrication des projectiles incendiaires est étendue, la préparation des compositions à chaud procure une économie de temps considérable sur celle des compositions froides.

Enfin il faut encore comparer les ustensiles ; ceux nécessaires en plus à la préparation à chaud, consistent en une chaudière en métal pour la fusion ; mais cette augmentation n'est qu'apparente, puisque la préparation à froid exige plusieurs vases dans lesquels on mélange de petites quantités de matière, et qui sont inutiles pour le travail d'après la première méthode.

Il résulte assez clairement de tout ceci que la préparation de la composition à chaud, non seulement n'est pas inférieure à l'autre méthode sous le rapport de la fabrication, mais qu'elle présente au contraire des avantages positifs sur celle-ci. Si outre cela la composition qui a été préparée à chaud se montre supérieure à l'autre sous le rapport de l'effet produit, elle sera incontestablement la meilleure ; or cette supériorité dans les effets est constatée. — Tous les essais comparatifs relatifs à l'énergie incendiaire des projectiles préparés par les deux méthodes, tant contre des bois de fortes dimensions que contre des planches, ont donné décidément les résultats les plus avantageux aux projectiles à composition, préparée à chaud ; de plus en moyenne 7 p. 0/0 des projectiles incendiaires à composition froide n'ont pas pris feu dans le tir, c'est-à-dire les fusées placées dans les lumières n'ont pas enflammé la composition incendiaire, tandis que cela n'a jamais eu lieu avec les projectiles dont la composition avait été préparée à chaud. On n'a naturellement pas compté les projectiles des deux espèces qui se sont logés profondément dans un terrain marécageux, et qui quoiqu'arrivés enflammés ont été bientôt étouffés dans ce milieu. La raison pour laquelle les projectiles à composition froide sont sujets à ne pas prendre feu, consiste en ce qu'il est difficile d'y fixer sûrement le moyen d'inflammation, parce que la masse incendiaire n'y devient jamais entièrement dure et sèche au centre ; aux projectiles à composition chaude au contraire cette opération ne présente pas la moindre difficulté, parce que la matière incendiaire devient complètement dure partout dès qu'elle se refroidit. Il est important de faire pénétrer la fusée très-loin dans la masse incendiaire, afin que l'inflammation de cette dernière n'ait lieu qu'après que le projectile a frappé le but; car lorsque la fusée enflamme la composition durant le mouvement, il arrive souvent que le projectile, en frappant l'objet à incendier, éprouve une commotion assez forte pour que la flamme encore faible s'éteigne complètement; or cette extinction de la flamme n'est pas à craindre pour la fusée, dont la combustion est toujours plus énergique; et dès que le projectile arrive au repos, la transmission du feu de cet artifice à la masse incendiaire est certaine, et alors une extinction n'est plus possible.

Enfin dans tous les essais exécutés sur des projectiles préparés d'après les deux méthodes, il en a constamment éclaté avant l'arrivée au but une forte proportion de ceux à composition froide. Le nombre de ces projectiles qui éclataient en l'air a été terme moyen de plus de 15 p. %. Cela n'est jamais arrivé avec ceux à composition chaude.

Il résulte donc aussi de ces essais que sous le rapport de l'effet à produire la composition préparée à chaud est essentiellement supérieure à l'autre, et il serait injustifiable de vouloir continuer obstinément la préparation à froid malgré ses nombreux désavantages reconnus.

Reste à examiner maintenant la deuxième partie de la proposition de l'auteur relative à la fabrication des enveloppes en fer forgé. Il ne s'agit évidemment ici que d'analyser la possibilité de l'exécution, parce que les avantages des enveloppes proposées sur celles en fonte d'une forte épaisseur n'ont pas besoin d'une démonstration supplémentaire. On a déjà essayé autrefois de confectionner de ces demi-globes soit en cuivre soit en fer forgé, et de les assembler ensuite soit par des vis soit par de rivets pour en former des globes ; mais on a toujours trouvé que ces projectiles qui résistaient bien à l'effet des petites charges, sortaient brisés des bouches à feu lorsqu'on employait de fortes charges. Nous doutons fort qu'on puisse jamais réussir à fabriquer de pareils projectiles assemblés de deux moitiés et qui présentent la résistance nécessaire aux fortes charges, à moins qu'on ne leur donne une épaisseur de parois considérable, ce qui serait tout-à-fait contraire au résultat très-essentiel, que la chaleur développée par la masse incendiaire échauffe les parois jusqu'au rouge; d'un autre côté il est nécessaire d'employer de fortes charges pour atteindre aux grandes distances avec la précision convenable ; par ces motifs il se pourrait que la fabrication de semblables projectiles en deux moitiés ne menât jamais à des résultats satisfaisants. Le problème serait donc de produire des boulets creux en fer forgé ne formant qu'une seule pièce. Si ceci réussit, ce qui reste à peine dubitatif au point où les arts sont parvenus actuellement, on obtiendrait certainement un projectile incendiaire excellent, et qui pourrait remplacer même les boulets rouges, si l'on chargeait ces boulets creux en fer forgé de la composition incendiaire préparée à chaud, indiquée ci-dessus.

7) *Sur les moyens d'inflammation à percussion pour bouches à feu.*

Outre l'inflammation Saxonne au moyen de capsules, qui est décrite par l'auteur, et qu'il considère comme la plus simple, on a essayé aussi dans presque toutes les artilleries, des étoupilles à percussion, mais jusqu'à présent on n'a pas réussi à faire adopter généralement cette méthode. Partout on a rencontré deux inconvénients principaux qui ont paru rendre douteuse la réussite de leur emploi à la guerre. Ces deux inconvénients sont :

a) La nécessité d'un appareil spécial adapté à la pièce et servant à faire feu.

b) Le crachement par suite duquel des débris de l'artifice sont lancés dans toutes les directions, ce qui a causé souvent des blessures assez graves aux servants.

On a fait beaucoup de recherches afin d'éviter autant que possible ces deux inconvénients, sans avoir réussi jusqu'à présent complétement ; et l'on peut admettre comme à peu près certain qu'on n'y réussira jamais, parce que les défauts en question semblent être inhérents à la nature du moyen lui-même.

8) Sur l'inflammation par friction.

L'inflammation par friction est exempte des inconvénients de celle par percussion, et mérite déjà par cela seul la plus grande attention. On est en ce moment occupé de tous côtés à perfectionner cette méthode ; et la simplicité du problème, ainsi que le zèle avec lequel la solution en est recherchée de tous côtés, promet dans cette voie les résultats les plus satisfaisants.

L'étoupille à friction décrite par l'auteur, a été essayée d'abord dans l'artillerie française, et ensuite dans celle du grand-duché de Hesse ; d'autres artilleries, comme celle du Hanovre et la prussienne, ont également commencé des essais auxquels cette dernière surtout a donné une grande extension, et partout on semble tomber d'accord sur ce que l'étoupille à friction est préférable à toutes les méthodes d'inflammation connues jusqu'à présent, quoiqu'elle ait encore besoin d'être perfectionnée dans plusieurs détails. Dans l'artillerie hanovrienne, c'est surtout le lieutenant A. SIEMENS qui a consacré avec succès son attention à cet objet.

9) Sur l'inflammation par l'acide sulfurique.

Une méthode d'inflammation de ce genre a déjà été essayée il y a quelque temps en Suède ; elle consistait essentiellement en une étoupille vive renfermant un petit tube en verre rempli d'acide sulfurique, et environné extérieurement d'une composition inflammable par le contact de cet acide. On faisait feu en cassant le tube en verre, ce qui amenait l'acide en contact avec la composition détonnante ; — cette méthode d'inflammation par l'acide sulfurique n'a pu—comme on le conçoit de reste — trouver aucun accueil.

Celle proposée par l'auteur est au moins exempte du reproche grave de faire craindre des inflammations inopinées durant le transport ; mais par contre elle pourrait faire appréhender l'explosion de l'étoupille entre les mains du canonnier, si l'on pense qu'il suffirait pour cela que la goutte acide, par suite d'un maniement imprudent de l'artifice, coulât le long du fricteur et vint trop tôt en contact avec l'amorce fulminante. Dans tous les cas cette méthode est déjà inférieure à celle de la friction, par cela seul qu'elle exige l'emploi d'un nouveau moyen (l'acide sulfurique) pour enflammer l'artifice préparé, sans compter d'autres incommodités ; il n'y a donc aucune apparence que ce procédé puisse jamais rivaliser avec celui de la friction.

OBSERVATION FINALE.

L'éditeur de cet ouvrage de feu le capitaine Meyer, a eu avec l'auteur des rapports intimes et très-multipliés, notamment pour l'objet traité dans ce livre. Quoique bien des assertions qu'on y rencontre ne cadrent pas avec les convictions de l'éditeur, celui-ci a entrepris cette publication avec d'autant plus d'empressement, que le travail de l'auteur mérite le plus grand accueil, comme étant le premier ouvrage qui traite de la pyrotechnie d'une façon purement scientifique. L'éditeur s'est interdit à dessein toute altération même la moins importante dans le manuscrit de l'auteur. La destinée, — et peut-être la mission — de l'auteur a été *d'exciter* en tous sens, et comme il a réussi dans cette voie par ses nombreux autres ouvrages, sans aucun doute le présent livre aura le même succès. La voie est ouverte, et la direction indiquée. Qu'il surgisse bientôt des successeurs vigoureux et capables pour l'élargir et l'aplanir ! —

EXPLICATION DES FIGURES.

FIG. I.

Représentation graphique de la solubilité du nitrate potassique (AB), du chlorure sodique (CD), du chlorure potassique (EF). Les divisions horizontales indiquent les parties de sel qui se dissolvent dans 100 parties d'eau, les divisions verticales indiquent les degrés de température au thermomètre Réaumur.

FIG. II ET III.

Le tambour mélangeoir, se compose de l'enveloppe en cuir et des 12 lattes prismatiques intérieures formant la cage avec les deux fonds circulaires, dans lesquels l'axe est assujetti au moyen d'une boîte en cuivre. Sous le tambour est placé un récipient sur roulettes qui reçoit les matières quand on vide le tambour (v. plus bas). Le manteau en planches qui renferme le tambour, a plusieurs venteaux qu'on peut ouvrir. A Angoulême les tonnes ont $1^m,10$ de longueur et de diamètre; elles font 25 révolutions par minute, triturent en 12 heures 24 kilog. de soufre et charbon destinés à la poudre de chasse, 100 kilog. pour la poudre de guerre; elles peuvent triturer pour la poudre de chasse 125 kilog. de salpètre et charbon, et pour la poudre de guerre 260 kilog. Avec des gobilles formées de la galette, elles mélangent en 12 heures 50 kilog. de poudre de chasse, ou 125 kilog. de poudre de guerre. Elles ont besoin d'une force de deux chevaux. Au Bouchet les tonnes à triturer ont environ $1^m,10$ de longueur et $1^m,14$ de diamètre. A la paroi intérieure se trouvent douze lattes qui saillent de deux centimètres. On les ferme au moyen d'une portière de deux décimètres carrés de surface ayant un bord feutré qui ferme très-hermétiquement; la clôture s'exécute au moyen de 6 boulons en cuivre. On introduit 20 kilog. de charbon avec 150 kilog. de gobilles de $4^{mm},50$ de diamètre, et l'on fait tourner pendant 12 heures; ensuite on ajoute 15 kilog. de soufre et on tourne encore 6 heures. Lorsqu'on vide la tonne on remplace la portière pleine par une autre en toile métallique ayant 14 mailles au centimètre carré. Alors on ajoute sur 6 kilog. du charbon et soufre trituré comme il vient d'être dit, $18^k,50$ de salpètre grossièrement concassé. Le tambour mélangeoir a deux compartiments égaux formés par trois disques en chêne assemblés sur le même axe, et portant à la circonférence 12 lattes prismatiques triangulaires présentant l'une des arêtes à l'intérieur. Sur ces dernières un cuir est tendu. La portière se fixe par des vis. Dans chaque compartiment on introduit $67^{kil},50$ de gobilles en bronze de $4^{mm},50$ de diamètre et $25^k,50$ kilog. de matières, et l'on donne 20 à 30 révolutions par minute.

Après 1 heure le mélange a une densité de 0,394
— 2 — — — 0,368
— 3 — — — 0,355
— 4 — — — 0,342
— 5 — — — 0,340
— 6 — — — 0,337
— 7 — — — 0,338

27

Après 8 heures le mélange a une densité de. . . .	0,344
— 9 — —	0.352
— 10 — — —	0,357
— 11 — — —	0.356
— 12 — — —	0,357

La température s'élève jusqu'à 48° C. Cette tonne mélange en 12 heures 50 kilog. et a besoin d'une force motrice de 1 1/2 chevaux. Dès que le mélange est terminé, la masse ayant une apparence pâteuse et se pelotonnant avec les gobilles, on ouvre la portière et on la remplace par celle en toile métallique qui a 14 ouvertures au centimètre carré. Si l'on tourne maintenant de nouveau, la composition tombe dans un récipient placé au-dessous, et qui est également une cage en lattes recouverte d'un cuir; les gobilles restent dans la tonne. On n'a qu'à retirer le récipient dont les pieds sont munis de roulettes. Pour éviter la dispersion du poussier, on recouvre généralement les mélangeoirs d'un manteau en bois. En Suède on préfère les tonnes en cuir à toutes autres, parce qu'elles usent moins les gobilles, et que les mouvements du cuir empêchent l'adhérence des matières. On a entièrement abandonné celles en bois doublées en cuivre, parce qu'elles sont chères, s'échauffent fortement et introduisent beaucoup de métal dans la poudre. On préfère les petites de 1m,10 de diamètre aux grandes (de 2m,35). Pour la trituration on n'emploie que les petites, et on les charge de 10 kilog. de matières et 25 kilog. de gobilles de 10mm qui peuvent s'user jusqu'à 5mm. Dans les premières on introduit 60 et dans les secondes 100 kilog. de matières, avec 2 1/2 fois autant de gobilles, et l'on mélange pendant 10 heures à une vitesse de 19 à 27 tours par minute. En Danemark on mélange d'abord 2k,5 de charbon et 38k de salpêtre avec 60k de gobilles de 13mm de diamètre, et une vitesse de rotation de 20 tours à la minute. Après 4 heures de travail on laisse refroidir pendant une heure, en ouvrant la tonne; ensuite on mélange encore trois heures. On mélange en même temps 9k de charbon et 10k de soufre avec 57k de gobilles pendant 5 heures dans une tonne en cuir. Dans les poudreries allemandes on a des tonnes avec une enveloppe convexe en cuir, recevant 41k de matières avec 90k de gobilles en bronze de 8mm de diamètre, et exécutant le mélange en une heure. Les tonnes ont 1m,57 de diamètre et font 7 révolutions par minute. Les tonnes à triturer qui ont les mêmes dimensions et la même vitesse de rotation que celles à mélanger, triturent en une 1/2 heure 50k de charbon avec 35k de soufre à l'aide de 50k de gobilles de 25mm de diamètre; dans d'autres tonnes on triture en même temps 50k de salpêtre avec 75k de gobilles.

Il est essentiel que les lattes longitudinales qui forment le tour de la tonne, et contre lesquelles les balles sont lancées, fassent avec la surface intérieure du cuir des angles assez obtus pour que la composition ne puisse pas s'y fixer, parce qu'elle serait difficile à détacher. Dans tous les cas l'axe doit être recouvert de bois sur toute la partie qui se trouve dans l'intérieur de la tonne.

La division plus parfaite qu'on obtient par l'emploi de ventilateurs qui chassent les parties les plus ténues dans une chambre à ce destinée ne compense pas les frais qu'entraîne cette disposition. Ces parties ténues se pelotonnent et doivent être de nouveau triturées; il est par conséquent avantageux de n'opérer la dernière trituration que simultanément avec le mélange.

FIG. IV.

Le moulin à meules.

Sur une base en maçonnerie repose une semelle, qui est ou entièrement plane (pour les meules cylindriques) ou à génératrices légèrement inclinées vers le centre (pour meules coniques); elle est en pierre, en bois (surtout le chêne et le cormier) en fonte ou en bronze. La semelle est entourée d'un bord en bois, pour empêcher les matières poussées vers la circonférence de tomber. Au milieu de cette semelle se trouve une crapaudine en métal, dans laquelle tourne le pivot de l'arbre vertical mobile autour de son axe. Cet arbre est traversé horizontalement par un fort essieu en fer dont les fusées passent dans les moyeux des meules qui sont espacées entre elles de 1^m à $1^m,50$ Les meules sont également en pierre, en alliage d'étain et de zinc, en fer, en cuivre ou en bronze. Elles forment des disques cylindriques, ou bien des troncs de cône de 60 centimètres de hauteur (v. plus haut). Comme les premiers broient tandis que les seconds ne font que presser, on emploie quelquefois les premiers seulement pour mélanger, et les derniers seulement pour condenser. On donne quelquefois une voie différente à chaque meule en les éloignant inégalement du centre, disposition qui n'est pas avantageuse. Les meules doivent avoir du jeu sur les fusées, ou bien on doit donner à chaque meule un essieu propre, mobile dans l'axe vertical, afin qu'elles aient de la liberté lorsque la matière s'amasse en un point. Les meules sont suivies par des servantes en cuivre qui détachent la matière des meules ou de la semelle et la ramènent sur la voie. Ce sont surtout celles qui agissent sur la semelle qui sont avantageuses. Lorsque les meules ont des voies différentes, la meule interne est suivie d'une servante en bois qui ramène sur la voie interne la matière poussée vers le centre, et les parties que la meule externe pousse en dehors, sont ramenées par un ouvrier sur la voie interne. Les servantes qui agissent sur la semelle, sont quelquefois chargées de plomb. La force motrice se transmet à la partie supérieure de l'axe vertical.

Si les meules ou la semelle sont en pierre, il faut que cette pierre soit d'une dureté moyenne et ne présente pas des fossiles siliceux enchâssés. La pierre puante (carbonate de chaux fétide), la pierre calcaire, le marbre, sont les plus employés. Les pierres boivent l'eau d'humectation, surtout lorsque leur surface est devenue rude par suite d'un service prolongé; on est alors obligé d'humecter davantage les matières; lorsque celles-ci s'enflamment, surtout quand le mélange n'est pas encore très-avancé, et que par conséquent la combustion est lente, les pierres formant la semelle et la meule s'échauffent fortement, et souffrent beaucoup. En employant des pierres pour les meules on est limité sous le rapport du poids, et si on veut les rendre très-lourdes on doit leur donner un diamètre très-grand. ce qui exige également de grandes semelles si l'on veut éviter que les meules ne s'usent promptement; mais les grandes semelles supposent beaucoup d'espace. Ces motifs ont eu pour résultat qu'aujourd'hui on emploie presque généralement des meules métalliques, et aussi des semelles en métal ou en bois.

Les meules le plus employées à présent sont rarement des rouleaux massifs, mais se composent le plus souvent d'une couronne massive, dans laquelle on a ajusté quatre rais et un moyeu. La masse est dans tous les cas coulée en fonte, et si l'on veut que la surface travaillante soit en bronze, on chasse sur le noyau en fonte un anneau en bronze de 8 à 10 centimètres d'épaisseur. Le bronze doit avoir jusqu'à 20 p. °/o d'étain, sans cela il devient rude par le travail. Il se forme bientôt une couche de sulfure de cuivre qui s'attache fortement, et diminue les chances d'inflammation. Lorsque la fonte travaille immédiatement, il faut que la surface travaillante ne contienne pas la moindre soufflure, ou fente, pas de places mastiquées ou qui n'auraient pas été dépouillées de la croûte de moulage. Les angles doivent être arrondis. On se sert aussi de meules en bois garnies d'anneaux en bronze (p. ex. au Bouchet). Les meules ont des dimensions et des poids très divers; les diamètres varient de 1^m à $2^m,50$, la largeur de $0_m,30$ à $0^m,50$, le poids de 1500 à 8000kg. Lorsqu'il n'y a qu'une meule, elle doit être très-lourde. On règle la vitesse de rotation de manière qu'un point de la circonférence se meuve avec une vitesse allant jusqu'à 0m,44 par seconde ; le mouvement est vif lorsqu'on mélange et lent quand il s'agit de condenser. On laisse donc faire environ 6 à 14 révolutions des meules tant que dure le mélange, et enfin on fait tourner si lentement que la meule reste presqu'immobile. A Angoulême les meules donnent en 10 heures 300k de galette pour poudre de chasse, moyennant une force motrice de 5,5 chevaux ; au Bouchet on obtient 800kg de poudre de guerre moyennant une force motrice de 3 chevaux. La matière qui doit être soumise aux meules est préparée très-diversement. Tantôt on ne mélange que superficiellement et à la main les matières triturées et mêlées, tantôt on les mélange un peu dans des tambours en bois à l'aide de gobilles, et tantôt enfin on les mélange dans les grands tambours jusqu'au plus haut degré d'intimité. La quantité de matière qu'on étend en une fois sur la semelle varie d'après la longueur et la largeur de la voie, le poids des meules, et la préparation antérieure que les matières ont reçue. On ne charge pas moins de 15 ni plus de 50kg. Ce n'est que là où la galette est plusieurs fois remoulue, c'est-à-dire où on ne fait que la préparer aux meules pour la finir au laminoir, qu'on charge la semelle de 50k à la fois. Plus les meules sont lourdes, plus la voie est large, et plus les matières ont déjà été mélangées préliminairement, plus la charge peut être considérable. On étend d'abord les matières aussi uniformément que possible, on fait monter lentement les meules sur la couche, puis on met aussi des matières aux endroits où les meules se trouvaient arrêtées. On emploie les premiers tours à bien égaliser la couche de matières, et à remplir toutes les places qui sont restées vides. La première humectation est de 6 à 9 p. % du poids de la matière. Lorsqu'on a humecté on laisse reposer la mixture pendant 6 heures. Elle ne doit pas être trop sèche, sans cela elle s'attache aux meules, et forme du poussier ; il résulte de là des places nues qui occasionnent des explosions. D'ailleurs elle ne doit pas non plus, même durant le mélange, être tellement humide, qu'elle fuie devant les meules ou s'éloigne beaucoup latéralement. Il faut beaucoup d'habileté de la part de l'ouvrier pour maintenir la mixture à cette consistance par des additions convenables d'eau, parce que ces additions doivent varier d'après l'humidité de l'atmosphère, la température, la nature des meules, la période à laquelle l'opération est arrivée, et la densité de la mixture. Plus l'action des meules est longtemps continuée, moins la mixture demande d'humectation pour présenter la consistance voulue. Lorsque les meules tournent 1 1/2 heures, la mixture demande 3 à 3 1/2 p. % d'eau pour présenter la consistance convenable ; après 5 heures de travail il suffit de 2 p. % d'eau. Durant la condensation le contenu en eau peut descendre jusqu'à 1/2 p. %. La couche de composition diminue des 1/4 ; le temps nécessaire pour donner à la composition le mélange et la densité convenables, varie naturellement d'après la grandeur de la voie, d'après le mélange que la matière possédait déjà antérieurement, etc. Ce temps varie entre 2 1/2 et 9 heures. Le nombre de révolutions employées varie de 200 à 5000.

Lorsque l'opération est achevée, on enlève toutes les galettes à l'aide d'une pelle en cuivre, et on les met dans un vase ; on humecte la voie, on glisse sous les meules les deux gros morceaux de cuir ; puis on les fait mouvoir jusqu'à ce qu'elles reposent sur ces derniers, où on les arrête pour enlever la galette sur laquelle ils posaient précédemment.

FIG. V.

La presse à rouleaux (le laminoir).

Le laminoir (ou la presse à rouleaux) se compose de trois rouleaux cylindriques, dont le supérieur est très-lourd, en fonte, recouvert de cuivre, le moyen en bois, et l'inférieur entièrement en cuivre. Une toile sans fin passe entre les deux rouleaux supérieurs.

Sur cette toile se trouve une couche de composition sèche provenant d'une caisse sans fond, dans laquelle la composition est pressée sur la toile au moyen d'un poids. Le côté antérieur de cette caisse ne descend pas exactement jusque contre la toile ; c'est cette différence qui règle l'épaisseur de la couche de mixture. Les rouleaux reçoivent leur mouvement d'une courroie, par dessous, et font environ une révolution en 5 minutes; la galette est condensée jusqu'à 1/4, se rompt d'elle-même au sortir des rouleaux, et tombe dans un récipient placé en dessous. La pression du rouleau supérieur sur l'autre est de 75^{kg}28 par centimètre carré.

Le laminoir fournit par heure 70^{kg} de galette et demande 1,4 forces de cheval.

FIG. VI.

Le grainoir.

FIG. VII. ET VIII.

Les tonnes grainoirs, ou l'écureuil.

FIG. IX.

Le lissoir ou l'appareil à polir le grain.

TABLE DES MATIÈRES.

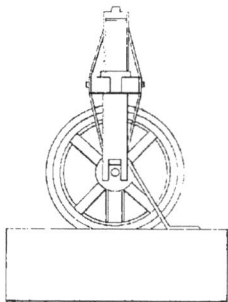

Fig III.

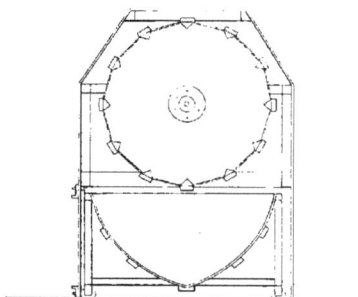

Fig II.

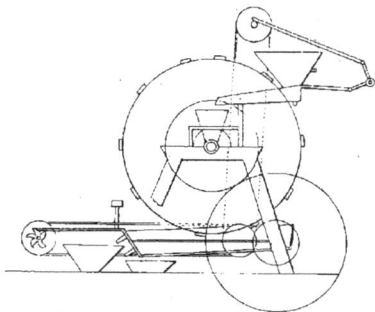

Fig VII.

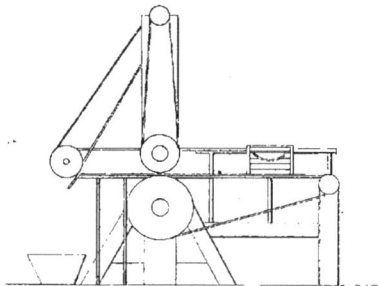

Fig V.

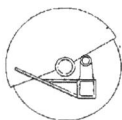

Fig IX.

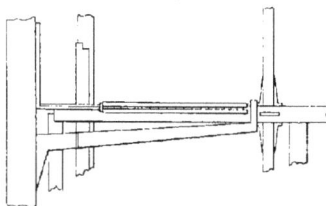

Fig VI.

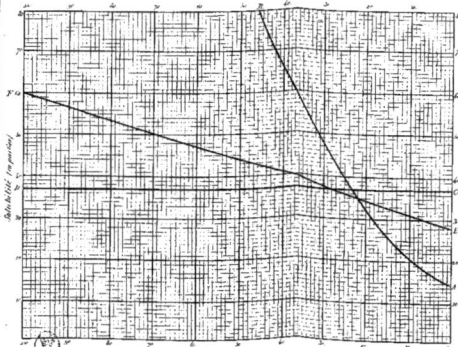

Fig. I.

Sensibilité (en parties)

Degrés de température.

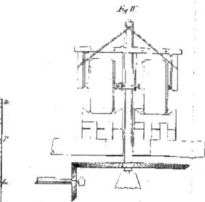

Fig. II.

Fig. III.

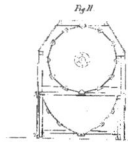

Fig. IV.

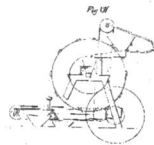

Fig. VII.

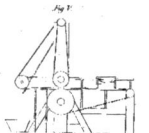

Fig. V.

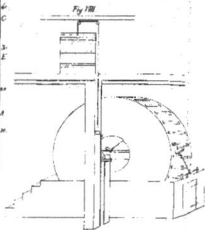

Fig. VIII.

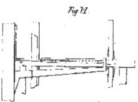

Fig. IX.

Fig. VI.

www.ingramcontent.com/pod-product-compliance
Lightning Source LLC
Chambersburg PA
CBHW070501200326
41519CB00013B/2673